新型肥料
使用技术手册

徐卫红　主编

韩桂琪　王慧先　胡小凤　副主编

化学工业出版社

·北京·

《新型肥料使用技术手册》系统介绍了在生产实践中应用的 7 大类新型肥料及其施用新技术，包含了配方肥、有机肥、复混肥料、微生物肥料、叶面肥、缓/控释肥料和微量元素肥料，以及其在农业生产中的具体应用、科学管理。书中除突出介绍这些肥料的生产应用技术外，还介绍了该领域一些最新的研究成果和发展动态。

全书内容充实，突出实用性和针对性，技术规范，图文并茂，通俗易懂，理论与实践密切结合，反映了目前国内外新型肥料使用技术的最新成果、技术水平和先进经验，适于肥料企业、农业技术推广部门、园林园艺、经济林业等部门的技术与管理人员及种植户阅读，也可供高等农业院校相关专业师生参考。

图书在版编目（CIP）数据

新型肥料使用技术手册/徐卫红主编. —北京：化学工业出版社，2016.6（2024.6重印）
ISBN 978-7-122-26695-8

Ⅰ.①新…　Ⅱ.①徐…　Ⅲ.①施肥-技术手册
Ⅳ.①S147-62

中国版本图书馆 CIP 数据核字（2016）第 070730 号

责任编辑：张林爽　邵桂林　　　　　　文字编辑：王新辉
责任校对：边　涛　　　　　　　　　　装帧设计：韩　飞

出版发行：化学工业出版社（北京市东城区青年湖南街 13 号　邮政编码 100011）
印　　装：北京虎彩文化传播有限公司
850mm×1168mm　1/32　印张 9¾　字数 266 千字
2024 年 6 月北京第 1 版第 8 次印刷

购书咨询：010-64518888
售后服务：010-64518899
网　　址：http://www.cip.com.cn
凡购买本书，如有缺损质量问题，本社销售中心负责调换。

定　　价：49.80 元　　　　　　　　　版权所有　违者必究

前　言

新型肥料是指相对于传统的，在功能、剂型、所用原材料等方面有所变化或更新的，能够直接或间接地为作物提供养分的，改善土壤理化性质和生物学性质的，调节或改善作物生长的，能提高肥料利用率的，广义上的肥料、制剂等。《新型肥料使用技术手册》共十一章，以科学性、实用性、可操作性为编写出发点，系统地介绍了新型肥料的种类、性质与施用，包括我国目前发展的主要新型肥料——配方肥、有机肥、复混肥料、微生物肥料、叶面肥、缓/控释肥料及其他新型肥料、制剂的种类、性质与施用，同时详细介绍了肥料施用新技术，包括平衡施肥、有机无机肥配施以及灌溉施肥新技术要点以及新型肥料推广模式及配套对策等。

《新型肥料使用技术手册》内容全面丰富，侧重介绍使用技术和操作方法，语言通俗易懂、图文并茂，是一本土壤肥料方面的工具书，可供基层农业技术人员、种植户、肥料生产与经销人员、农业院校师生、农科院所技术人员及各级土壤肥料工作站技术管理工作者阅读参考。

本书第一章由徐卫红撰写，第二章由韩桂琪撰写，第三章由王慧先撰写，第四章由谢文文撰写，第五章由熊仕娟撰写，第六章由陈永勤撰写，第七章由陈序根撰写，第八章由迟苏琳撰写，第九章由胡小凤撰写，第十章由王卫中撰写，第十一章由陈贵青撰写，全书由徐卫红统稿。

由于水平有限，书中难免还有疏漏或不妥之处，尚祈有关专家惠予指正，恳请广大师生和读者在使用中随时提出宝贵意见，以便及时补遗勘误。

编者

目　录

第一章 概 论

第一节 新型肥料的概念与特点

新型肥料是指相对于传统的，在功能、剂型、所用原材料等有所变化或更新的，能够直接或间接地为作物提供养分的，改善土壤物理化学性质和生物学性质的，调节或改善作物生长的，能提高肥料利用率的广义上的肥料、制剂等。我国科技部和商务部《鼓励外商投资高新技术产品目录》（2003）中有关新型肥料目录包括：复合型微生物接种剂；复合微生物肥料；植物促生菌剂；秸秆、垃圾腐熟剂；特殊功能微生物制剂；控、缓释新型肥料；生物有机肥料；有机复合肥等。

新型肥料与常规肥料相比，具有以下几个方面或其中某个方面的特点：①功能拓展或功效提高，如肥料除了提供养分作用以外，还具有保水、抗寒、抗旱、杀虫、防病等其他功能，所谓的保水肥料、药肥等均属于此类。此外，采用包衣技术、添加抑制剂等方式生产的肥料，使其养分利用率明显提高，从而增加施肥效益。②形态更新，是指肥料的形态出现了新的变化，如除了固体肥料外，根据不同使用目的而生产的液体肥料、气体肥料、膏状肥料等，通过形态的变化，改善肥料的使用效能。③新型材料的应用，包括肥料原料、添加剂、助剂等，使肥料品种呈现多样化、效能稳定化、易用化、高效化。④运用方式的转变或更新，针对不同作物、不同栽培方式等特殊条件的施肥特点而专门研制的肥料，尽管从肥料形态、品种上没有过多的变化，但其侧重于解决某些生产中急需克服的问题，具有针对性，如叶面肥等。⑤间接提供植物养分，如某些微生物接种剂、VA 菌根真菌等。

第二节　新型肥料的种类及发展概况

新型肥料开发的重点领域包括配方肥、新型缓/控释长效肥料、微生物肥料、商品有机肥、功能性肥料及叶面肥料等。

一、配方肥

近年来，一方面工农业污染及不当的耕作方式导致耕地地力严重下降；另一方面耕地长期得不到休养生息，承受了太多的重负。传统施肥是以肥料三要素为基础，具有一定的施肥盲目性，是造成土壤恶化的元凶。配方肥料是以土壤测试和肥料田间试验为基础，根据作物需肥规律、土壤供肥性能和肥料效应，用各种单质肥料和（或）复混肥料为原料，配制成适合于特定区域、特定作物的肥料。配方肥采用取土、化验、制定配方和施肥措施，是一种定量的施肥方法，是一种改良土壤的重要措施。实践证明，配方肥可以提高化肥利用率 5%～10%，增产率一般为 10%～15%，高的可达 20%以上。配方肥不但能提高化肥利用率，获得稳产、高产，还能改善农产品质量。目前我国已有许多以测土配方施肥为基础的配肥站。

配方肥按照生成条件和方法可大致分为以下三类。

1. 散装配方肥

由农化服务机构为农户临时掺混而成，其多以 $667m^2$ 施肥量为包装量，对每袋肥料的质量限制不严格，以满足某一特定作物和田块的施肥量为宜。

2. 袋装配方肥

由农化服务机构为农户临时掺混而成，但定量包装（如 50kg/袋），便于批量供应，以满足规模化生产单位或相同作物和施肥条件下不同用户的需要。为做到定量包装，配制前需对配方肥的养分浓度、养分比例和原料用量进行换算和调控，但不受肥料质检标准约束。

3. 商品掺混肥

以测土施肥和专家建议为基础，由肥料厂家生产。其特殊要求是一定要保证产品质量符合国家质检标准（GB 21633—2008）。由于上市供应，难以马上施用，更要防止肥料结块和减少掺混肥料中不同养分发生分异。

二、缓/控释长效肥料

缓/控释长效肥料的最大特点是肥料养分释放与作物吸收同步，施肥过程简化，实现一次性施肥满足作物整个生长期的需要，肥料损失低，利用率高，环境友好。世界各国都逐渐认识到新型缓/控释肥料是提高肥料利用率最有效的措施之一。20 世纪末，美国、日本、以色列等发达国家都将研究重点由施肥技术转向新型缓/控释肥料的研制，力求从改变化肥自身的特性大幅度提高肥料的利用率。缓/控释肥料主要类别有包膜型缓/控释肥料、化学抑制型缓效肥料、合成型微溶缓释肥料和基质复合与胶黏型缓释控释肥料。

欧美、日本等早在 20 世纪 50 年代已经开始缓释肥料研究并还逐渐形成了以脲甲醛、包硫尿素、树脂包膜等类型为代表的缓/控释肥料产品，但由于成本高，其价格是一般肥料的 2～8 倍，限制了其推广应用。我国的缓/控释肥料起步较晚。我国从 20 世纪 70 年代开始缓/控释肥的研究，中国科学院沈阳应用生态所和中国科学院石家庄农业现代化研究所等单位先后试制和生产了包膜肥料、脲酶、硝化酶抑制剂等缓/控释肥料。1987 年广州氮肥厂在中国科学院石家庄农业现代化所的主持下研制成功了价格便宜的涂层尿素。目前缓/控释肥料主要包括以下 4 种。

1. 造粒型

加大化肥的粒度来减少化肥与土壤接触面积，减缓养分释放速率，如粉状肥料造粒、大粒尿素，以颗粒大小延长肥效期达到提高肥料利用率的目的。这种方法简单易行，生产成本低。

2. 抑制剂型

即在氮肥中添加菌类抑制剂，如硝化、脲酶抑制剂等。可抑制土壤中菌类对氮肥的分解作用，以延长氮肥在土壤中的存留时间，便于作物吸收利用。目前世界上已证明的100多种硝化抑制剂和70多种脲酶抑制剂都有一定的作用。

3. 有机合成型

采用脲甲醛、草酰胺、亚异丁基二脲、亚丁烯基环二脲等有机化合物，通过人工合成方法，制成水中溶解度小的含氮有机化合物，这种肥肥效长、效果较好，但生产成本高。

4. 薄膜包裹型

以不溶或难溶于水的物质作为包膜材料，把水溶性养分的肥料包裹起来，通过膜孔，不溶的养分透过包膜向外扩散，缓慢释放，以利作物吸收和利用，这种肥料也称包衣肥料、包裹肥料、涂层肥料，是缓/控释肥料中普遍采用的方法。

缓/控释肥是以各种调控机制使其养分最初缓慢释放，延长作物对其有效养分吸收利用的有效期，使其养分按照设定的释放率和释放期缓慢释放或控制的肥料。这种肥料具有提高化肥利用率、减少使用量与施肥次数、降低生产成本、减少环境污染、提高农作物产品品质等优点，突出特点是其释放率和释放期与作物生长规律结合，从而使肥料养分利用率提高30%以上。

中科院离子束生物工程学重点实验室经过多年研究发明的"化肥固定控释技术"是通过对天然材料——来源于安徽省储量丰富的凹凸棒石黏土的高分子纳米材料，进行物理和生物改性利用其固有吸附性和胶体性能，与复配材料协同作用形成巨大网络，网捕住化肥养分，从而达到减少养分流失、提高化肥利用率、降低环境污染的目的。

与传统肥料相比，"控释"化肥氮肥利用率提高20%以上，所有试验点平均增产14.2%。据合肥地区多次大雨试验，坡地径流氮、磷等综合损失与普通化肥相比减少47.8%，土壤保有量由60%提高到90%。"控释"化肥生产简单、成本低、施用方便、保水松土、长效高产、抗虫害、抗倒伏，广泛适用于大田作物、经济作物、花草、苗木、绿化草地、高尔夫球场等。

华南农业大学等率先开发了保水型控释肥研究，利用高吸水树脂（HWAR）包被尿素和包膜性控释肥料，制成保水型控释肥料。目前，缓/控释新型肥料国内外发展趋势和特点如下。

① 缓/控释肥料研究的技术趋势，降低成本面向大田作物。目前影响缓/控释肥料在农业生产上广泛应用的主要问题是肥料价格高，主要原因包括控释材料价位高、工艺成本高、生产设备规模小等。

② 大田作物是农业生产和肥料消费的主体，因此未来控释肥料除价格因素外还有认识上的问题，认为控释肥料是高档消费肥料，包膜肥料披着"金衣"不能走向大田，只能用于草坪、花卉等高档消费领域。大田作物生长期短，对肥料养分的释放要求与草坪、花卉等有很大差异，因此，肥料的控释材料、生产工艺、设备要求可能与目前的控释肥料生产有很大不同，降低成本完全有可能。

三、微生物肥料

新型生物肥料是一类以微生物体或其生命活动产物为肥料的微生物制品，该类肥料生产成本低，不污染环境，施后能起到增产和提高农产品品质的作用，在农业可持续发展中占有重要地位。

微生物肥料大致可分为以下几类：固氮微生物肥料、微生物钾肥、微生物磷肥；另外还有"5406"和 EM 菌等微生物肥料。

固氮微生物肥料是微生物肥料最早出现的一种。自 1888 年第 1 次分离出固氮菌不久就出现了固氮的根瘤菌肥料。根瘤菌可使空气中的氮元素转变为氮素化合物，使土壤增加氮素营养，农作物需要的氮大部分都由土壤中各类氮细菌通过生物固氮作用而提供的，而人工合成的氮肥仅占农作物需要量的 12%，因此，固氮微生物对于作物生长具有极其重要的作用。我国固氮微生物的研究始于 20 世纪 30 年代。1953 年在我国东北大豆栽培中推广应用，普遍获得了增产效果。之后，对大豆根瘤菌的接种效果、大豆根瘤的发育及其生理活性作用进行了大量长期研究。由于微生物固氮过程中条件苛刻，如贫氮，另外各种类型的固氮菌固氮效果也受到植物专一性的影响，因此固氮微生物肥料领域还有待于深入研究。"5406"抗生素是20世纪50年代从西北地区的菌宿根上分离到的一株放线菌菌种"5406"，能分泌抗生素和植物生长激素，具有抗病和促进植物生长的作用。EM菌是由日本琉球大学教授经过30年的研究，开发出的EM有效微生物群，将不同种的近百种微生物聚合为一体，生产出用途广泛、应用领域较多的产品。EM菌应用于农业，可使作物明显增产；同时能改善作物的品质。国内近几年来在一些地区的试验应用，也取得了一定的实际效果，但在研究开发上亟待深入。近十年来，我国化肥总用量增加了90.7%，而粮食总产仅增加了9.1%，化肥利用率低下，造成大量的能源损失和环境污染。而微生物肥料的效率要高很多，如根瘤菌中固定的氮素几乎能够全部为豆科植物吸收利用，利用率既较高又无环境污染问题。微生物肥料有较大的产投比，单位面积使用的资金仅为化学肥料的60%～70%，而且减少化肥使用量的同时可以大幅度提高粮食产量，同时减少了环境污染，取得较大的经济效益和社会效益。

四、商品有机肥

商品有机肥在改善风味食品品质上具有化学肥料不可比拟的作用。国内外发展有机农业和无公害农业，十分强调有机肥的应用，国内在制定绿色食品的肥料标准中规定绿色食品只准施用有机肥料和微生物肥料。然而，传统有机肥料因体积大、养分浓度低、脏臭等缺点，随着化肥的出现，其在肥料中的地位逐渐下降。我国有机肥提供养分量的比例由1949年的99.9%下降到1980年的49.0%，直到目前的30%。但是，有机废弃物资源浪费和污染环境的问题却愈来愈突出，秸秆焚烧、规模化畜禽场粪污大量进入水体等造成环境严重污染。对传统有机肥料产品进行升级改造，开发替代产品，提高有机废弃物资源化利用水平，是国内外新型肥料研究的重要方向。国外相对人少地多，作物多为一年一熟，生产规模大，大型机械化操作，作物秸秆的处理除作为饲草外，主要是直接还田，田间焚烧现象较少。

发达国家十分重视研究工厂化处理畜禽粪便技术，包括快速发酵技术、除臭技术、发酵养分保全技术、发酵设备、有机肥制作的工艺设备与技术等。在日本畜禽粪便堆肥化已实现工厂化，研制的卧式转筒式和立式多层式快速堆肥装置，发酵时间1~2周，具有占地少、发酵快、质地优等特点。俄罗斯研制的有机发酵装置，生产率达到每天生产100t有机肥。美国 BIOTEC2120 高温堆肥系统，由10个大型旋转生物反应器组成，通过微生物发酵在72h内可处理1000多吨畜禽粪便或垃圾，使之成为优质有机肥料，这种方法对高湿物料具有特殊的作用，该系统1993年获得专利，受到联合国国际环保组织的认可。美国 BEARD-ABT 动态高温堆肥是在密闭大型发酵塔中进行，并且具有组装功能，分布在发酵塔中的空气喷枪可根据堆肥进程的需要自动进行通气和引风转换，达到整体最佳的生物反应效果。

韩国研制的槽式螺旋搅拌发酵系统，具有造价低、运行成本低、连续性发酵等特点，属于较先进的实用型有机物料发酵系统。另外，国外微生物除臭技术取得了很大的进展，但还是以水洗、酸吸收、碱中和等传统控制方法居多。发酵过程中养分的挥发损失较大，发达国家在控制氮素损失，减少氨气挥发方面采用多种方法，但这些方法主要用于畜禽粪便储存和运输过程中，而在堆肥过程中较少采用控制氮素损失的工艺和技术。

总的来说，国外在有机肥发酵工艺、技术和设备上已日趋完善，基本上达到了规模化和产业化水平，但是设备造价昂贵，运行成本高，难以在国内直接推广应用。必须在引进、消化吸收的基础上，形成适合我国特点的商品化有机肥生产工艺、设备和成套技术。

中国是传统有机肥生产和使用大国。但真正对有机肥进行系统研究则始于20世纪30年代。50~60年代，其技术特点是总结农民传统经验，完善有机肥积、制、保、用技术。研究重点是高温堆肥的发酵条件以及厩肥的积制方法，还有沤制和草塘泥制有机肥。70~80年代，研究重点是沼气发酵以及对有机肥与无机肥相结合施用的肥料效应进行了大量应用基础研究，肯定了有机无机配合是我国施肥技术的基本方针。80 年代末以来，我国农业生产形势和方式发生了很大的变化。每年有亿吨作物秸秆剩余难以处理，规模化畜禽养殖发展异常迅猛，有机肥研究开始探索走规模化、产业化、商品化的道路。研究的重点是秸秆直接还田技术以及工厂化处理畜禽粪便生产商品化有机无机复合肥技术。目前，我国部分复混肥厂家开始生产有机复合肥，原料主要是草炭和风化煤类，真正实行工厂化处理秸秆畜禽粪便废弃物生产商品化有机肥的厂家还较少，生产规模小，效率低，污染较严重。我国商品化有机肥生产技术还处于起步阶段，发酵技术、除臭技术、关键设备等还有待完善。

五、功能性肥料

21 世纪新型肥料的重要方向之一是研究开发将作物营养与其他限制作物高产的因素相结合的多功能性肥料，它们的生产符合生态肥料工艺学的要求，其施用技术将凝聚农学、土壤学、信息学等领域的相关先进技术。功能性肥料是指具有特定功能的新型肥料，一般而言，功能性肥料包括提高水肥利用率的肥料、改善土壤肥力特征的肥料、提高作物品质的肥料、提高作物抗逆性的肥料等。新型功能肥料的研究在我国刚刚起步，结合国情，重点研究领域包括：①促进根系纵深发展，提高水分利用率和植物水分利用能力的功能性肥料开发；②调节作物生物量分配，增强作物抗倒伏及抗病虫害能力的多功能性肥料开发；③替代现有杀虫剂，既能提供营养元素又能起到杀虫作用的功能性肥料开发；④提高作物产品品质，发展优质农业的肥料开发。

有关功能性肥料的研究与开发，国内外做的工作还不多。随着保水剂研究和应用的不断发展，人们开始研究保水型功能肥料。华南农业大学等率先开展了保水型控释肥的研究，利用高吸水树脂（HWAR）包被尿素和包膜性控释肥料，制成保水型控释肥料，产品在新疆干旱地区试验，取得良好效果。目前研究产品进入中试阶段。其他方面的功能肥料研究，只有零星报道，离产业化要求相差还甚远。

六、叶面肥料

所谓叶面肥料，就是用于作物叶面施用的肥料，营养元素通过作物叶片的吸收利用而发挥其功能的一类肥料。一般而言，凡是无毒、无害并含有营养成分的肥料水溶液，按一定剂量和浓度喷洒在农作物的叶面上，起到直接或间接供给养分的作用，均可作为叶面肥料。在我国，叶面肥料的研发已成了一种新兴的肥料产业。有专家称，中国可能是叶面肥料商品牌号最多、使用最广泛的国家。

已经在农业部登记的液体叶面肥料大致有以下 4 种类型：①清液型，即多种营养元素、无机盐类的水溶液，又分为纯水溶液和添加螯合物的水溶液两种，一般要求其所含微量元素的总量应不少于 10％。②氨基酸型，即以氨基酸为络合剂加入各种营养元素，经微生物发酵制成的氨基酸溶液，氨基酸含量不低于 8％；由水解法制成的氨基酸溶液，氨基酸含量不低于 10％。两者中所含微量元素均不能低于 4％。③腐殖酸型，即以黄腐酸为络合剂加入各种微量元素制成，要求同②。④生长调节剂型，即在上述几种类型的叶面肥中加入生长调节剂制成。

近些年来，随着植物营养与施肥研究领域的不断拓展和化学肥料生产新工艺的持续创新，肥料市场需求正在发生着一些变化，现代农业的发展对肥料也有了多样化的要求。控释肥料、微生物肥料、配方肥、叶面肥、商品有机肥料以及功能性肥料，是国际上当前和今后一个时期新型肥料研究和开发的热点领域，代表新型肥料研究和发展的方向。开发新型肥料，为农业提供高效、优质的肥料产品，也应当是建设现代农业极为重要的组成部分。

第二章　配方肥

20 世纪 70 年代末，配方肥在西方发达国家和地区开始应用。目前，这些国家和地区约 90％以上的单质化肥已不再直接施用，而是作为生产配方肥的原料。我国部分肥料企业于 1970 年开始生产销售配方肥，但产量及施用地区均较小，没有形成规模。近年来随着市场经济的不断发展和农业改革的进一步深入，农业生产者科学种田意识的不断提高，尤其全国范围内测土配方施肥技术的大力推广，配方肥在农业生产中的关注度不断提升，应用也日益广泛，已成为国内外推广的重大农业生产新技术。

第一节　配方肥概念与特性

一、配方肥概念

配方肥是近期结合我国农业生产实际、农业推广部门的现状及农民科技文化水平情况提出的，综合现代农业科技成果，基于土壤供肥能力及作物养分需求特点而设计配方，将几种基础肥料通过机械掺混或二次加工造粒工艺制成的适于特定区域、特定作物的一种肥料。配方肥是测土配方施肥技术的物质载体，也是世界农业先进国家通用的肥料和未来农业用肥的发展方向，配方肥与专用肥有些相似，不同的是前者限定了适用区域和作物，而后者只限定了适用作物。

二、配方肥类型

根据分类依据不同，配方肥种类不同，常用的分类方法有以下几种。

1. 主要营养成分

根据配方肥中所含肥料三要素的种类，可将配方肥分为二元配方肥和三元配方肥，即含有三大营养元素氮、磷和钾中任意两种的统称为二元配方肥，三大营养元素全包括的称为三元配方肥。

2. 基础肥料化学成分

根据配方肥中基础肥料的化学性质，可将其分为无机配方肥和有机-无机配方肥。无机配方肥，主要是指基础肥料全部为工业合成的无机化肥；有机-无机配方肥是指基础肥料不仅含有无机化学肥料，同时还含有如腐熟的畜禽粪便、生活垃圾、工农业废弃物和城市污泥等有机肥料。

3. 肥料物理性状

根据配方肥的物理性状可以将其分为固态配方肥和液态配方肥。其中固体配方肥，根据其加工方法，又可分为粉状配方肥和粒状配方肥。粉状配方肥是指先将基础肥料粉化后再经机械掺混而成，适用于小型作坊就地加工、就地施用的一种肥料。粒状配方肥则是将粉状、料浆状或熔融状的基础肥料，经粒化加工工艺制成。按其颗粒形状又可分为柱状和圆球状，是目前我国和欧美多数国家和地区配方肥生产的主要类型。液态配方肥，按其溶解性也可分为两种：一类是悬浮液肥，即含有肥料固体盐类的悬浮体；另一类是全溶性液肥，即在配方指导下，将氮、磷和钾肥溶解后制成的混合水溶液。

4. 包装方式

根据配方肥成品的包装方式可将配方肥分为：散装配方肥、袋装配方肥和商品掺混肥。散装配方肥，主要由农化服务机构临时为农户掺混而成，通常以每 $667m^2$ 农田肥料施用量为包装量，单袋肥料的质量要求不严格，以满足某一特定作物和土地的肥料施用量为宜。袋装配方肥也由农化服务机构为农户临时掺混而成，但定量包装（如 50kg/袋），以便批量供应，进而满足规模化生产单位生产需要和相同作物及施肥条件下不同生产者的和使用需要。为满足定量包装的需要，肥料在配制前，需对养分配合比、养分浓度以及原料用量进行换算和调控，但不受肥料质检标准约束。商品掺混肥以拟施用地区土壤养分含量、作物需肥特性及专家建议为基础，由专门肥料生产厂家配制。生产出来的肥料质量有严格要求，一定要符合国家质检标准（GB 21633—2008）相关规定。由于受市场具体情况的限制，多数肥料难以马上施用，因而存放过程中要防止肥料结块，以及肥料掺合后各不同养分间发生反应。

5. 施用对象

根据肥料施用对象，可将配方肥分为通用型、专用型及多功能型。通用型主要指根据多数作物需肥特性和土壤一般供肥能力设计的配方所生产的肥料，适用的作物种类和地区范围较广，但针对性不强，施用后可能有的作物养分供过于求，也可能有的供应不足。专用型配方肥，其养分配比针对某种土壤和某类作物的特点设计生产，因而针对性强，肥料效应和经济效应较好。多功能配方肥则是指除了具有专用型肥料特性以外，还兼具杀虫、防病和除草等功能。

三、配方肥的特性

1. 施用对象明确，肥料利用率高

配方肥是根据土壤中养分丰缺状况及作物需肥特点制定施肥配方，按照配方生产，因而针对性强。可有效避免农业生产者在给农作物施肥时，不考虑农作物的实际需肥情况，所施肥料难以发挥其全部功效，导致肥料供给与作物吸收的不协调而造成养分流失，肥料利用率不高。杨益新通过研究发现，相比常规肥料，施用水稻专用配方肥能有效减少总氮和总磷降雨径流损失量，降幅17.32%和10.88%，氮肥利用率提高8.9%，产量增加9.28%，并能增加水稻收获后土壤中的养分含量。

2. 与生产密切联系

配方肥的生产紧密结合土壤化验结果以及作物营养特性，以大量元素与中微量元素相配合为原则，结合农资市场产品价位，制定肥料配方；通过田间试验来检验并与成分相近的肥料配方作对比，计算投入产出效益，而后再通过试验不断调整完善养分配合比。并在肥料制作过程中结合当地农业生产者习惯来生产肥料。如有报道称，丹东北部山区养牛、羊、猪较多的地区，农民有多年向玉米田增施农家粪的好习惯，每 $667m^2$ 优质农家粪的施用量在 $2500\sim3000kg$。因而这些地区在设计"配方肥"时，将农家粪的计算考虑在内，取得了较好的使用效果。

3. 使用方便，省时省工

我国当前农村劳动力大量输出，导致农业生产一线劳动力多为老人和妇女。在机械化程度不高的条件下，她们迫切希望在施肥上用工越少越好，生产种植大户更是如此。而配方肥在生产中已将各种养分配合好，减去了以往农民自己按方选料配肥以及分次施用的繁琐程序，因而在广大农村地区受欢迎程度越来越高。

4. 节约资源，提高收益

不合理的施肥会造成肥料的大量浪费，浪费的肥料必然进入环境中，造成大量原料和能源的浪费，破坏生态环境，如氮、磷的大量流失可造成水体的富养分化。所以，使施入土壤中的化学肥料尽可能多地被作物吸收，尽可能减少在环境中的滞留，配方肥根据土地肥力状况和作物具体需求配制，在一定程度上可以有效减少肥料流失，据估算，如果全国氮肥利用率提高 10%，则可节约 2.5 亿米^{3}的天然气或 375 万吨的原煤。因而在能源和资源极其紧缺的时代，配方肥的施用对于节约能源和保护农业生态环境意义重大。另外，配方肥的施用也在一定程度上减少了生产中肥料投入量，降低农业生产成本，因而农业生产效率高。

5. 生态与改土作用突出

有些地区重施化肥轻有机肥的现象突出，传统有机肥料的施用呈萎缩趋势，部分地区除少量的秸秆还田外，基本上不施用其他有机肥料，而过量氮肥的施用不仅造成农业面源污染，而且导致大量养分被挥发、渗入地下或者流入江河，加剧水体富集营养化，生态环境日趋恶化。通过施用配方肥，可以有效减少肥料的挥发和随降雨灌溉等因素造成的养分流失，减轻地下水硝酸盐积累和面源污染，从而保护农业生态环境。另外，有机肥和无机肥的配合施用，实现土壤中养分的投入与产出平衡，在单产逐年提高的同时，土壤肥力也得到恢复，进而达到培肥土壤、提高耕地综合生产能力的目的。实践证明，连续3～5年在测土的基础上施用配方肥，土壤理化性状明显改善，土壤保水、保肥能力显著增强，肥料利用率不断提高，农业生态环境将明显得到改善。

6. 改善农作物品质，提高农产品产量

配方肥的施用为作物提供均衡营养，可以有效改善作物的品质。不合理的施肥是一些地区农产品质量不高的主要制约因素之一。作物养分不平衡导致农作物病害发生加重，生产者在防治病虫害过程中，不可避免地大量使用农药，进而影响农产品外观、营养、贮藏和卫生等品质。配方肥的施用，能有效协调作物生殖生长与营养生长之间的平衡，作物抗逆性显著提升，病害减轻，农药的使用量减少，从而农产品质量得到提升和改善。通过施用配方肥，还能使作物单产水平在原有基础上有所提高，最大限度地发挥作物的生产潜能。土壤肥力监测结果表明，施用化肥对粮食产量的贡献率平均为57.8%。而施用配方肥可以有效提高作物产量，各种作物增产幅度一般在8.0%～15.0%，高的可达20.0%以上，平均每667m² 增产粮食25～50kg，花生和油菜籽15～30kg，对瓜果、蔬菜等的增产效果更为明显。

第二节 配方肥施用原则

一、根据植物养分需求特性施用

不同农作物其营养特性不尽相同，这主要体现在以下几个方面：首先体现在作物对养分种类和数量的不同要求上，如谷类作物和以茎叶生产为主的麻、桑、茶及蔬菜作物，需要较多的氮，烟草和薯类作物喜钾忌氯，油菜、棉花和糖用甜菜需硼较多等。其次体现在对养分形态反应的不同上，如水稻和薯类作物，施用铵态氮较硝态氮效果好，棉花和大麻喜好硝态氮，烟草施用硝态氮利于其可燃性的提高等。第三体现在养分吸收能力不同，如同一类型土壤中，禾本科植物吸收钾素的能力强，而豆科植物则吸收钙、镁等元素的能力较强。最后，同一作物不同品种营养特性存在差异，如冬小麦中，狭叶、硬秆及植株低的品种，较其他品种养分需求量大，耐肥力强。因而配方肥在施用过程中要充分考虑作物的这些特性，做到有针对性地施用肥料。

二、根据土壤条件施用

土壤理化性状极其复杂，决定了其养分含量、质地、结构及酸碱性的不同，因而也影响着配方肥施用后的效果。因而配方肥在施用过程中也要充分考虑这些因素。如在氮、磷元素缺乏，而钾素含量高的土壤，选用氮、磷含量高，无钾或低钾的配方肥。养分含量低、黏粒缺乏的沙质性壤土中，施用有机肥或在土壤中移动性小的专用配方肥；而黏粒含量高、有机无机胶体丰富、养分吸附能力强的黏质土壤，则宜施用移动能力强的配方肥。土壤酸碱度对养分形态和可溶性影响较大，因而也是配方肥施用过程中不得不考虑的因素，如偏碱的土壤宜选用水溶性磷肥作原料的专用配方肥；酸性土壤中，宜选用弱酸性磷肥或以难溶性磷作原料的配方肥。

三、根据气候条件施用

气候条件中对肥料起主要影响作用的是降雨和温度。高温多雨的地区或季节，有机肥分解快，可施用一些半腐熟的有机肥，无机配方肥用量不宜过多，尽量避免施用以硝态氮为原料的配方肥，以免随水下渗，淋出耕作层，造成资源的浪费和环境污染。温度低雨量少的地区和季节，有机肥分解慢，肥效迟，可施用腐熟程度高的有机肥或速效专用肥，且施用时间宜早不宜晚。

四、根据配方肥的性质施用

配方肥种类较多，因而在施用过程中要充分考虑其养分种类与比例、养分含量与形态、养分可溶性与稳定性等因素。如铵态氮配方肥可作基肥也可作追肥，且应覆土深施，以防氨挥发损失，硝态氮配方肥一般作追肥，不作基肥，也不宜在水田中施用。含水溶性磷的配方肥，基肥和追肥都可以使用，也可作根外追肥，适宜在吸磷能力差的作物上使用，而含有难溶性磷或弱酸性的配方肥，一般只做基肥不作追肥。

五、根据生产条件和技术施用

配方肥要达到好的施用效果，不可避免地要与当地生产习惯和经验结合，与当地生产力水平相配合，在肥料配方原料的选择上，尽量考虑当地丰富、容易获得的原料，施肥措施方面尽量结合当地较成熟的方法与技术。肥料在施用的同时，做到与耕作、灌溉和病虫害防治等农艺措施的有机结合。如耕翻土地过程中结合配方肥的分层施用，可以有效补充下部壤土的养分，促进土壤平衡供肥。结合灌溉施用液态或可溶性配方肥，可促进养分溶解和向根迁移，利于吸收。配方肥施用与病虫害防治相结合，可有效降低植株病虫害的发生率，促进植株对养分的吸收，充分发挥肥效。

第三节　主要作物营养特性与配方肥施用

一、水稻营养特性与配方肥施用

水稻是一年生禾本科单子叶稻属草本植物，性喜温湿，原产亚洲热带，在我国广泛栽种后，逐渐传播到世界各地，又称为亚洲型栽培稻。我国是世界上最大的水稻生产和消费国，播种面积约有5亿亩，占世界播种总面积的 1/5 左右，在我国各类粮食作物中，种植面积居于首位，稻米产量占世界总产量的 1/3。

1. 水稻营养特性

氮、磷、钾是水稻吸收量多而土壤供给量又常常不足的三种营养元素，因而这些元素也成为水稻生产中的主要限制因素。每生产 1000kg 稻谷及相应的稻草，需吸收氮素（N）15～19.1kg、磷素（P_2O_5）8.1～10.2kg、钾素（K_2O）18.3～38.2kg，三者的比例约为 2∶1∶3。

水稻各生育期内的养分含量，随着生育期的发展及植株干物质积累量的累计，氮、磷、钾的含有率呈逐渐减少趋势。但对不同营养元素、不同施肥水平和不同水稻类型，变化情况不同。总体而言，整个生长过程中，各时期水稻氮、磷和钾的吸收量表现为：秧苗期氮、磷、钾分别占全生育期养分吸收总量的 0.50％、0.26％、0.40％；分蘖期氮、磷、钾分别占全生育期养分吸收总量的 23.16％、10.58％、16.95％；拔节期氮、磷、钾分别占全生育期养分吸收总量的 51.40％、58.03％、59.74％；水稻抽穗期氮、磷、钾分别占全生育期养分吸收总量的 12.31％、19.66％、16.92％；成熟期氮、磷、钾分别占全生育期养分吸收总量的 12.63％、11.47％、5.99％。水稻除了生长发育所必需的 16 种营养元素外，对硅的吸收量也比较大，分析表明每生产 100kg 稻谷，水稻需从外界吸收硅素 17.5～20kg。

　　2. 水稻配方肥的施用

　　(1) 育秧施肥　水稻在种植前期要经过育秧，双季早稻秧龄为 28～30 天，中稻 1 个月左右。秧田的主要目的就是培养健壮的稻苗，从而为水稻的生长打下坚实的基础，这是水稻高产的关键。由于早、中稻秧秧龄期短，生长密度大，秧苗生长快而壮，因而保证秧田充足的肥料供应尤为重要。研究表明，同样 1kg 化肥，秧田中的肥效是本田的 4～5 倍，三大营养元素中，秧苗需氮肥最多，钾肥次之，磷肥最少。但在氮肥施用量增加的情况下，应注意适当补充磷肥和钾肥。在肥料选择上以优质的农家肥、适量的化肥或专用肥作基肥。氮肥要深施，含水量高的秧田育秧，可在第 2 次犁田时施用，用量每 667m² 秧田硫酸铵 15～25kg 或碳酸氢铵 15～20kg、专用肥 15～20kg。南方地区育秧恰逢低温阴雨，土壤中有效磷和钾含量不足，应适当施用磷钾肥作基肥，这样可有效减少烂秧，培养壮苗。早、中秧追肥 1～2 次，3 叶期追施，每 667m² 尿素 3～4kg 或硫酸铵 7.5～10kg 及腐熟的人粪尿 500kg。为提高移栽秧苗发根能力，有利分蘖，起秧前 3～4 天施起身肥，一般选用尿素或硫酸铵，每 667m² 秧田施尿素 3～5kg、硫酸铵 10～15kg。

（2）本田施肥

① 基肥：基肥对于水稻的生长非常重要，最适宜施用有机肥，一般每 $667m^2$ 稻田施有机肥 $1000\sim2000kg$。此外，晚熟插秧品种每 $667m^2$ 稻田施水稻专用肥 $40\sim60kg$、硅肥 $50\sim100kg$、氯化钾 $10kg$；早熟品种每 $667m^2$ 稻田施水稻专用肥 $30\sim50kg$、氯化钾 $8kg$。

② 分蘖肥：分蘖肥一般分为 2 次施用。晚熟品种在插秧后 $5\sim7$ 天进行第一次施用，每 $667m^2$ 稻田施水稻专用肥 $5\sim7kg$，插秧后 15 天左右进行第二次施用，每 $667m^2$ 稻田施水稻专用肥 $6\sim7kg$。中早熟品种第一次在 $3.5\sim4$ 叶期，每 $667m^2$ 稻田施水稻专用肥 $5\sim6kg$，插秧后 6 叶期进行第二次施肥，每 $667m^2$ 稻田施水稻专用肥 $5\sim6kg$、尿素 $5.5\sim6kg$。

③ 穗肥：该阶段施肥主要根据水稻在田间的具体长势进行，一般于 7 月上旬进行，其中晚熟品种每 $667m^2$ 稻田施水稻专用肥 $4\sim4.5kg$ 或尿素 $4kg$，中早熟品种每 $667m^2$ 稻田施水稻专用肥 $3\sim4kg$ 或尿素 $3.5\sim4kg$。

④ 粒肥：一般于水稻齐穗后进行，晚熟品种每 $667m^2$ 稻田施水稻专用肥 $3\sim4kg$，中早熟品种每 $667m^2$ 稻田施水稻专用肥 $2\sim3kg$。

二、小麦营养特性与配方肥施用

小麦是小麦系植物的统称，是在世界范围内广泛种植的二年生禾本科植物，起源于中东新月沃土地区，是世界上最早栽培的农作物之一，也是我国重要的粮食作物，栽培面积和产量仅次于水稻，位居第二，在我国按栽培季节主要分为两种，即春小麦和冬小麦。

1. 小麦营养特性

小麦生长发育过程中需不断从土壤中吸收矿质营养元素，16 种必需元素中对氮、磷和钾三种元素的需求量最大。由于品种特性、气候、土壤以及栽培措施等因素的变化，小麦植株一生中所吸收的三大营养元素数量及其在植株不同部位的分配也发生变化。总体看来，小麦营养特性在一般中等肥力水平土地上，每生产 1000kg 籽粒和相应的植株，约需氮素（N）30kg 左右、磷素（P_2O_5）10～15kg、钾素（K_2O）25～30kg，三者的比例约为 3∶1∶3。

不同生育期对三者的吸收率存在差异。氮的吸收有两个高峰，首先是从分蘖到越冬，此阶段吸氮量约占总吸收量的 13.5%，是群体发展较快的时期；另一个时期则是从拔节到孕穗，该时期吸氮量占总吸收量的 37.3%，是吸氮量最多的时期。对磷和钾的吸收，一般随小麦的生长逐渐增多，吸收率在拔节后急剧增长，40%以上的磷和钾是在孕穗以后吸收的。其中氮和磷主要集中于籽粒，分别约占全株总含量的 76% 和 82.4%，钾素则主要集中于茎和叶，占整株总含量的 77.6%。虽然小麦吸收锌、硼、钼、锰、铜等微量元素的绝对数量低，但这些元素对小麦的生长和发育却作用重大。如硼主要分布在叶片和茎顶端，缺硼的植株生育期推迟，雌雄蕊发育不良，不能正常授粉，最后枯萎不结实，锰对小麦的叶片、茎的生长影响较大；小麦苗期和籽粒成熟期，植株对锌营养敏感，因而在这些关键时期要适当补充中微量营养元素。

2. 小麦配方肥的施用

（1）基肥的施用　小麦生产中有一句谚语："麦喜胎里富，底肥是基础"，因而小麦生产中要注重基肥的施用。对于土壤质地偏黏性，保肥性能较强，又无灌水条件的麦田，可将全部肥料一次施入作基肥，俗称"一炮轰"。即将全量的有机肥、2/3 氮、磷、钾化肥撒施地表后立即深耕，翻耕后将剩余的肥料撒到垡头上，随即耙入土中。对于保肥性差的沙土或水浇地，可采用重施基肥、巧施追肥的多次施肥方法。

（2）微肥的施用　中微量肥料可作基肥，也可拌种。作基肥时，由于使用量少，撒施均匀难度较大，因此可将其与细土掺和混匀后撒施地表，而后随耕入土。

（3）追肥的施用　巧施追肥是获得小麦高产的有力措施。追肥的时间宜早，一般在入冬前追施，生产中常有"年外不如年里"的说法。追施肥料大都习惯选择氮肥，但如果基肥未施磷肥和钾肥，而土壤供应的磷和钾又处于不足的状况时，应适当追施磷肥和钾肥。

（4）根外喷肥 小麦生育后期，根系吸收能力弱，此时若追施肥料，极易造成肥料的浪费，因而可叶面喷施液态配方肥，这样可以延长冠层叶片功能期，增加光合产物的积累，进一步促进光合产物籽粒转运，增加结实粒数，提高粒重和品质，一般千粒重可以提高 1～2g，增产 5%～10%。进行叶片喷施的肥料种类较多，常用的如叶面宝，一般在孕穗和抽穗扬花后各喷一次，单次 7～10ml/667m²，加尿素 1kg，对水 100kg；或者每 667m² 麦田施尿素 1kg、磷酸二氢钾 100g，对水 100kg 喷施，喷施液肥也可与喷药防治病虫害结合进行。喷肥前要注意天气变化，选择无大风的晴天，喷施后 1～2 天内无雨的天气进行。

三、玉米营养特性与配方肥施用

玉米是禾本科一年生高大草本植物，茎秆直立，不分枝，基部各节附有气生支柱根。叶鞘具横脉，叶舌膜质，长约 2mm；叶片宽大扁平，线状披针形，基部圆形耳状，无毛或具柔毛，中脉粗壮。颖果球形或扁球形，成熟后露于稃片和颖片之外，大小随生长条件不同存在差异，分布极为广泛，我国各地均有栽培，播种面积仅次于水稻和小麦，华北、东北和西北地区为主产区。

1. 玉米营养特性

玉米因其植株高大而且高产，因而整个生长期对养分的吸收量多，仅靠土壤提供的养分远远满足不了玉米的生长需求，因而施肥是提高其产量的关键。各地研究结果表明，一般要产出 1000kg 的玉米籽粒，春玉米吸收氮素（N）35～40kg，磷素（P_2O_5）12～14kg，钾素（K_2O）50～60kg，三者吸收比例约为 1：0.3：1.5；夏玉米需吸收氮素（N）25～27kg，磷素（P_2O_5）11～14kg，钾素（K_2O）37～42kg，氮、磷、钾吸收比例约为 1：（0.4～0.5）：（1.3～1.5）。

不同生长阶段玉米对养分的需求量不同，苗期植株生长慢，对氮、磷和钾的吸收量少，整个苗期吸收量不足一生吸收总量的10％，但植株中氮、磷、钾的浓度却是整个生长周期内最高水平，这表明苗期充足的肥料供应对培育壮苗有积极的作用。拔节期到抽雄期对养分的吸收量最多，速度最快，是肥料需求的关键时期。至抽雄时，植株所吸收的氮和磷，已占全生育期吸收总量的50％左右，钾素已达总吸收量的70％以上，该时期施肥作用最大，也是肥料的最大效率期，因而是玉米施肥的关键时期。开花授粉后，尽管玉米吸收养分的数量多，但速度明显变慢。到乳熟期，玉米所需的钾素已全部吸收完，氮和磷也已达总吸收量的90％以上。从乳熟期到成熟，玉米对氮和磷仍有一定的吸收，所以仍要继续维持肥水的供应。

2. 玉米配方肥的施用

玉米配方肥在施用过程中，应根据土壤化验结果，有机肥与无机肥配合施用；氮肥、磷肥和钾肥按比例配施，底肥、种肥、口肥和追肥并用，做到底肥深施、口肥巧施、种肥必施、追肥及施、底肥深施，结合春、秋整地进行，整地前，将1/3左右的氮肥、一半以上的钾肥及全部磷肥进行基施，在犁地起垄时顺犁沟进行条施，也可采取将肥料撒于地表，或将肥料一次性施入播种沟内，使肥料达到$10\sim15cm$的耕层中，同时每公顷施入优质有机肥$35\sim40m^3$。玉米生长周期长，氮在土壤中易损失，最好分次施入，1/3的氮肥做底肥；磷肥和钾肥在土壤中移动性差，可全部用作底肥，近几年采用一次性施肥的现象愈来愈多，但要注意如果一次性施肥，必须选择长效缓释型配方肥。由于玉米幼苗期根系吸收能力差，不能充分吸收底肥的养分，因此必须施口肥，以满足玉米幼苗对养分的需求。口肥可选择专用口肥，也可以自己配制，以少量钾肥和磷肥为主，氮肥少量，尿素不宜做口肥，以免造成烧种，影响出苗。口肥施用时注意与种肥隔离。种肥包括生物肥料、微生物肥料和腐植酸，种肥的施用方法多种，一般常采用拌种，即将肥料溶解，然后将溶液喷洒于玉米种子上，边喷洒边搅拌，以使肥料能够均匀地附着在种子表面，而后将种子放置遮阴处晾干。玉米追肥要及时，一般在玉米拔节后的 10 天内进行，这样能起到促进茎叶生长和幼穗分化的作用。玉米拔节孕穗期，生长明显加快，养分需求量加大，因此，应在玉米拔节期及时追肥，用量是全部氮肥的 2/3，采用垄沟深施，加大回犁土，做到将追施的氮肥深埋垄沟内，以减少养分挥发流失造成浪费，确保玉米增产增收。

四、大豆营养特性与配方肥施用

大豆为一年生草本植物，茎直立或半蔓生；复状叶，小叶 3 片；短总状花序腋生或顶生；白色或紫色蝶状花；荚果，椭圆形至近球形种子，种子含有丰富的蛋白质和脂肪，是重要的油料作物，除此之外还含有氨基酸、脂肪酸和维生素，营养价值很高。

1. 大豆营养特性

大豆和其他作物一样，生长过程中同样也需要氮、磷、钾元素来满足植株生长所需，但大豆和其他作物的不同之处是其自身有固氮作用。研究表明每生产 1000kg 大豆籽实及相应的茎、叶、荚壳等，需吸收氮素（N）53～72kg，磷素（P_2O_5）10～18kg，钾素（K_2O）13～40kg，三者大致比例约为 1∶0.23∶0.42。

不同时期对三大营养元素的吸收量不同，首先不同生育期吸氮量不同，出苗到开花期吸氮量约占大豆一生氮素吸收总量的 20%，开花期到鼓粒期约为 54.6%，鼓粒期到成熟期约为 25%。在大豆生长过程中，因其共生的根瘤菌能从空气中固定本身所需的氮素，所以施用过多的化学氮肥，会抑制根瘤菌活动。但在幼苗时期，根部还未形成根瘤，适量氮肥能有效促进幼苗健壮生长。也有人认为，种大豆可不施氮肥，试验证明，根瘤菌固定的氮素，一般情况下只能满足大豆所需氮素的 20%～50%。在适宜的条件下可高达70%～80%。所以多数情况下，只靠根瘤菌的固氮作用，是不能满足大豆对氮素的需要的，还必须适当施用氮肥，才能提高大豆的产量。对磷吸收方面，出苗到开花期吸磷量约占大豆一生吸磷总量的13.4%，该时期需磷虽少，但磷素营养十分重要；开花期到鼓粒期是吸磷的高峰期，约为 51.9%；鼓粒期到成熟期约为 34.7%。对钾素吸收方面，大豆从出苗期到开花期吸收的钾素约占大豆一生吸钾总量的 32.2%，开花期到鼓粒期约为 61.5%，鼓粒期到成熟期只有 5.8%，可见大豆从出苗到开花结荚期对钾的吸收量最大，故钾肥可做基肥或种肥使用。各中微量元素对大豆的生长也有重要作用，如钙、镁、硫、铁、铜、锰、硼和钼等。钼是根瘤菌固氮不可或缺的元素，缺钼时，将会导致根瘤发育不良，数量少且很小，固氮作用降低。硼也可促进大豆根瘤的形成，因而在生产上常提倡施用硼肥和钼肥。

2. 大豆配方肥的施用

（1）基肥　大豆基肥的施用应以有机肥为主，施用量因粪肥质量、土壤养分丰缺及前作物施肥量等情况具体决定。一般粪肥质量高的，每 667m² 土地施 1000～1500kg，质量差的，每 667m² 土地施 2000～3000kg，大豆专用肥 40～60kg，低肥力的土地可加施 20～30kg，尿素 2.5kg、氯化钾 10kg 作基肥。土质偏酸的土壤可施石灰调节，用量为每 667m² 土地 15～25kg。

（2）种肥　种肥是大豆生育前期营养生长的物质基础，应满足其开花前期对营养物质的需求，以实现出苗早、幼苗壮。一般每 667m² 土地施用 10～15kg 大豆专用肥或过磷酸钙、磷酸二铵 5kg，缺硼土壤加硼砂 0.4～0.6kg。

（3）追肥　大豆是否追肥，取决于前期的施肥情况。如果基肥种肥均未施而土壤肥力水平又较低时，可在开花前或初花初期进行。每 667m² 土地施大豆专用肥 15～25kg，一般采用开沟条施的方法进行，施后灌水。大豆叶片养分吸收能力强，对氮、磷、钾及微量元素均能吸收。开花、结荚、鼓粒初期大豆需吸收大量的养分。因而在土壤养分供给不足，根部追肥又困难的情况下，可采用叶面追肥。大豆叶面可追施的肥料有尿素、磷酸二氢钾、三料磷、硫酸钾、铝酸铵、硼砂、硫酸锰、硫酸锌等。叶面追肥的溶液浓度应近似或稍低于大豆体内液体浓度。一般每公顷用尿素 7.5～11.2kg、磷酸二氢钾 1.12～2.25kg、三料磷 150g、硫酸钾 75g、

钼酸铵 $150\sim225g$、硼砂 $1.5kg$。追肥时间可选在大豆初花期至鼓粒初期喷 $2\sim3$ 次，每次间隔 10 天左右，下午 $14\sim15$ 时进行，使肥液在叶面停留较长时间，有利于吸收。

（4）钼肥与锌肥的补施　钼能促进根瘤的形成与生长，使根瘤数量增多，体积增大，提高固氮能力；增加大豆叶片中叶绿素含量；促进植株对磷的吸收、分配和转化；增强种子的呼吸强度，提高种子发芽力。酸性土壤中，钼由于铜、铁及铝等离子的作用而沉淀，特别容易引起豆科作物缺钼，进而影响产量。因而要适当补充钼肥，补充时通常采用钼酸铵 $20\sim30g$，先加少量温水溶解后拌种，或在大豆开花期用 $50kg$ 水加钼酸铵 $20\sim25g$ 喷洒，$667m^2$ 土地喷溶液 $25\sim30kg$，喷洒中与磷肥配合，效果更好。补充锌肥时每 $667m^2$ 土地配施 $0.5\sim1kg$ 硫酸锌或用 $0.2\%\sim0.3\%$ 硫酸锌溶液在苗期、初花期叶面喷施。硼肥一般在土壤有效硼含量低于 $0.5mg/L$ 时施用，可用 0.1% 的硼酸或硼砂作根外喷施。

五、花生营养特性与配方肥施用

花生是我国重要的经济作物，富含脂肪和蛋白质，用途广泛，既可食用，又可用于榨油；既是重要的工业原料，又是大宗出口商品，在国民经济中有较高地位。属双子叶植物纲豆科一年生草本植物，匍匐或直立茎；羽状复叶；腋生总状花序，黄色蝶形花，受精后子房迅速伸长，钻入土中，子房在黑暗中发育成荚果；种子（花生仁）呈椭圆、圆锥等形状，种皮有淡红色、红色、黄色、紫色、黑色等。

1. 花生营养特性

花生是含脂类和蛋白质较多的作物，正常生长发育需氮、磷、钾、钙、镁、硫、锌、铜、铁、锰等多种矿质元素。全生育过程内，每生产 $1000kg$ 花生荚果需吸收氮素（N）$58\sim69kg$、磷素（P_2O_5）$10\sim13kg$、钾素（K_2O）$20\sim38kg$，吸收比例约为 $1:0.19:0.49$。其他营养元素中对钙和镁的吸收量最大，比三大营养素中的磷还多，研究发现每生产 $1000kg$ 荚果，约吸收钙

25.2kg、镁 25.3kg。

整个生育期内对氮、磷、钾的吸收规律表现为：苗期需要的养分较少，氮、磷、钾的吸收量仅占其一生吸收总量的 5% 左右，开花期吸收养分的数量急剧增加，氮、磷、钾的吸收分别占一生吸收总量的 17%、22.6% 和 22.3%；结荚期是花生营养生长和生殖生长最旺盛的时期，也是吸收养分最多的时期，有大批荚果形成。氮的吸收量约占一生吸收总量的 42%，磷占 46%，钾占 60%；饱果成熟期植株吸收养分的能力逐渐减弱，氮、磷、钾的吸收量分别占一生总量的 28%、22% 和 7%。

2. 花生配方肥的施用

花生配方肥在施用过程中要根据花生的需肥特点，合理选择各种肥料配合施用，可有效提高花生产量，改善花生品质。花生施肥应以有机肥为主，无机肥料为辅。在施肥时应以基肥为主，适当追肥。在基肥施足的情况下，应根据花生的生长情况，用速效肥料适时适量进行追肥。底肥和种肥是壮苗、旺花及丰果的基础，花生基肥占总肥料的 80% 以上，施用过程中应以有机肥料为主，配合施用氮和磷等肥料，具体施法因肥料种类和数量而异。每 $667m^2$ 花生田施有机肥料 3000kg 以上，纯氮 $3.6\sim5.7$kg、磷（P_2O_5）$1.9\sim3.2$kg、钾（K_2O）$6.2\sim10$kg（折实物量为：尿素 $15\sim25$kg、氯化钾 $20\sim30$kg、二铵 $17\sim27$kg）。花生专用肥（含量为 45% N-P-K 的 10-18-17）每 $667m^2$ 25kg 即可。播前整地作底肥撒施大部分，留少部分结合播种集中沟施或穴施。为提高磷肥肥效，可于施肥前将磷肥与有机肥堆沤 $15\sim20$ 天。播种时，用根瘤菌剂拌种增加有效根瘤菌。此外，用 0.01%$\sim$0.1% 的硼酸水溶液或 0.2%$\sim$0.3% 的钼酸铵进行拌种或浸种，可有效补充花生所需的微量元素。根据花生生长情况应适时追肥，苗期追肥应在始花前进行，一般追施尿素 $80\sim100$kg/hm^2，过磷酸钙 $150\sim200$kg/hm^2，一般采用开沟条施。开花后可施石膏粉 $300\sim400$kg/hm^2 和过磷酸钙 $150\sim200$kg/hm^2，进而增加结果期的磷钙营养。在花生结荚饱果期脱肥又不能进行追肥的情况下，可用 0.2% 磷酸二氢钾和 2% 尿素叶面喷施 1～2 次，可以起到保根、保叶的作用，提高结实率和饱果率。

六、油菜营养特性与配方肥施用

油菜又名油白菜、苦菜，是十字花科芸薹属一年生草本植物，直根系，茎直立，分枝较少，株高 30～90cm。富含维生素 C，营养丰富，种子含油率达 35%～45%，是世界上四大油料作物之一。在我国分布广泛，是我国食用植物油最主要的来源，也是潜在的仅次于豆粕的大宗饲用蛋白质源，在人们的生活中有重要的作用。

1. 油菜营养特性

油菜生长周期长，植株高大，在生产中需要大量的肥料供应，尤其对钙、硼等微量元素的需求量上较其他作物高。

油菜不同生长发育阶段的养分吸收比例和强度都有很大差异。对氮素营养方面，苗期对氮的吸收约占整个生育期的 43.5%，是氮素营养的临界期；薹期吸收的氮素约占整个生育期的 44.4%，为需氮最多的时期；开花至成熟期，氮素吸收较少，仅占 12%。油菜生长阶段氮素积累量有 3 个高峰，第一个高峰为 10 叶期，是快速增长期；之后由于低温根系活力降低，氮的积累量逐渐降低；返青后，由于气温回升，地上部分加速增长，吸收氮素的能力增强；在初花期形成第二个高峰，为快速积累期，终花期氮积累呈下降趋势；成熟期又继续上升，但增幅较小，在这时达到第 3 个峰值。对磷的吸收方面，苗期吸收的磷约占全生育期总吸收磷量的 23.5%，但生长初期对磷敏感，幼苗二叶期为其临界期，因磷素在植物体内可能被再度利用，且分配上具有顶端优势。所以一般情况下可将磷肥全部作基肥施用；开花至成熟期是油菜生育期中吸收磷素最高的阶段，总积累量随生长期的变化与氮素相似，但积累速率不同，表现为双峰趋势。第一个高峰出现于 10 叶期，以后因温度下降而逐渐降低；返青后抽薹至初花期达到最高，为第二个高峰；之后由于叶片的凋零，根系衰老，磷累积量呈下降趋势。对钾素的吸收方面，苗期吸收的钾素占全生育期总吸收量的 29.8%，薹期为吸收钾素最多的时期，钾的吸收速率变化呈微弱的双峰趋势，第一高峰期在移栽的 10 叶期，第二高峰期出现在抽薹至初花期。

另外，油菜（尤其是甘蓝型油菜）对硼异常敏感，当土壤水溶性硼（B）含量低于 0.5mg/kg 时，油菜常因缺硼而出现"花而不实"的现象，从而导致油菜大幅度减产。油菜终花期到成熟期，吸硼量可占全生育期总需硼量的 50%～60%。因此，在油菜生产中应特别重视硼肥的施用。

2. 油菜配方肥的施用

油菜在施肥过程中要重施基肥，早施苗肥，巧施薹肥，并注意硼肥的施用。移栽油菜至大田底肥一定要充足，用量一般占总施肥量的 40%～60%，以营养成分全面的有机肥为主，并配合一定量的速效氮、磷、钾及硼肥。底肥的用量依产量目标测土配方确定，若每 667m² 土地产 200kg 菜籽，则需施有机肥 1500kg、油菜专用配方肥 50kg、硼肥 0.5～1kg。苗肥尽量早施，施用原则一般是先淡后浓，先少后多，分次施用，直播油菜定苗后 15 天内将苗肥施完。移栽的油菜成活后，施提苗肥，每 667m² 土地尿素用量 5kg 左右，兑水穴施或雨前撒施，栽后 25 天左右，视苗情追施适量尿素促苗。腊肥的施用一般于 12 月中、下旬到 1 月上、中旬与中耕结合进行，以迟效有机肥（厩肥、泥肥、饼肥等）为主，视苗情一般每 667m² 土地用腐熟猪牛粪草 1000～1500kg。若油菜长势较好，可少施或推迟施。薹肥一般于 1 月下旬到 2 月上旬薹高 10cm 左右时视长势而定，长势旺的则迟施少施，长势弱或脱肥田则应早施重施，一般每 667m² 土地施粪尿 750～1000kg，或尿素 7～10kg。抽薹至盛花期，应及早补施花肥，可增加角果和籽粒的数目，增加粒重和含油量。施肥时间，一般视前期施肥量和油菜长势、数量和种类而定。前期施肥多，长势好的可结合病虫防治根外喷施 0.3% 磷酸二氢钾溶液。对于长势差的地块，除磷钾肥外，再加尿素（23～40kg/667m²）兑清水喷施 1～2 次。有条件的地区还可菌肥与化肥配合施用，施用方法有基施、拌种、蘸根、叶面喷施等。

七、棉花营养特性与配方肥施用

棉花是锦葵科棉属植物的种子纤维，原产于亚热带。植株灌木状，在热带地区栽培可长到 6m 高，一般为 1～2m，是纺织工业的重要原料，也是世界上唯一由种子生产纤维的农作物。我国是世界主要的棉花生产大国之一，棉花也是我国重要的经济作物。

1. 棉花营养特性

由于气候条件、土壤肥力状况、施肥水平等外界条件以及棉花自身品种差异，生产 1000kg 皮棉所需要的养分也不同，相关研究结果显示：棉花对氮、磷、钾的大体需求范围是，氮素（N）100～180kg，磷素（P_2O_5）40～60kg，钾素（K_2O）80～140kg，三者大致比例约为 1∶0.36∶0.79。

棉花生长周期长，为 145～175 天，所需要的养分随产量水平的提高而增加。对三大营养元素的吸收方面，不同生育期略有差异。出苗到现蕾期主要以营养生长为主，苗期养分吸收少，氮、磷、钾吸收均不足全生育期吸收总量的 5%，但在营养临界期，容易缺乏磷素，因而也要保证该时期的营养供应，充足的养分供应可使棉花提前现蕾。现蕾期到开花期，棉花从营养生长向生殖生长过渡，生长速度加快，根系基本建成，养分吸收量增大，氮、磷、钾吸收量分别占总量的 27%～30%、25%～29% 和 21%～32%。开花期至吐絮期生殖生长增强，营养生长减弱，该时期对养分的吸收量最大，积累量达到高峰，三大营养元素均占全生育期的 60%～70%，是营养的最大效率期。吐絮期到成熟期，营养生长停止，棉铃成营养供应中心，根系吸收能力减弱，三大营养元素吸收量仅占总量的 1%～8%。

2. 棉花配方肥的施用

（1）基肥　棉花施肥过程中要掌握基肥为主、追肥为辅的原则。基肥施用量占总施肥量的 60%～70%。基肥以有机肥为主，每 667m^2 土地施农家肥 2000kg 左右、棉花专用肥 40～60kg。棉花对锌和硼的缺乏反应较敏感，而我国大部分棉田两种元素供应不足，因而在施基肥的同时可添加适量硼肥和锌肥，一般 667m^2 土地施硼肥 0.5kg、锌肥 1～2kg。

（2）追肥　棉花在追肥时应遵循苗期轻、蕾期稳、铃期重及后期适中的原则。肥料种类宜选择氮肥，施用方法可选择深施，以充分发挥肥效。在初花期和盛铃期进行，两次施肥比例 1：2 左右，前轻后重。对于初花期棉花植株长势较好的，第一次追肥可以省略，需 2 次追肥的可在盛铃期追施棉花专用肥，每 667m^2 棉田用量 30～50kg。

（3）根外追肥　根外追肥的目的主要是防止棉花后期缺肥早衰，从而争取多结秋桃，增加铃重。因该时期土施不便，宜采用根外追肥，主要以喷施 0.2%～0.3% 的磷酸二氢钾为主，氮肥不足时，可与 0.5%～1.0% 的尿素或氨基酸叶面肥配合施用，以下午 16 时以后喷洒最好，间隔时间 10～15 天，3～4 次即可。

八、甘薯营养特性与配方肥施用

甘薯是薯蓣科薯蓣属植物，为多年生缠绕草质藤本；有卵圆形块茎；每株 5～10 个；宽心形叶子互生，叶柄基部有刺；初夏开花，穗状花序单生；三棱形蒴果；圆形种子有翅。在我国其栽培面积和总产仅次于水稻、小麦和玉米，处于第四位。对于改善居民饮食结构和提高食品质量具有重要作用。

1. 甘薯营养特性

甘薯根系发达，吸肥能力强，需肥量大，较耐贫瘠，在我国习惯将其种植在普遍肥力不足的旱地、薄地和丘陵上。甘薯对三大营养元素的需求量以钾最多，氮次之，磷最少。所需三者比例大致为 1：（0.4～0.9）：（1.5～2.5）。大量研究结果显示，大田生产中，每生产 1000kg 鲜薯，需从外界吸收氮素（N）4kg、磷素（P_2O_5）2kg、钾素（K_2O）6.2kg。在高产地块含磷和钾素量较大的情况下，每 667m^2 土地产量 3500kg 的地块所需三者的比例为 1：1：2，每生产 1000kg 鲜薯，需从外界吸收氮素（N）5kg、磷素（P_2O_5）4.5～4.9kg、钾素（K_2O）7～8kg。

甘薯从扦插成活到收获，整个生长过程中对三大营养元素的吸收总量表现为：钾大于氮，氮大于磷。甘薯对三者的吸收量均以苗期较少，之后随植株的生长，薯块开始膨大，吸收速度加快，吸收量逐渐增加，该阶段是甘薯营养物质吸收的重要时期，决定甘薯数量和最终产量。到中后期至收获前1个月左右，地上茎生长速度逐渐变慢，叶面积降低，叶片黄枯率增加，茎叶鲜重变轻，大量光合产物向块茎输送，此时仍需要吸收一定量的氮、磷元素，特别需要补充钾素。三者的总体表现为：钾在茎叶生长盛期前吸收较少，生长盛期及回秧期吸收较多；氮在茎叶生长前期、中期和盛期吸收快，需求量大，回秧中、后期吸收较慢，需求量少；对磷的吸收前、中期较少，块茎迅速膨大期最多。

2. 甘薯配方肥的施用

（1）基肥　甘薯生长周期较长，全生育期一般120天左右。吸肥能力强，产量高，因而需要足够的底肥作基础，否则后期发生脱肥早衰，难以保证优质高产。甘薯为垄作栽培，基肥多集中施于田垄中下至底部。肥料以有机肥为主，配合适量无机肥。基肥用量因产量、土壤肥力及南北气候不同而异。按每667m²土地产4～5t鲜薯计算，需腐熟优质的有机肥5000～9000kg、专用肥50～60kg或者过磷酸钙25～45kg、硫酸钾20～30kg、尿素5～10kg。

（2）追肥　根据甘薯生长状况，应适时进行追肥，以补充土壤养分不足。追肥可分为促苗肥、壮株促薯肥和催薯肥。促苗肥一般于扦插后15～20天进行，每667m²土地施用甘薯专用肥3～5kg或硫酸铵8～12kg、腐熟的稀人粪尿液500～1000kg，浇施于株穴旁。壮株促薯肥在扦插45～60天后追施，一般每667m²土地施甘薯专用肥10～15kg或过磷酸钙10kg、硫酸钾12kg、硫酸铵2～3kg，南方地区还可再稀施腐熟的人粪尿液500～600kg。促薯肥于扦插后80～100天进行，每667m²土地施甘薯专用肥15～20kg或硫酸铵10～15kg、硫酸钾10～15kg，此时肥料可溶于水后，灌施于垄背裂缝中。

（3）根外追肥　甘薯块茎膨大期及生长后期，根部吸收能力降低，可在叶面喷施磷、钾肥。肥料一般选择0.2%～0.3%的磷酸二氢钾溶液或5%～10%草木灰过滤液，已出现脱肥现象的田地，还可加喷0.5%的尿素，每667m²土地喷施70～100kg。时间宜选择傍晚进行，间隔 7 天 1 次，次数控制在 2～3 次即可。

九、马铃薯营养特性与配方肥施用

马铃薯起源于南美洲安第斯山，是茄科多年生草本植物，块茎可供食用，在 150 个国家和地区均有种植，总产 3 亿多吨，是全球第三大重要的粮食作物，仅次于小麦和玉米。约在 16 世纪 70 年代传入中国，在我国大江南北均有种植，种植面积约为世界总面积的 25%，产量约为世界总产量的 20%。

1. 马铃薯营养特性

马铃薯是高产喜肥作物，正常生长需要十余种营养元素，需求最多的是氮、磷、钾，其次为钙、镁、硫和微量元素铁、硼、锌、锰、铜、钼和钠等。生长发育过程中任何元素的缺乏，都可能引起植株生长发育失调，导致产量降低和品质下降。在对三大营养元素的吸收方面，每生产 1000kg 马铃薯，需吸收氮素（N）3.5～5.5kg、磷素（P_2O_5）2.0～2.2kg、钾素（K_2O）10.6～12kg，所需三者比例平均为 1∶0.47∶2.51。

生长过程中马铃薯对氮、磷和钾的吸收规律方面，幼苗期植株小，肥料需求量少，速率慢。该阶段氮、磷和钾的吸收速率分别为 1.68kg/($hm^2 \cdot d$)、0.99kg/($hm^2 \cdot d$) 和 1.43kg/($hm^2 \cdot d$)，此阶段累积吸收量仅占全生育期的 6.77%、4.09% 和 4.62%。幼苗期过后，氮和钾吸收规律相似，块茎形成期至块茎增长期，是马铃薯一生中氮和钾吸收速率最快、养分吸收数量最多的时期，两者吸收速率分别为 5.4kg/($hm^2 \cdot d$) 和 7.6kg/($hm^2 \cdot d$)，氮和钾此阶段累积吸收量为全生育期的 69% 和 78%；至块茎增长后期到成熟期，养分吸收速率降低，吸收数量减少，氮和钾的吸收速率分别为 3.31kg/($hm^2 \cdot d$) 和 0.14kg/($hm^2 \cdot d$)，此阶段累积吸收量分别占全生育期的 24.2% 和 17.4%。而磷素的吸收则与钾、氮两种元素不同，从块茎形成期至成熟期一直保持较高的吸收强度，吸收速率在 2.98～3.99kg/($hm^2 \cdot d$) 之间变动；期间各时期的累积吸收量占总吸收量的比例变化介于 19.05%～27.02%。对钙、镁、硫等元素的吸收，幼苗时期极少，块茎形成期陡增，块茎增长后期又缓慢降低。

2. 马铃薯配方肥的施用

（1）施足基肥　马铃薯施肥以基肥为主，基肥应结合整地或覆土时施入，干旱无灌溉条件的农田，可将肥料作基肥一次性施入，降雨量大、土壤湿度大、灌溉便利的农田，应以基肥为主，并适时进行追肥，基肥数量一般要占总肥料用量的 80％以上，基肥常以草木灰或有机肥与化肥混合后施用。每 667m² 土地施有机肥3500～5000kg、马铃薯专用基肥 80～100kg，同时加 2kg 硫黄粉。

（2）酌情施种肥　基肥量不够或者耕地前来不及施肥时，可酌情加施种肥。播种时将有机肥和配方肥，混匀后溜在犁沟内，少量覆土后，再点上种薯。此举可提高肥料利用率，减少损失。

（3）追肥早施　追肥的施用不宜过迟，以免后期施肥后导致茎叶徒长影响块茎的膨大。追肥一般分 3 次施用：第一次是保苗肥，于齐苗后施用，以促进茎叶生长，一般随水冲施马铃薯专用冲施肥 10～15kg/667m²；发棵初期冲施马铃薯专用冲施肥 10～15kg/667m²，发棵后期冲施马铃薯专用冲施肥 15～20kg/667m²，以促进马铃薯块茎膨大。

（4）根外追肥　马铃薯现蕾开花后，可进行叶面施肥，主要喷施 0.3％～0.5％的磷酸二氢钾溶液，用量每公顷 750kg，连续 2～3 次。若出现氮素缺乏症状，可适当喷施尿素溶液，每公顷1.5～2.5kg。

十、烟草营养特性与配方肥施用

烟草属管状花目，茄科一年或有限多年生草本植物，基部稍木质化。花序顶生，圆锥状，多花；蒴果卵形或矩圆状，长约等于宿存萼。夏秋季开花结果。主要分布于南美洲、南亚和中国，是我国重要的经济作物之一。

1. 烟草营养特性

烟草是喜钾作物。因其品种、气候及生长土壤养分状况不同，养分吸收方面差异较大。一般每产 1000kg 干烟草，需吸收氮素（N）2.4～3.4kg，磷素（P_2O_5）1.2～1.6kg，钾素（K_2O）4.8～5.8kg，三者平均比例为 1：0.48：1.83。

烟草对氮、磷、钾的吸收呈现阶段性。在苗床阶段，十字期以前，需肥量较小，之后需肥量逐渐增加，以移栽前 15 天内需肥量最多，氮、磷、钾吸收量占苗床阶段吸收总量的 68.4％、72.7％和 76.7％。移栽大田后 30 天内养分吸收量较少，此时氮、磷、钾吸收量分别占总量的 6.6％、5.0％和 5.6％。吸收峰值出现在移栽后的 45～75 天，即团棵期和现蕾期，氮、磷、钾三大营养元素吸收量分别占全生育期的 44.1％、50.7％和 59.2％。此后各养分吸收量逐渐下降，打顶后由于生出次生根，养分吸收又有回升，为吸收总量的 14.5％，但此时土壤氮素过多，容易造成徒长，形成黑爆烟，增加烘烤难度，因而要控制氮肥的施入量。

2. 烟草配方肥的施用

（1）苗床期 烟草的苗床期大约 60 天，即从播种到移栽前的这段时间，该阶段的主要目的是培育壮苗。此时烟草幼苗需肥迫切但耐肥能力差，因此施肥中应以基肥为主，肥料选择上以腐熟的有机肥为主，化肥为辅。基肥选择发酵过的饼肥和化肥，结合苗床耕翻和做畦时施用，用量每 10m² 有机肥 200kg、尿素 0.1kg、过磷酸钙 0.5～1.0kg 或三元复合肥 1.5～2.0kg，肥料与土壤混匀，避免烧苗。在一般用肥基础上，加施少量草木灰和三元复合肥，可协调各养分间的平衡供应。

（2）大田施肥 根据烟草需肥特点，要依照基肥重施、追肥早施和把握时机根外追肥的原则进行。基肥主要选择有机肥和适量的烟草专用肥，在翻地时施入，不同肥力土地用量不同，一般在中等肥力的土地上每 667m² 施腐熟的有机肥 1000～2500kg、烟草专用肥 40～60kg。在施口肥时，每 667m² 土地施腐熟有机肥 300～600kg、烟草专用肥 15～25kg，也可用饼肥、煮熟的豆类、硝酸铵和过磷酸钙代替专用肥，每 667m² 饼肥用量 20～30kg、硝酸铵 5～10kg、磷酸钙 10～15kg。为避免后期施肥营养过剩影响烟叶烘烤品质，追肥要及早进行，一般选择缓苗或移栽后 30 天进行，肥料宜选择腐熟的农家肥、饼肥、草木灰及烟草专用肥，追肥后浇水以提高肥效。

（3）根外追肥　苗期至收获前 1 个月内，可喷施氨基酸叶面肥，施用的同时加入 0.2%～0.3% 的磷酸二氢钾，对于增强烟草植株长势，提高烟叶产量和品质，具有积极的作用。

十一、甘蔗营养特性与配方肥施用

甘蔗是禾本科甘蔗属一年生或多年生 C_4 草本植物；植株圆柱形，茎直立、丛生、分蘖、有节，节间实心，茎外有蜡粉覆盖，颜色为紫、红或黄绿色等；叶丛生，叶片有白色肥厚的中脉；大型圆锥花序顶生，小穗基部有银色长毛，长圆形或卵圆形颖果细小，原产于热带、亚热带地区，是一种高光效的重要的糖料作物。

1. 甘蔗营养特性

甘蔗生长周期长，产量高，属于高产作物，一般 $667m^2$ 产 5t 以上，最高可达 10t，因而对养分的需求量也较其他作物多。很多研究资料表明：按一般生长期 10～11 个月（春种冬收）计，按每 $667m^2$ 土地产 1000kg 甘蔗，需吸收氮（N）2.0～2.3kg、磷（P_2O_5）1.4～1.7kg、钾（K_2O）2.0～2.7kg，氮、磷、钾比例约为 1：0.7：2.3。

甘蔗整个生育期一般可分为：幼苗期、分蘖期、伸长期和成熟期。每个生长阶段对于肥料的需求也存在差异，整个生育期以生育中后期的需肥量最大，各生长阶段对肥料的需求量中，萌芽期主要依靠种苗本身贮藏的养分，无需从外部吸肥。幼苗期吸肥量少，但对氮的需求较大，钾、磷次之。该时期对大量元素的吸收量仅占全生育期吸肥量的 1% 左右。分蘖期不断增生分蘖，需肥量增多。其中，氮肥吸收量占全生育期总量的 6%～7%，钾的吸收占全生育期总量的 5.5% 左右，磷的吸收量占全生育期总量的 3% 左右。伸长期，随着蔗茎的迅速伸长、叶的不断更新、糖分的形成和积累，对大量元素的吸收量占全生育期总吸收量的 50%～57%。其中，氮的吸收量占全生育期的 54% 左右，磷的吸收量占全生育期的 70% 左右，钾素的吸收量占全生育期的 77% 左右。以上生长期中伸长期所吸收的氮、磷、钾最多，对于产量的形成和影响也最大，因此是甘蔗的营养高效期、施肥重点期，生产上称为重施攻茎肥。三大营养元素中，以钾的吸收量最高，因而甘蔗属于喜钾植物，增加钾肥的施用量不仅可以显著提高甘蔗产量，而且能促进甘蔗的成熟，提高甘蔗糖分含量。

2. 甘蔗配方肥的施用

甘蔗施肥过程中要坚持基肥与追肥并重、有机无机合理配合施用及氮、磷、钾、钙和硅合理配合施用等原则。

（1）基肥　基肥以腐熟的农家肥为主，速效化肥为辅。氮肥的 20% 作基肥，磷肥应与有机肥混合腐熟后全部用作基肥，钾肥量少时可以做基肥一次施入，量大时可留一半作追肥，钾肥以硫酸钾和草木灰最好，不宜多用氯化钾，否则会降低甘蔗糖含量。

（2）追肥　根据甘蔗不同生育期的需肥特性，追肥宜遵循"三攻一补"的原则进行，分为攻苗肥、攻蘖肥、攻茎肥和壮尾肥。攻苗肥即在甘蔗长出三片真叶时结合小培土进行，以氮肥为主，一般为总施氮量的 10%，磷和钾不足时，每公顷可配合早施尿素 37.5～75kg 或硫酸铵 75～150kg。攻蘖肥要分两次施用，第一次在分蘖期结合小培土追肥，主要是促进分蘖早发生，故称攻蘖肥；第二次在分蘖期结合中培土追加，目的是促进分蘖健壮成长，又称壮蘖肥。因甘蔗植株生长需肥量大，所以壮蘖肥的施用量大于攻蘖肥，施用量占施肥总量的 20%，一般选择尿素 112.5～150kg/hm²。攻茎肥的施用是甘蔗高产优质的关键，以氮肥为主，若前期磷和钾不足，应在伸长初期，结合大培土追施，肥料充足可预留一部分在伸长盛期追施，施用量应结合土壤和甘蔗营养诊断的具体情况，灵活掌握，该时期一般氮肥和钾肥用量为总用量的 50%。壮尾肥的施用，目的是促进甘蔗伸长后期的持续增长，以速效氮肥为主，用量不宜太多，时间尽早进行，避免引起成熟期推迟和糖分降低。

十二、茶树营养特性与配方肥施用

茶树是多年生木本植物，整个生命周期总是有规律地从土壤中吸收矿质元素，以保持其正常生长。茶树在生产过程中，不断采摘树体新梢幼芽和叶，不可避免地带走一定数量的营养元素，因而合理补充茶树生长所必需的营养元素，才可保证茶树生长的需要。

1. 茶树营养特性

茶树对营养元素的需求表现为，喜铵、低氯、聚铝及嫌钙。三大营养元素中对氮的需求最多，钾次之，磷相对最少。大量的研究数据表明，每采收 1000kg 鲜茶叶，需吸收氮素（N）1.2～1.4kg、磷素（P_2O_5）0.2～0.28kg、钾素（K_2O）0.43～0.75kg，三者平均比例为 1：0.16：0.45。

因茶树为多年生木本植物，因而生命周期和年周期的需肥规律不同。茶树总发育周期既有阶段性，又有连续性，各年龄时期生理功能不同，营养元素的需求也存在差异，幼龄茶树以培育枝条骨架和分布深广的根系为主，因而吸收元素以氮和磷为主，适当配施钾肥。壮年茶树，营养生长和生殖生长同时处于盛期，为提高茶叶产量，延长高产寿命，抑制生殖生长，应重施氮肥，配施磷钾肥。衰老期的茶树，生理功能逐渐下降，为复壮茶树，必须配合施用氮、磷、钾肥。茶树生长周期内，不同的季节表现不同，研究结果表明：茶树一年吸氮主要集中于 4～6 月、7～8 月和 10～11 月，前两个时期吸收量约占总吸收量的 53% 以上。磷的吸收主要集中于 4～7 月和 9 月，吸收量约占全年吸磷量的 80%。钾的吸收以 7～9 月最多，约占全年总吸收量的 56%。

2. 茶树配方肥的施用

（1）底肥　底肥的施用一般在茶籽播种或茶苗定植前进行。施用的目的主要是增加土壤有机质，改善理化性状，从而使茶苗早发快长。底肥一般以有机肥和磷肥为主，每 667m^2 土地使用厩肥或堆肥 10t、茶树专用肥 30～50kg。底肥较少，可集中施于播种沟内，数量多时可分层施用。

（2）基肥　基肥的施用一般于茶树地上部全年生长停止时进

行。根据茶园生产水平、茶树树龄及肥料种类与质量等确定施肥量。肥料种类大都是以堆肥、厩肥和饼肥等腐熟的优质有机肥为主，额外再添加适量的磷肥和钾肥，饼肥一般每 $667m^2$ 土地 $100\sim$ 150kg，掺和茶树专用肥 40kg。施肥时间视不同地区适时进行。不同树龄的茶树基肥施用位置和深度有差异，$1\sim2$ 年生直播幼苗，施于距根颈 $5\sim10cm$ 处，施肥深度 $15\sim20cm$；一年生扦插苗施于距根颈 $10\sim15cm$ 处，施肥深度 $10\sim15cm$；$3\sim4$ 年生茶树，施在距离根颈 $15\sim20cm$ 处，施肥深度 $20\sim30cm$；成年茶树，施于树冠边缘垂直投影下方，施肥深度 20cm。

（3）追肥 追肥主要分为两个时期，即春茶追肥期，茶树经过冬季休眠之后，生长力强，养分需求量大，第一次追肥又称催芽肥，施用时间要根据茶树生育物候期来定，一般在茶芽长到鱼叶初展期施肥效果最好。另外一个时期为夏、秋茶追肥期，该时期春茶已采摘完毕，茶树体内大量养分被消耗，必须及时补充，因此在春茶结束后夏茶萌发前进行第二次追肥，两者之间间隔时间较短，所以要在春茶结束后立即施用，夏茶结束后进行第三次追肥。秋肥宜在伏旱后施用，这样利于肥效发挥。秋茶最后施肥需在早霜前 30 天进行，否则，可能导致冬芽萌发，对茶树安全越冬产生不利影响。

（4）根外追肥 根据各地茶园试验，合理喷施含微量元素锌、硼、钼、锰和铜元素的氨基酸叶面肥，可显著提高茶叶产量和品质。叶面喷施宜选在地上部生长期内，尤其根部养分吸收受到影响时，效果更好。早春叶面追肥催芽作用显著，秋后叶面追施磷、钾肥，利于体内碳水化合物转移，增强茶树抗逆性，采摘前 $15\sim30$ 天喷施微量元素，还可改善茶叶的品质。不同地区叶面喷施的时期略有差异，长江中下游茶园以夏、秋叶面施肥效果最好；江北茶园则以早春叶面施肥催芽效果较好；就植株发育而言，一芽一叶至一芽三叶间，喷施效果好，一天中则以傍晚喷施最优。

第三章　有机肥

第一节　有机肥概念与特性

有机肥又称农家肥，主要来自农村和城市可用作肥料的有机物，包括人畜粪尿、农村堆沤肥、城市垃圾及绿肥杂肥等，它是我国传统农业的物质基础。有机肥来源广泛、品种多，几乎一切含有有机质并能提供多种养分的物料都可以称之为有机肥。

有机肥是一种完全肥料，它不仅含有大量元素和许多微量元素，而且还含有一些植物生长所需的激素和多种土壤有益微生物，其主要特性如下。

(1) 改善土壤养分状况　有机肥施入土壤后，经过微生物的分解转化，变成作物能够吸收利用的有效养分，提高土壤供肥能力。有机肥中的有机酸与钙、镁、铁、铝形成稳定性很强的络合物，从而减少磷的固定和铁、铝的毒害。有机酸及其盐类对土壤酸碱度具有缓冲作用，提高土壤的缓冲能力。

(2) 改良土壤结构　有机肥在微生物的作用下形成的腐殖质是一种有机胶体，能将土粒结合在一起，形成稳定的团粒结构，增加土壤的通气性和透水性，改善土壤的水、肥、气、热状况，有利于作物生长。

(3) 促进微生物活动　有机肥为微生物活动提供大量的能源物质，不仅可以加速有机质本身所含养分的分解、转化和释放，而且有助于土壤中原有的磷、钾等矿质养分的释放，加速土壤中生物小循环的过程，有利于土壤有效肥力的进一步提高。有机肥养分含量丰富，除含有氮、磷、钾和有机碳养分外，还可提供相当数量的中量、微量元素和氨基酸、核酸、糖、维生素等有机营养成分。有机肥除能提供作物养分、维持地力外，在改善作物品质、培肥地力等方面起着重要作用。

随着商品经济的发展，工厂化加工的有机肥料大量涌现，有机肥料已超出农家肥的局限，向商品化方向发展。商品化的有机肥料必须执行国家行业标准 NY 525—2002 的要求（表 3-1），有机肥料中重金属、蛔虫卵、大肠杆菌等有害指标的控制应符合国家标准 GB 8172 的要求（表 3-2）。

表 3-1 有机肥料的技术指标（NY 525—2002）

项目	指标
有机质(以干基计)/%	$\geqslant$30
总养分($N+P_2O_5+K_2O$)(以干基计)/%	$\geqslant$4
水分(游离水)/%	20
酸碱度 pH 值	5.5～8.0

表 3-2 有机肥料中重金属、蛔虫卵、大肠杆菌等有害指标（GB 8172）

项目	标准限值
蛔虫卵死亡率/%	95～100
大肠菌值	10^{-1}～10^{-2}
总镉(以 Cd 计)/mg/kg	$\leqslant$3
总汞(以 Hg 计)/mg/kg	$\leqslant$5
总铅(以 Pb 计)/mg/kg	$\leqslant$100
总铬(以 Cr 计)/mg/kg	$\leqslant$300
总砷(以 As 计)/mg/kg	$\leqslant$30

第二节 有机肥的种类和作用

一、有机肥的分类

有机肥的分类没有统一的标准，目前主要有两种分类方法：一种是根据它的来源特性、积制方法分类，另一种是根据有机肥在堆制过程中能否产生高温来分类。

按第一种方法分类，有机肥可分为以下几种。

① 粪尿类：人粪尿、家畜粪尿、禽类粪尿、海鸟类粪尿、蚕沙等。

② 堆沤肥类：堆肥、沤肥和秸秆直接还田利用等。

③ 饼肥类：包括各种饼肥和糟渣肥等。

④ 海肥类：动物性海肥、植物性海肥、矿物性海肥。

⑤ 绿肥类：冬季绿肥、夏季绿肥、水生绿肥、多年生绿肥

⑥ 草炭类：草炭、褐煤、腐植酸肥料。

⑦ 杂肥类：熏土、炕土、硝土、垃圾、烟筒灰、泥肥、草木灰、屠宰场废弃物等。

⑧ 三废类：生活污水、工业污水、肥水、工业废渣等。

按第二类方法分类可分为以下几种。

① 热性肥料：纤维素含量高，疏松多孔，水分易蒸发，含水少，同时，粪中含有的纤维素分解性细菌很多，能促进纤维素分解，在堆放过程中能产生高于 50℃ 以上的高温，这一类肥料统称为热性肥料。如马粪、羊粪、纯猪粪、蚕粪、禽粪、秸秆堆肥等。

② 冷性肥料：也叫凉性肥料。凡是堆制过程中不能产生高温，温度低于 50℃ 者，统称为冷性肥料。如土粪、各种泥土粪、牛粪、人粪尿（或粪稀）等。

所为"热性"与"冷性"也是相对而言，纯猪粪为热性，如大量加土成为土粪，就是冷性肥料。

二、有机肥的作用

有机肥按其养分含量与化学肥料相比，前者所含养分种类多，氮、磷、钾、钙、镁、硫和微量元素都有，而后者比较单一，氮素化肥只含氮，磷素化肥只含磷，钾素化肥只含钾，即使是复合肥料也只含氮、磷、钾等有限的几种养分。但是，有机肥料所含各种养分种类虽然齐全，其浓度却比较低，以鸡粪为例，它的氮含量约为 1.6%，磷含量约为 1.5%，钾含量约为 0.9%，即 100kg 鸡粪含氮（N）1.6kg、磷（P_2O_5）1.5kg、钾（K_2O）0.9kg。化肥中的尿

素含氮 46％，即 100kg 尿素含氮（N）46kg，氯化钾含钾 60％，100kg 氯化钾含 K_2O 60kg，化肥所含养分浓度比有机肥高得多。有机肥中含有大量的有机质，这是化肥所没有的。有机肥施入土壤后要经微生物分解、腐烂后才能释放出养分供作物吸收，化肥则施入土壤后即能发挥作用。所以，有机肥含养分种类多，浓度低，释放慢；化肥则与之相反，养分单一，浓度高，释放快。两者各有优缺点，有机肥应与化肥配合施用才能扬长避短，充分发挥其效益。

有机肥主要有以下三方面作用。

（1）改良土壤，培肥地力　有机肥料中的主要物质是有机质，施用有机肥料增加了土壤中有机质的含量。有机质可以改善土壤物理、化学和生物特性，熟化土壤，培肥地力。

（2）增加作物产量和提高农产品品质　有机肥含有丰富的有机物和各种营养元素，除含有氮、磷、钾等养分外，还含有多种糖类、氨基酸等物质，不仅可为作物提供营养，而且可以促进土壤微生物的活动。有机肥料还含有多种微量元素，如畜禽粪便每 100kg 中含硼 $2.2\sim2.4g$、锌 $2.9\sim29.0g$、锰 $14.3\sim26.1g$、钼 $0.3\sim0.4g$、有效铁 $2.9\sim29.0g$。有机肥和化肥配合施用增产效果显著，而且能改善产品的品质，使蔬菜中的硝酸盐、亚硝酸盐含量降低，维生素 C 含量提高，增加瓜果中的含糖量。

（3）提高肥料的利用率　有机肥含有养分多但相对含量低，释放缓慢，而化肥单位养分含量高，成分少，释放快。两者合理配合施用，相互补充，有机质分解产生的有机酸还能促进土壤和化肥中矿质养分的溶解。有机肥与化肥相互促进，有利于作物吸收，提高肥料的利用率。

虽然有机肥的成分种类较多，但是每种养分的含量相对较少，并且病菌较多。需要存放腐熟以杀灭病菌，并与化学肥料配合使用，效果更好。

三、粪尿肥

人畜粪尿是一种优质的有机肥，如果管理不当也将成为一种重要的污染源，因而管理和利用好粪尿肥不仅为农业生产提供养分，而且有利于卫生和环境保护。

1. 人粪尿

人粪尿是一种养分含量高、肥效快的有机肥料，常被称为"精肥"或"细肥"。人粪是食物经消化后未被吸收而排出体外的残渣，其中含70%～80%的水分；20%左右的有机质，主要是纤维素和半纤维素、脂肪和脂肪酸、蛋白质、氨基酸和各种酶、粪胆汁，还有少量的粪臭质、吲哚、硫化氢、丁酸等臭味物质；5%左右的灰分，主要是钙、镁、钾、钠的无机盐。此外，人粪中还含有大量已死的和活的微生物，有时还含有寄生虫和寄生虫卵。新鲜人粪一般呈中性反应。

人尿是食物被消化、吸收并参加新陈代谢后所产生的废物和水分。其中含水约95%，其余5%左右是水溶性有机物和无机盐类，其中尿素、尿酸和马尿酸约占1%～2%，无机盐为1%左右。健康人的新鲜尿为透明黄色，呈弱酸性反应。人粪尿中主要养分含量见表3-3。

表3-3　人粪尿中主要养分含量　　　　　单位：%

种类	水分	有机物	氮(N)	磷(P_2O_5)	钾(K_2O)
人粪	>70	约20	1	0.5	0.37
人尿	>90	约3	0.5	0.13	0.19
人粪尿	>80	5～10	0.5～0.8	0.2～0.4	0.2～0.3

从养分含量来看，不论人粪或人尿都是含氮较多，而磷、钾较少。所以，人们常把人粪尿当作速效性氮肥施用。

其常用施肥方法如下。

① 加水沤制成粪稀，经腐熟后可作追肥，多施用于叶菜类作物如白菜、菠菜、甘蓝、芹菜等，加水稀释4～5倍，直接浇灌。为提高肥效，减少氨的挥发，可开沟、穴，施后立即覆土。

② 作为造肥的原料掺入堆肥中进行堆制，这样不仅可促进微生物活动，加速有机质分解，还能提高粪肥质量。大粪土一般作基

肥较好，但在土壤湿润的条件下，也可以沟施或穴施作旱地作物的追肥。

③ 因人粪尿中含有 0.6%～1.0% NaCl，施用时应注意：禁施于忌氯作物如瓜果类、薯类、烟草和茶叶等，以免降低这些作物的产量和品种；盐碱土尽量少施或不施，以防加剧盐、碱的累积，有害于作物；不能连续大量施用，因为 Na^+ 能大量代换盐基离子，使土壤变碱性，一般在水田不易发生。

2. 牲畜粪尿

牲畜粪尿是指猪、牛、羊、马等饲养动物的排泄物，含有丰富的有机质和各种植物营养元素，是良好的有机肥料。牲畜粪尿与各种垫圈物料混合堆沤后的肥料称之为厩肥。厩肥是农村的主要肥源，占农村有机肥料总量的 63%～72%。其中猪粪尿提供的养分最多，占牲畜粪尿养分的 36%，牛粪尿占 17%～20%，马、驴、骡粪尿占 5%～6%，羊粪尿占 7%～9%。

畜尿中含有较多的氮素，都是水溶性物质。除有大量的尿素外，还有较多的马尿酸和少量的尿酸态氮。这些成分较复杂，需腐熟后施用。畜粪中的氮素大部分是有机态的，如蛋白质及其分解产物，植物不能直接利用，分解缓慢，属于迟效性。畜粪中的磷，一部分是卵磷脂和核蛋白等有机态的，另一部分是无机磷酸盐类，由于这些盐类与其他有机质共同存在，磷被分解出来以后，能和有机酸形成络合物，可以减少被土壤中铁、铝、钙等离子的固定，所以畜粪中的磷素肥效较高。畜粪中的钾大部分是水溶性的，肥效很高。各种家畜粪尿的成分和理化性质依种类、饲料及饲养方式而有所不同。

(1) 马粪 以高纤维粗饲料为主，咀嚼不细，因排泄物中含纤维素高，粪质粗松，含有大量高温性纤维分解细菌，增强纤维分解，放出大量热，故称热性肥料，多用于温床酿热物，施马粪能显著改善土壤物理性状，施在质地黏重的土壤为佳。还适合施用在低洼地、冷浆土壤上。

(2) 牛粪 牛是反刍类动物，虽然饲料与马相同，但饲料可被牛反复咀嚼消化，因此牛粪粪质较马粪细密。加上牛饮水量大，粪中含水量高，通透性差，所以分解缓慢，发酵温度低，故称冷性肥料。为加速分解腐熟，常混入一定量的马粪。施在轻质沙性土上效果较好。

（3）羊粪　羊也是反刍类动物。羊对多纤维的粗饲料反复咀嚼，这与牛相同；但羊饮水量少于牛，所以羊粪粪质细密又干燥，肥分浓，羊粪三要素含量在家畜粪中最高。其腐解时发热量界于马粪与牛粪之间，发酵也较快，故也称为热性肥料。

（4）猪粪　猪为杂食性动物，饲料不以粗纤维为主，所以碳氮比值小，也是热性肥料。猪粪质地细于马粪，比马粪含水量高，含腐殖质量较高，阳离子代换量也大，适用于各种土壤，能提高土壤保水保肥能力。

各种家畜粪尿中主要养分平均含量见表 3-4。

表 3-4　各种新鲜家畜粪尿中主要养分平均含量　单位：%

种类	水分	有机质	氮(N)	磷(P$_2$O$_5$)	钾(K$_2$O)	钙(CaO)	C：N
猪粪	81.5	15	0.6	0.4	0.44	0.09	14：1
猪尿	96.7	2.8	3	0.12	0.95	—	0.5：1
马粪	75.8	21	0.58	0.3	0.24	0.15	21：1
马尿	90.1	7.1	1.2	微量	1.5	0.45	3：1
牛粪	83.3	14.5	0.32	0.25	0.16	0.34	26：1
牛尿	93.8	3.5	0.95	0.03	0.95	0.01	2：1
羊粪	65.5	31.4	0.65	0.47	0.23	0.46	2：1
羊尿	87.2	8.3	1.68	0.03	2.1	0.16	28：1

（5）禽粪　家禽包括鸡、鸭、鹅等，它们以各种精料为主，所含纤维素量少于家畜粪，所以粪质好，养分含量高于家畜粪，属于细肥，经腐熟后多用于追肥。各种家禽粪各成分含量见表 3-5。

表 3-5　新鲜禽粪中各成分含量　单位：%

种类	水分	有机物	氮(N)	磷(P$_2$O$_5$)	钾(K$_2$O)
鸡	50.5	25.6	1.63	1.55	0.82
鸭	56.6	26.2	1.1	1.4	0.62
鹅	77.1	23.4	0.55	0.5	0.95

利用牲畜粪尿积制的厩肥多做基肥施用，基肥秋施的效果较春施好。一般每 667m² 用量 2000～3000kg，撒铺均匀后耕翻，也可采用条施或穴施法。

四、堆沤肥

1. 秸秆还田

农作物秸秆是重要的有机肥来源之一，是指将前茬作物收获后，将秸秆直接作为后茬作物的基肥或者覆盖肥。随着产量的提高和复种指数的增加，秸秆的总量迅速增加，因此秸秆还田是物质循环和再利用的一种良好形式。

（1）秸秆还田的作用

① 改善土壤的养分状况。秸秆含有各种养分，稻秆矿化后，能放出 1/4 的氮素供作物利用；秸秆的碳氮比大，在分解过程中，要吸收土壤中的有效氮，以集成微生物的躯体，当微生物死后，又重新释放出来，使土壤保存了氮素，减少了氮的损失。秸秆直接还田，提供了丰富的能源，促进了土壤中固氮微生物的活动，每氧化 1g 所释放的能量，可供固氮微生物固定 10～40mg 氮素；有利于豆科植物的共生固氮菌活动。秸秆中含有大量的硅和部分钾，对水稻营养特别有利，此外，并能提供硫和微量元素等养分。作物秸秆因种类不同，所含各种元素的多少也不相同。一般来说，豆科作物秸秆含氮较多，禾本科作物秸秆含钾较丰富（表 3-6）。

表 3-6　几种营养元素含量（占干物重）　　单位：%

种类	氮/N	磷(P_2O_5)	钾(K_2O)	钙(CaO)	硫(S)
麦秸	0.50～0.67	0.09～0.15	0.44～0.50	0.16～0.38	0.12
稻草	0.63	0.11	0.7	0.16～0.44	0.11～0.19
玉米秸	0.48～0.50	0.17～0.18	1.38	0.39～0.80	0.26
豆秸	1.3	0.13	0.41	0.79～1.50	0.23
油菜秸	0.56	0.11	0.93	—	0.35

② 培肥土壤。秸秆在腐烂分解过程中，能形成富有活性的团聚剂——多糖类物质，而水稳性团聚体与土壤中多糖类物质的含量

呈正相关；秸秆直接还田能提供较多的稳定的腐殖质，有利于维持土壤腐殖质的平衡，促进土壤团粒结构的形成，由于土壤结构的改善，使土壤孔隙增加，容重下降，土质变松，保水保肥能力增强，土温容易上升。

（2）秸秆还田的方式　常见秸秆还田方式有两种：一是秸秆直接还田，其方式是将作物秸秆切成3～4寸长，耕地时直接翻犁入土，也有将稻草、麦秆草或碾碎的秸秆直接覆盖在田间，采用免耕措施，经过一个生长季翻压作肥料；还有冬水田水稻高桩，经过冬春季沤泡，耕翻作肥料，也有将烟秆砍碎还田或将烟秆放入秧田沤泡，秧田整理时将烟秆捞出撒秧（播种），既有肥田又有杀虫的效果。二是覆盖还田，一般在作物生长至一定时期（如小麦起身到拔节，夏玉米拔节前）将碎麦秸（或糠）、碎玉米秸等按照每亩100～300kg铺盖于作物行间。

2. 堆肥

堆肥是利用各种植物残体（作物秸秆、杂草、树叶、泥炭、垃圾以及其他废弃物等）为主要原料，混合人畜粪尿经堆制腐解而成的有机肥料。由于它的堆制材料、堆制原理及其肥分的组成及性质与厩肥相类似，所以又称为人工厩肥。

（1）堆肥的分类　可以分为一般堆肥和高温堆肥两种，前一种发酵温度较低，后一种前期发酵温度较高，后期一般采用压紧措施。高温堆肥对于促进农作物茎秆、人畜粪尿、杂草、垃圾污泥等堆积物的腐熟，以及杀灭其中的病菌、虫卵和杂草种子等，具有一定的作用。

高温堆肥可以采用半坑式堆积法和地面堆积法。前者坑深约1m，后者则不用设坑。两者都需要通气沟，以利于好氧微生物的生活；都需要铺一层农作物秸秆等，再铺一层人畜粪尿，并泼一些石灰水（碱性土壤地区则不用泼石灰水），然后盖一层土。一般56℃以上发酵5～6天。如果堆肥温度骤然下降，则应及时补充水分。待堆肥温度降到40℃以下时，高温堆肥中的有机物就大部分形成腐殖质了。

（2）影响堆肥腐熟的因素及其调控

① 水分。保持适当的含水量，是促进微生物活动和堆肥发酵的首要条件。一般以堆肥材料最大持水量的60%～75%为宜。

② 通气。保持腐熟堆中有适当的空气，有利于好气微生物的繁殖和活动，促进有机物分解。高温堆肥时更应注意堆积松紧适度，以利通气。

③ 保持中性或微碱性环境。可适量加入石灰或石灰性土壤，调节酸度，促进微生物繁殖和活动。

④ 碳氮比。微生物对有机质产生正常分解作用的碳氮比为25∶1。而豆科绿肥碳氮比为（15～25）∶1，杂草为（25～45）∶1，禾本科作物茎秆为（60～100）∶1。因此，根据堆肥材料的种类，加入适量含氮较高的物质，以降低碳氮比值，促进微生物活动。

3. 沼肥

沼肥是投入沼气池内的各种农作物秸秆和人、畜粪便及其他有机废弃物经密封发酵后的残留物。在发酵过程中，干物质被分解，其中碳素大部分转变为沼气，作为能源使用。氮、磷、钾等营养成分保留在残留物中，是养分齐全、缓效、速效兼备，肥劲稳定的优质有机肥，是无公害农产品及绿色食品的最佳用肥，是改土培肥的好原料。

（1）沼肥的特点 沼肥养分含量齐全，不但含有作物生长必需的氮、磷、钾元素，还含有锌、铁等多种微量元素，并且速效、缓效兼备；不含各种有害菌及虫卵；有机质含量高、肥效稳定、后劲长；沼液的速效性很强，养分可利用率高，能迅速被作物吸收利用；沼渣肥属于缓效有机肥，并且含有大量的腐植酸，能促进土壤团粒结构的形成，增强土壤保肥性能和缓冲力，改善土壤理化性质，改良土壤的效果十分明显。

（2）沼肥的形态与成分

① 沼液肥：占沼肥总量的80%左右，沼液含速效氮、磷、钾等大量营养元素和多种微量营养元素。据测定，含全氮0.062%～0.11%，铵态氮为200～600mg/kg，速效磷20～90mg/kg，速效

钾 400～1100mg/kg。

② 沼渣肥：占沼肥总量的 20％左右。固体沼渣肥营养元素种类与沼液肥基本相同，含有机质 30％～50％，含氮 0.8％～1.5％，含磷 0.4％～0.6％，含钾 0.6％～1.2％，还含有 11％以上的腐植酸。

（3）沼肥的施用方法

① 沼液肥：多作追肥，穴施或条施，施后盖土。有灌溉条件的菜田或旱田，施用时按 1∶2 的肥水比例开沟、挖穴浇灌在作物根部周围。没有灌溉条件的可用沼液肥兑水 2 倍直接装入抗旱水箱进行田间喷洒。一般每 667m² 施肥量为 1500～2000kg。此外，沼液肥也可作根外追肥使用，将沼肥兑水 30％～50％，搅拌均匀，静置 10h 左右，取其上面澄清液进行叶面喷雾，每 667m² 用肥液 40～50kg。

② 沼渣肥：固体沼渣做基肥，条施或撒施。用沼渣肥与农家肥、田土、土杂肥按 1∶3 混合进行深施做底肥，667m² 施肥量为 2～3t。沼渣肥含有大量腐殖质、纤维素、半纤维素等，能有效提高土壤抗旱保墒能力，改善土壤结构，是改土肥田的好肥料。

（4）注意事项　沼肥含氮量比其他有机肥高，速效性强，在露天存放氮素损失率较高，施肥后应立即覆土，否则就会造成养分损失。据测定，沼液肥施于地表，不覆土，2 天后铵态氮损失达 50％以上。沼渣肥在露天堆放晒干，全氮损失 65％左右，氨态氮损失 87％，所以不管做基肥还是做追肥，施后立即覆土，以减少肥分损失，同时要做到随用随取，取出的沼渣如来不及施用，应农家肥、田土、土杂肥等混合堆制，外面再覆盖田土，以防养分损养。

五、绿肥

绿肥是指用作肥料的绿色植物体，如苜蓿、满江红、水葫芦等。绿肥是传统的重要有机肥料之一。绿肥的类型很多，利用方式差异很大。按其来源可分为栽培型绿肥和野生型绿肥；按植物学划分为豆科绿肥和非豆科绿肥；按种植季节划分为冬季绿肥、夏季绿肥和多年生绿肥。

1. 绿肥在农业生产中的作用

(1) 绿肥可提高土壤肥力

① 有利于土壤有机质的积累和更新。一切绿色体，包括豆科或非豆科植物，均含有丰富的有机物质，一般鲜草中含 12％～15％，若以每公顷翻埋 15t，施入土壤的新鲜有机质为 1800～2250kg/hm²。翻埋绿肥能增加土壤有机质的含量，其增加的数量与施用绿肥品种的化学组成以及土壤原有有机质含量有关。

② 增加土壤氮素含量。绿肥作物鲜草中含氮量一般在 0.3％～0.6％范围内。生产上所施用的绿肥作物一般多为豆科植物。豆科绿肥和豆科作物都有较强的固定空气中游离氮的能力。一般认为，豆科绿肥作物总氮量的 1/3 左右是从土壤中吸收的，约 2/3 是由共生根瘤菌固氮作物而获得的。每亩（667m²）耕埋 1000kg 鲜草，可净增加土壤氮素 30～60kg。因此，种植豆科植物（包括豆科绿肥）可以充分利用生物固氮作用增加土壤氮素，扩大农业生产系统中的氮素来源。

③ 富集与转化土壤养分。绿肥作物根系发达，吸收利用土壤中难溶性矿质养分的能力强。豆科绿肥作物主根入土较深，一般达 2～3m。所以，绿肥作物能吸收利用土壤耕层以下一般作物不易利用的养分，将其转移、集中到地上部，待绿肥翻耕腐解后，这些养分大部分以有效形态存留在耕层中，为后茬作物吸收利用。

④ 改善土壤理化性状、加速土壤熟化，改良低产田。绿肥能提供较多的新鲜有机物质与钙素等养分，绿肥作物的根系有较强的穿透能力与团聚作用。绿肥大多具有较强的抗逆性，能在条件较差的土壤环境中生长，如瘠薄的沙荒地、涝洼盐碱地及红壤等。因此，绿肥不但能改善土壤的理化性状，而且在改良土壤方面起着重要的作用。

⑤ 减少养分损失。绿肥多在农田中就地种植和翻压利用，在其生长过程中将土壤中的无机态营养物质转化为有机态，翻压后又

分解为农作物可吸收利用的形态，这样减少了土壤养分的损失。

（2）绿肥是防风固沙、保持水土的有效生物措施　种植绿肥作物，除能养地外还有护田保土作用。因为绿肥具有繁茂的地上部，是良好的生物覆盖物。裸露的土地，经受着风沙侵蚀、雨水冲刷，久而久之造成水土流失，将好端端的良田，冲刷得沟壑纵横，支离破碎，缺水少肥，生产力极低。仅黑龙江省耕地受侵蚀之害，其面积可达 8000 余万亩，约占总耕地面积的 36％以上。国有农场 3000 万亩土地中风蚀面积占 64％，水蚀面积达 53％，平均每年可带走表土 $0.5 \sim 0.8cm$。

绿肥除地上部具有覆盖、减少冲刷作用外，地下部还有发达的根系，具有固沙、护坡作用，如紫花苜蓿、草木樨等根入土深达 $2 \sim 3m$，穿透力强，根量大。据试验证明，生长 70 天的紫花苜蓿每 $667m^2$ 根量 $1500 \sim 1750kg$，是草木樨根重的 1.3 倍，是秣食豆的 2 倍，是苕子的 4 倍，这样发达的根系在土壤中盘根错节，固着土壤，使丘陵、坡岗地不致受破坏。绿化造林对防风、保土效果最佳，但因成林速度很慢，种绿肥当年收效，不仅保地还兼养地，不仅能促进粮食作物增产增收，还可促进畜牧业发展，以牧保农，所以发展绿肥也是农田基本建设项目之一。

（3）有利于生态环境保护　种植绿肥，可以改善农作物茬口，而且一些绿肥作物还是害虫天敌的良好宿主，对病虫害的生物防治、减少农药对环境污染具有良好作用。

（4）绿肥是促进农牧业发展的纽带　农、牧业间是互相依存、互相制约又互相促进的大农业。而绿肥又是种植业与养殖业共同发展的纽带。我国近年实践证明，绿肥作物茎叶养畜，根茬还田，一举两得，效益成倍增加。作饲料时，茎叶中 30％的养分被家畜吸收后转化为肉、奶等动物蛋白；另有 70％养分以粪尿排出体外，为农田提供细肥。种绿肥则当年养畜有饲草，翌年种地有肥料，比直接翻压肥田更科学、更合理，经济效益高。绿肥综合利用的结果真可谓是，草（绿肥）多畜兴旺，畜旺肥必增，肥增粮必丰，粮丰人心安。

2. 几种绿肥作物的栽培

（1）紫云英 紫云英又叫红花草，豆科黄芪属，是一年生或越年生草本植物。多在秋季套播于晚稻田中，作早稻的基肥。种植面积约占全国绿肥面积的 60％以上，是我国最重要的绿肥作物。

紫云英喜凉爽气候，适于排水良好的土壤。最适生长温度为 15～20℃，种子在 4～5℃时即可萌发生长。适宜生长的土壤水分为田间持水量的 60％～75％，低于 40％，生长受抑制。虽然有较强的耐湿性，但渍水对其生长不利，严重时甚至死亡。因此，播前开挖田间排水沟是必要的。当气温降低到 −5～10℃时，易受冻害。对根瘤菌要求专一，特别是未曾种过紫云英的田块，拌根瘤菌剂是成败的关键。

紫云英固氮能力较强，盛花期平均每亩可固氮 5～8kg。

紫云英的栽培方式有：在稻田、棉田或其他秋收作物地上套种，或与麦类、油菜、黄花苜蓿、蚕豆等混种或间作，或在旱地单种。

（2）箭筈豌豆 箭筈豌豆又叫野豌豆，豆科野豌豆属一年生或越年生草本。原引自欧洲和澳大利亚，中国有野生种分布。广泛栽培于全国各地，多于稻、麦、棉田复种或间套种，也可在果、桑园中种植利用。

箭筈豌豆适应性较广，不耐湿，不耐盐碱，但耐旱性较强。喜凉爽湿润气候，在 −10℃短期低温下可以越冬。种子含有氢氰酸（HCN），人畜食用过量会产生中毒现象。但经蒸煮或浸泡后易脱毒，种子淀粉含量高，可代替蚕豆、豌豆提取淀粉，是优质粉丝的重要原料。

（3）毛叶苕子 毛叶苕子又叫毛巢菜、长柔毛野豌豆，豆科豌豆属，一年生或越年生匍匐草本。20 世纪 40 年代自美国引进，后又陆续自前苏联和东欧等地引进部分品种。现广泛栽培利用于华北、西北、西南等地区和苏北、皖北一带。一般用于稻田复种或麦田间套种，也常间种于中耕作物行间和林果种植园中。

毛叶苕子具有较强的抗旱和抗寒能力。5℃时种子开始萌发，

15～20℃时生长最快，能耐短时间的－20℃低温。对土壤要求不严格，耐涝性差，以在排水良好的壤质土生长最好。

（4）兰花苕子　兰花苕子又叫兰花草，豆科巢菜属，一年生或越年生草本。原产中国，主要分布在我国南方各省，尤以湖北、四川、云南、贵州等地较普遍，一般用于稻田秋播或在中耕作物行间间种。

兰花苕子不耐寒，在－3℃时即出现冻害，10～17℃时生长迅速。耐湿性较强，短期地面积水可正常生长，但不耐旱。在酸性红壤上可生长。

（5）香豆子　香豆子又叫胡芦巴、香草，豆科胡芦巴属的一年生直立草本。植株和种子均可食用，是很好的调味品。种子胚乳中有丰富的半乳甘露聚糖胶，广泛用于工业生产。植株和种子含有香豆素，是提取天然香精的重要原料，还是重要的药用植物。在我国西北和华北北部地区种植较普遍，多于夏秋麦田复种或早春稻田前茬种植，也可在中耕作物行间间种。

香豆子喜冷凉气候，忌高温，在水肥条件和排水良好的土壤上生长旺盛，不耐渍水和盐碱，也不耐寒，在－10℃低温时，越冬困难。

（6）金花菜　金花菜又叫黄花苜蓿、草头，豆科苜蓿属，一年生或越年生草本。原产地中海地区，我国主要在长江中下游的江苏、浙江和上海一带秋季栽培，是水稻、棉花和果、桑园的优良绿肥。其嫩茎叶是早春优质蔬菜，经济价值较高。

金花菜喜温暖湿润气候，可在轻度盐碱地上生长，也有一定的耐酸性，能在红壤坡地上种植。其耐旱、耐寒和耐渍能力较差，水肥条件良好时生长旺盛。

（7）蚕豆　蚕豆又叫胡豆、罗汉豆，豆科野豌豆属，一年生或越年生草本。原产欧洲和非洲北部，我国各地均有栽培，也是一种优良的粮、菜、肥兼用作物。主要于秋季或早春播种，多用于稻、麦田套种或中耕作物行间间种，摘青荚作蔬菜或收籽食用，茎秆和残体还田作肥料。

蚕豆喜温暖湿润气候，对水肥要求较高，不耐渍，不耐旱。

(8) 柽麻 柽麻又叫太阳麻，豆科野百合属，一年生草本。原产南亚，我国台湾最早引种，以后逐渐推广到全国各地。其前期生长十分迅速，多作为间套或填闲利用，也是一种重要的夏季绿肥。

柽麻喜温暖湿润气候，适宜生长温度为 $20\sim30℃$。耐旱性较强，但不耐渍，以在排水良好的田块上种植为好。枯萎病是柽麻的一种主要病害，严重时几乎绝产，忌重茬连作。

(9) 草木樨 草木樨又叫野良香、野苜蓿，豆科草木樨属，一年生或二年生直立草本。其种类很多，我国生产上常用的种类为二年生白花草木樨，主要在东北、西北和华北等地区栽培。多与玉米、小麦间种或复种，也可在经济林木行间或山坡丘陵地种植，保持水土。在南方多利用一年生黄花草木樨，主要在旱地种植，用作麦田或棉花肥料。

草木樨耐旱、耐寒、耐瘠性均很强。主根发达，可达 2m 以上，在干旱时仍可利用下层水分而正常生长。在 $-30℃$ 时可越冬。在耕层土壤含盐量低于 0.3% 时，种子可出苗生长，成龄植株可耐 0.5% 以上的含盐量。草木樨养分含量高，不仅是优良的绿肥，也是重要的饲草。但植株含香豆素，直接用作饲草，牲畜往往需经短期适应。在高温高湿情况下，饲草易霉变，使香豆素转化为双香豆素，牲畜食后会发生中毒现象。

(10) 满江红 满江红又叫红萍或绿萍，满江红科满江红属，是一种繁殖系数很高的水生蕨类植物。其植物体管腔内有鱼腥藻与之共生，有较强的固氮能力。广泛用作稻田绿肥和饲饵料。

满江红对温度十分敏感，但种类不同，反应也不一样。蕨状满江红耐寒性较强，起繁温度为 5℃ 左右，$15\sim20℃$ 为适宜生长温度，多在冬春放养；中国满江红和卡州满江红耐热性较强，起繁温度为 10℃ 以上，适宜生长温度为 $20\sim25℃$，多于夏季放养。几种满江红配合放养，有利于延长放养期和提高产萍量。满江红耐盐性也较强，在 0.5% 含盐量的水中可以正常生长。其吸钾能力也强，在水中钾素含量很低的情况下，生长良好，是一种富钾的水生绿肥。

(11) 田菁　田菁又叫碱青、涝豆，豆科田菁属，一年生木质草本。原产热带和亚热带地区。我国最早于台湾、福建、广东等地栽种，以后逐渐北移，现早熟品种可在华北和东北地区种植。其种子含有丰富的半乳甘露聚糖胶，是重要工业原料。

田菁喜高温高湿条件，种子在 12℃ 开始发芽，最适生长温度为 20～30℃。遇霜冻时，叶片迅速凋萎而逐渐死亡。其耐盐、耐涝能力很强，当土壤耕层全盐含量不超过 0.5％ 时，可以正常发芽生长，但氯离子含量超过 0.3％，生长受抑制。成龄植株受水淹后仍能正常生长，受淹茎部形成海绵组织和水生根，并能结瘤和固氮，是一种改良涝洼盐碱地的重要夏季绿肥作物。

3. 绿肥的利用

绿肥的利用应提倡一草多用，在轮作中应优先安排种植可用作饲料、粮食、蔬菜或者工业原料的兼用绿肥作物，实现物质和能量的多层利用，提高经济效益，利用其生物固氮作用，既可提供优质饲料，又可以利用根茬和牲畜粪尿培肥地力。

在复种指数高、农业人口集中的地方，可利用茬口、间作、轮作等方式发展豆科绿肥；在地多人少的边缘地区，利用种植绿肥来改良地产土壤，把发展绿肥和生产饲料结合起来，采用多种方式综合利用，取得良好的经济效益。利用荒山坡地种植木本绿肥；利用可以放养水生绿肥的水面，发展水生绿肥。

有机肥料除上述几种外还有许多种类，如土杂肥、饼肥、海肥、腐植酸类肥以及城镇废弃物类等。其中土杂肥包括肥土、泥肥、灰肥、屠宰废弃物等。饼肥是指含油分较多的种子经过压榨去油后剩下的残渣，主要有大豆饼、菜籽饼、花生饼、茶籽饼、柏子饼等。海肥则指利用海产物制成的肥料，包括动物性海肥（如海鱼类、贝类）、植物性海肥（如海藻、海苔）、矿物性海肥（如海泥）。腐植酸类肥料是一种含腐植酸类物质（泥炭、褐煤、风化煤等）为主的肥料，常见的有腐植酸铵、腐植酸钠等。城镇废弃物类主要包括城市垃圾、城市污水、城市污泥及粉煤灰、糠醛渣等。对可能污染土壤的废弃物严禁作肥料施用，可考虑制成建筑用砖等。

第三节 有机肥施用技术

有机肥料在农业生产中使用的历史比较悠久，近年来随着化肥的大量施用，农田有机肥料施用量逐渐减少，但在蔬菜生产中，有机肥料仍然是一项重要的肥源，而且起着化肥和生物肥料所起不到的作用。这与有机肥料的特点是分不开的。随着有机农业和有机栽培的逐渐普及，有机肥料将越来越受重视。

一、有机肥料施用方法

1. 作基肥施用

（1）概念 有机肥料养分释放慢、肥效长，最适宜作基肥施用。在播种前翻地时施入土壤，一般叫底肥，有的在播种时施在种子附近，也叫种肥。

（2）施用方法

① 全层施用。在翻地时，将有机肥料撒到地表，随着翻地将肥料全面施入土壤表层，然后耕入土中。这种施肥方法简单、省力，肥料施用均匀。

这种方法同时也存在很多缺陷。第一，肥料利用率低。由于采取在整个田间进行全面撒施，所以一般施用量都较多，但根系能吸收利用的只是根系周围的肥料，而施在根系不能到达部位的肥料则白白流失掉。第二，容易产生土壤障碍。有机肥中磷、钾养分丰富，而且在土壤中不易流失，大量施肥容易造成磷、钾养分的富集，造成土壤养分的不平衡。第三，在肥料流动性小的温室，大量施肥还会造成土壤盐浓度的增高。

该施肥方法适宜于：a. 种植密度较大的作物；b. 用量大、养分含量低的粗有机肥料。

② 集中施用。除了量大的粗杂有机肥料外，养分含量高的商

品有机肥料一般采取在定植穴内施用或挖沟施用的方法，将其集中施在根系伸展部位，可充分发挥其肥效。集中施用并不是离定植穴越近越好，最好是根据有机肥料的质量情况和作物根系生长情况，采取离定植穴一定距离施肥，作为待效肥随着作物根系的生长而发挥作用。在施用有机肥料的位置，土壤通气性变好，根系伸展良好，还能使根系有效吸收养分。

从肥效上看，集中施用对发挥磷酸盐肥效最为有效。如果直接把磷酸盐施入土壤，有机肥料中速效态磷成分易被土壤固定，因而其肥效降低。腐熟好的有机肥料中含有很多速效性磷酸盐成分，为了提高其肥效，有机肥料应集中施用，减少土壤对速效态磷的固定。

沟施、穴施的关键是把养分施在根系能够伸展的范围内。因此，集中施用时施肥位置是重要的，施肥位置应根据作物吸收肥料的变化情况而加以改变。最理想的施肥方法是，肥料不要接触种子或作物的根，与根系有一定距离，作物生长到一定程度后才能吸收利用。

采用条施和穴施，可在一定程度上减少肥料施用量，但相对来讲施肥用工投入增加。

2. 作追肥施用

有机肥料不仅是理想的基肥，腐熟好的有机肥料含有大量速效养分，也可作追肥施用。人粪尿有机肥料主要以速效养分为主，作追肥更适宜。

追肥是作物生长期间一种养分补充供给方式，一般适宜进行穴施或沟施。

有机肥料作追肥应注意以下事项。

① 有机肥料含有速效养分，但数量有限，大量缓效养分释放还需一过程，所以有机肥料做追肥时，同化肥相比追肥时期应提前几天。

② 后期追肥的主要目的是为了满足作物生长过程对养分的极大需要，保证作物产量，有机肥料养分含量低，当有机肥料中缺乏

某些成分时，可施用适当的单一化肥加以补充。

③ 制定合理的基肥、追肥分配比例。地温低时，微生物活动弱，有机肥料养分释放慢，可以把施用量的大部分作为基肥施用；而地温高时，微生物活动能力强，如果基肥用量太多，定植前，肥料被微生物过度分解，定植后，立即发挥肥效，有时可能造成作物徒长。所以，对高温栽培作物，最好减少基肥施用量，增加追肥施用量。

3. 作育苗肥施用

现代农业生产中许多作物栽培，均采用先在一定的条件下育苗，然后在本田定植的方法。育苗对养分需要量小，但养分不足不能形成壮苗，不利于移栽，也不利于以后作物的生长。充分腐熟的有机肥料，养分释放均匀，养分全面，是育苗的理想肥料。一般以10％的发酵充分的有机肥料加入一定量的草炭、蛭石或珍珠岩，用土混合均匀做育苗基质使用。

4. 有机肥料作营养土

温室、塑料大棚等保护地栽培中，多种植一些蔬菜、花卉和特种作物。这些作物经济效益相对较高，为了获得好的经济收入，应充分满足作物生长所需的各种条件，常使用无土栽培。

传统的无土栽培是以各种无机化肥配制成一定浓度的营养液，浇在营养土或营养钵等无土栽培基质上，以供作物吸收利用。营养土和营养钵，一般采用泥炭、蛭石、珍珠岩、细土为主要原料，再加入少量化肥配制而成。在基质中配上有机肥料，作为供应作物生长的营养物质，在作物的整个生长期中，隔一定时期往基质中加一次固态肥料，即可以保持养分的持续供应。用有机肥料的使用代替定期浇营养液，可减少基质栽培浇灌营养液的次数，降低生产成本。

营养土栽培的一般配方为：$0.75m^3$ 草炭、$0.13m^3$ 蛭石、$12m^3$ 珍珠岩、3.00kg 石灰石、1.0kg 过磷酸钙（$20\%P_2O_5$）、1.5kg 复混肥（15：15：15）、10.0kg 腐熟的有机肥料。不同作物种类，可根据作物生长特点和需肥规律，调整营养土栽培配方。

二、有机肥料的科学施用

有机肥料不仅可提供作物生长所需要的各类营养物质，而且能改善土壤的结构、增强土壤保水保肥能力。有机质分解后产生腐植酸、维生素、抗生素和各种酶，改善了作物根系的营养环境，促进了作物根系及地上部分的生长发育，提高了作物对养分的吸收能力。有机质分解所产生的有机酸还可提高土壤中微量元素的有效性。

施肥的最大目标就是通过施肥改善土壤理化性状，协调作物生长环境。充分发挥肥料的增产作用，不仅要协调和满足当季作物增产对养分的要求，还应保持土壤肥力，维持农业可持续发展。土壤、植物和肥料三者之间，既互相关联，又相互影响、相互制约。科学施肥要充分考虑三者之间的相互关系，针对土壤、作物合理施肥。

1. 因土施肥

（1）根据土壤肥力施肥 土壤肥力是土壤供给作物不同数量、不同比例养分，适应作物生长的能力。它包括土壤有效养分供应量、土壤通气状况、土壤保水保肥能力、土壤微生物数量等。

土壤肥力高低直接决定着作物产量的高低，首先应根据土壤肥力确定合适的目标产量。一般以该地块前三年作物的平均产量增加10%作为目标产量。

根据土壤肥力和目标产量的高低确定施肥量。对于高肥力地块，土壤供肥能力强，适当减少底肥比例，增加后期追肥的比例；对于低肥力土壤，土壤供应养分量少，应增加底肥的用量，后期合理追肥。尤其要增加低肥力地块底肥中有机肥料的用量，有机肥料不仅要提供当季作物生长所需的养分，还可培肥土壤。

（2）根据土壤质地施肥 根据不同质地土壤中有机肥料养分释放转化性能和土壤保肥性能不同，应采用不同的施肥方案。

沙土土壤肥力较低，有机质和各种养分的含量均较低，土壤保肥保水能力差，养分易流失。但沙土有良好的通透性能，有机质分解快，养分供应快。沙土应增施有机肥料，提高土壤有机质含量，改善土壤的理化性状，增强保肥、保水性能。但对于养分含量高的优质有机肥料，一次使用量不能太多，使用过量也容易烧苗，转化的速效养分也容易流失，养分含量高的优质有机肥料可分底肥和追肥多次使用。也可深施大量堆腐秸秆和养分含量低、养分释放慢的粗杂有机肥料。

黏土保肥、保水性能好，养分不易流失，但土壤供肥慢，土壤紧实，通透性差，有机成分在土壤中分解慢。黏土地施用的有机肥料必须充分腐熟；黏土养分供应慢，有机肥料应可早施，可接近作物根部。

旱地土壤水分供应不足，阻碍养分在土壤溶液中向根表面迁移，影响作物对养分的吸收利用。应大量增施有机肥料，增加土壤团粒结构，改善土壤的通透性，增强土壤蓄水、保水能力。

2. 根据肥料特性施肥

有机肥料原料广泛，不同原料加工的有机肥料养分差别很大，不同种肥料在不同土壤中的反应也不同。因此，施肥时应根据肥料特性，采取相应的措施，提高作物对肥料的利用率。

各类有机肥料中以饼肥的性能最好，不仅含有丰富的有机质，还含有丰富的养分，对改善作物品质作用明显，是西瓜、花卉等作物的理想用肥。由于其养分含量较高，既可做底肥，也可做追肥，尽量采用穴施、沟施，每次用量要少。

秸秆类有机肥料的有机物含量高，这类有机肥料对增加土壤有机质含量，培肥地力作用明显。秸秆在土壤中分解较慢，秸秆类有机肥料适宜做底肥，肥料用量可加大。但氮、磷、钾养分含量相对较低，微生物分解秸秆还需消耗氮素，要注意秸秆有机肥料与氮磷钾化肥的配合。

畜禽粪便类有机肥料的有机质含量中等，氮、磷、钾等养分含量丰富，由于其来源广泛，使用量比较大。但由于其加工条件不一样，其成品肥的有机质和氮、磷、钾养分含量有差别，选购使用该类有机肥料时应注意其质量的判别。以纯畜禽粪便工厂化快速腐熟加工的有机肥料，其养分含量高，应少施，宜集中使用，一般做底肥，也可做追肥。采取自然堆腐加工的有机肥料，有机质和养分含量均较低，应做底肥使用，量可以加大。另外，畜禽粪便类有机肥料一定要经过灭菌处理，否则容易给作物和人、畜传染疾病。

绿肥是经人工种植的一种肥地作物，有机质和养分含量均较丰富。但种植、翻压绿肥一定要注意茬口的安排，不要影响主要作物的生长。绿肥一般有固氮能力，应注意补充磷钾肥。

垃圾类有机肥料的有机质和养分含量受原料的影响，很不稳定，每一批肥料的有机质和养分含量都不一样，一般含量不高，适宜做底肥使用。由于垃圾成分复杂，有时含有大量对人和作物极其有害的物质，如重金属、放射性物质等，使用垃圾肥时对加工肥料的垃圾来源要弄清楚，含有有害物质的垃圾肥严禁施用到蔬菜和粮食作物上，可用于人工绿地和绿化树木。

3. 根据作物需肥规律施肥

不同作物种类、同一种类作物的不同品种对养分的需要量及其比例、对养分的需要时期、对肥料的忍耐程度等均不同，因此在施肥时应充分考虑每一种作物的需肥规律，制订合理的施肥方案。

（1）蔬菜类型与施肥方法

① 需肥期长、需肥量大的类型。这种类型的蔬菜，初期生长缓慢，中后期生长迅速，从根或果实的肥大期至收获期，需要提供大量养分，维持旺盛的长势。西瓜、南瓜、萝卜等生育期长的蔬菜，大都属于这种类型。这些蔬菜的前半期，只能看到微弱的生长，一旦进入成熟后期，活力增大，旺盛生长。

从养分需求来看，前期养分需要量少，应重在作物生长后期多追肥，尤其是氮肥，但由于作物枝叶繁茂，后期不便施有机肥料。因此，有机肥最好还是作为基肥，施在离根较远的地方，或是作为基肥进行深施。

② 需肥稳定型。收获期长的番茄、黄瓜、茄子等茄果类蔬菜，以及生育期长的芹菜、大葱等，生长稳定，对养分供应也要求稳定持久。前期要稳定生长形成良好根系，为后期的植株生长奠定好的基础。后期是开花结果时期，既要保证好的生长群体，又要保证养

分向果实转移，形成品质优良的产品。因此这类作物底肥和追肥都很重要，既要施足底肥以保证前期的养分供应，又要注意追肥以保证后期养分供应。一般有机肥料和磷、钾肥均做底肥施用，后期注意追氮、钾肥。同样是茄果类蔬菜，番茄、黄瓜是边生长边收获，而西瓜和甜瓜则是边抑制藤蔓疯长边瓜膨大，故两类作物的施肥方法不同。两者的共同点是多施有机肥做底肥，不同点是在追肥上，西瓜、甜瓜应采用少量多次的原则。

③ 早发型。这类型作物是需要在初期就开始迅速生长的蔬菜。像菠菜、生菜等生育期短、一次性收获的蔬菜就属于这个类型。这些蔬菜若后半期氮素肥效过大，则品质恶化。所以，应以基肥为主，施肥位置也要浅一些，离根近一些为好。白菜、圆白菜等结球蔬菜，既需要良好的初期生长，又需要其后半期也有一定的长势，保证结球紧实，因此后半期也应追少量氮肥，保证后期的生长。

（2）根据栽培措施施肥

① 根据种植密度施肥。密度大可全层施肥，施肥量大；密度小，应集中施肥，施肥量减小。果树按棵集中施肥。行距较大但株距小的蔬菜或经济作物，可按沟施肥；行、株距均较大的作物，可按棵施肥。

② 注意水肥配合。肥料施入土后，养分的保存、移动、吸收和利用均离不开水，施肥后应立即浇水，防止养分的损失，提高肥料的利用率。

③ 根据栽培设施施肥。保护地为密闭的生长环境，应使用充分腐熟的有机肥料，以防有机肥料在大棚内二次发酵，造成氨气富集而烧苗。由于保护地内没有雨水的淋失，土壤溶液中的养分在地表富集容易产生盐害，因此有机肥料、化肥一次使用量不要过多，而且施肥后应配合浇水。

4. 有机肥料与化肥配合

有机肥料虽然有许多优点，但是它也有一定的缺点，如养分含量少、肥效迟缓、当年肥料中氮的利用率低（20%～30%），因此在作物生长旺盛，需要养分最多的时期，有机肥料往往不能及时供给养分，常常需要用追施化学肥料的办法来解决。有机肥料和化学肥料的特点如下。

有机肥料的特点：①含有机质多，有改土作用；②含多种养分，但含量低；③肥效缓慢，但持久；④有机胶体有很强的保肥能力；⑤养分全面，能为增产提供良好的营养基础。

化学肥料的特点：①能供给养分，但无改土作用；②养分种类单一，但含量高；③肥效快，但不能持久；④浓度大，有些化肥有淋失问题；⑤养分单一，可重点提供某种养分，弥补其不足。

因此，为了获得高产，提高肥效，就必须有机肥料和化学肥料配合使用，以便取长补短，缓急相济。而单方面地偏重于有机肥或无机肥，都是不合理的。

三、有机肥料施用的误区

1. 生粪直接施用

在农忙时节，有些农户没有提前准备有机肥料，而所种植的有些农作物，如蔬菜、果树等经济作物又离不开有机肥料，便直接到养殖场购买鲜粪使用，不经处理直接施用生粪的危害在前文中已讲过。因此，严禁生粪直接下地。这时可购买工厂化加工的商品有机肥料，工厂已为农民进行了发酵、灭菌处理，农民买回来后可直接使用。

2. 过量施用有机肥料的危害

有机肥料养分含量低，对作物生长影响不明显，不像化肥容易烧苗，而且土壤中积聚的有机物有明显改良土壤的作用，有些人错误地认为有机肥料使用越多越好。实际过量施用有机肥料同化肥一样，也会产生危害，主要表现在以下几点。

（1）过量施用有机肥料导致烧苗。

（2）大量施用有机肥料，致使土壤中磷、钾等养分大量积聚，造成土壤养分不平衡。

（3）大量施用有机肥料，土壤中的硝酸根离子积聚，致使作物硝酸盐超标。

3. 有机肥、无机肥配合不够

有机肥料养分全面，但含量低，在作物旺盛生长期，为了充分满足作物对养分的需求，在使用有机肥料的基础上，补充化肥。有些厂家片面夸大有机肥料的作用，只施有机肥料，作物生长关键时刻不能满足养分需求，导致作物减产。

4. 喜欢施用量大、价格便宜的有机肥料

有机肥料种类繁多，不同原料、不同方法加工的有机肥料质量差别很大，如农民在田间地头自然堆腐的有机肥料，虽然经过较长时间的堆腐过程已杀灭了其中的病菌，但由于过长时间的发酵和加工过程，以及雨水的淋溶作用，里面的养分已损失了很大一部分。另外，加工过程中不可避免地带入一些杂质，也没有经过烘干过程，肥料中的水分含量较高。因此，这类有机肥料虽然体积大，重量多，但真正能提供给土壤的有机质和养分并不多。以鸡粪为例，鲜粪含水量较高，一般含水量在70%，干物质只占少部分，大部分是水，所以3.5m³左右的鲜粪才加工1t含水量20%以下的干有机肥料。

有机肥料原料来源广泛，有些有机肥料的原料受积攒、收集条件的限制，含有一定量的杂质，有些有机肥料的加工过程不可避免地会带进一定的杂质。受经济利益的驱动，有些厂家和不法经销商相互勾结，制造、销售伪劣有机肥料产品，损害农民利益。农民没有化验手段，如果仅从数量和价格上区分有机肥料的好坏，往往上当受骗。

不法厂家制造伪劣有机肥料的手段多种多样，有的往畜禽粪便中掺土、沙子、草炭等物质；有的以次充好，向草炭中加入化肥，有机质和氮、磷、钾等养分含量均很高，生产成本低，但所提供的氮、磷、钾养分主要是化肥提供的，已不是有机态氮、磷、钾；有些有机肥料厂家加工手段落后，没有严格的发酵和干燥，产品外观看不出质量差别，产品灭菌不充分，水分含量高。

商品有机肥料出现时间不长，但发展迅速，国家有关部门正在制定肥料法，对有机肥料产品的管理将逐步趋于正规。农民购买有机肥料，要到正规的渠道购买，不要购买没有企业执照、没有产品标准、没有产品登记证的"三无"产品。土杂粪、鲜粪价格虽然便宜，但养分含量低、含水量高、体积大，从有效养分含量和实际肥效上来讲，不如购买商品有机肥料合算。

四、有机肥施用注意事项

有机肥料是农业生产中的重要肥源，其养分全面，肥效均衡持久，既能改善土壤结构，培肥改土，促进土壤养分的释放，又能供应、改善作物营养，具有化学肥料不可替代的优越性，对发展有机农业、绿色农业和无公害农业有着重要意义。但是有机肥料由于原料种类很多、性质差异较大，功能不一，因此施用有机肥料也要根据施肥土壤、作物的特点，科学施用，切忌盲目施肥。在施用上应注意以下几点。

1. 有机肥所含养分全面，但含量较低

施用量低时不能满足作物高产、优质、增收对养分的需要，所以实际生产中要有机无机配合施用。有机肥料所含养分种类较多，与养分单一的化肥相比是优点，但是它所含养分含量低，也存在供应不平衡问题，不能满足作物高产、优质、增收的需要。在施用有机肥时应根据作物对养分的要求配施化肥，做到平衡施肥，并在作物生长期间根据实际情况喷施各种叶面肥，确保作物正常生长发育。另外，有机肥肥效迟缓，有机肥经过微生物发酵作用后，尽管养分转化供应能力得到大大提高，但由于总养分含量较低，在有机肥施用量不是很大的情况下，很难满足农作物对营养元素的需要。因此，应利用化肥养分含量高、肥效迅速的优点，两者配合施用，缓急相济，取长补短，发挥混合优势，满足农作物生长发育过程中对各种营养元素在数量和时间上的需求，从而提高作物产量。

2. 有机肥原料的性质特性不同

有机肥原料之间存在组成、性质上的差异，施入土壤后，对土壤、作物的作用也存在差异。因此，应根据种植土壤的质地、气候以及种植作物的生长习性、需肥特性，选择合适的有机肥料进行合

理施肥。例如：鸡粪、羊粪等热性肥料不能用于百合切花生产，以避免百合出现球茎灼伤、根系损害、"叶烧"等不良情况。

3. 严格控制施肥量

有机肥体积大，含养分低，需大量施用才能满足作物的生长需求，但并不是越多越好。因为有机肥料与化学肥料一样，在农业生产中也存在适量施用的问题。如果有机肥的用量太多，不仅是一种浪费，而且也可造成土壤障碍，影响作物生长发育。比如在保护地栽培中，若长期大量施用有机肥，也可导致土壤营养元素过剩、土壤盐渍化，从而引起农产品生长不良、硝酸盐含量超标、品质下降等问题。因此，生产中有机肥的施用量应根据土壤中各种养分及有机质的消耗情况合理使用，做到配方施肥、科学施肥。

而且传统有机肥的积制和使用也很不方便。人畜禽粪便、垃圾等有机废物又是一类脏、烂、臭物质，其中含有许多病原微生物，或混入某些毒物，是重要的污染源。尤其值得注意的是，随着现代畜牧业的发展，饲料添加剂应用越来越广泛，饲料添加剂往往含有一定量的重金属，这些重金属随畜粪便排出，会严重污染环境，影响人的身体健康。国外在绿色食品生产中，对有机肥的作用逐渐有了客观评价。20世纪70～80年代西方掀起的有机农业，排斥化肥，十分重视和强调有机肥料的作用和使用。但以后的研究发现，不合理地过量使用有机肥，同样造成土壤硝酸盐积累和污染地下水，甚至污染食品。因此，欧洲国家从20世纪80年代以后，尤其是20世纪90年代以来，对有机肥在有机农业中的作用逐渐有了客观认识，以英国为代表的欧洲国家对有机肥的使用，从使用量和使用时间上均做出了较为严格的规范。

（1）施用方法　有机肥应采用开沟条施或挖坑穴施，进行集中施肥，施后及时覆土；若采用撒施，施后应翻入土壤。一般将有机肥与化肥混合施用，效果更佳。

（2）配合施用生物肥　有机肥配合生物肥施用效果好。有机肥无论基施和冲施，最好配合生物肥施用。因为有机肥在与生物肥配合施用后，生物肥中的生物菌能加速有机肥中有机质的分解，使其更有利于作物吸收，同时能将有机肥中的一些有害物质分解转化，避免其对作物造成伤害。

（3）有机肥的使用禁忌　腐熟的有机肥不宜与碱性肥料混用，若与碱性肥料混合，会造成氨的挥发，降低肥效。

第四节　农户发酵有机肥堆肥实例

（1）发酵原料　如谷糠、杂草、人畜禽粪便、作物秸秆（切碎）、茎叶、锯末木屑、食用菌基质残渣和饼粕等。

（2）场地　空闲的房屋、草棚或者运输方便的田间地头均可。

（3）工具　搅拌机、塑料薄膜、粉碎机（普通农用型）、铁锹等。

（4）发酵剂　市面常用的发酵菌剂均可（本文以农富康发酵剂为例）。

（5）配比　谷糠、杂草、人畜禽粪便、作物秸秆（切碎）、茎叶、锯末木屑、食用菌基质残渣和饼粕等准备200kg，农富康发酵剂1kg。

（6）堆制与发酵过程

① 将发酵原料按照配比准备200kg，此为发酵原料待用。

② 将1kg农富康发酵剂分解倒入50kg水中稀释搅拌均匀，稀释用水最好为井水或河水，若为自来水请放置24h后再用；能够适当溶解一些红糖在里面效果更佳。

如有搅拌机，可以先将发酵原料混合2min后，再倒入发酵剂稀释液搅拌6min；没有搅拌机，可用铁锹搅拌，按由少到多的原则混合，即先将菌液稀释液倒入少量发酵原料中搅拌均匀，直到没有团块，然后再将搅拌好的少量发酵原料倒入剩余发酵原料中搅拌均匀，直到没有团块（注意：视发酵原料干湿程度增减稀释用水水量，稀释的菌液用水应该是发酵原料的40%左右，拌至以手握成团，指缝见水但不滴水珠，松手即散为好。水多了易酸，少了发酵不透。如发酵原料较湿，应减少稀释的用水量）。

③ 将混合后的发酵原料，堆成圆锥形或者长条形（土地最好垫塑料薄膜），高度为 1m。冬天发酵时用薄膜盖好保温，堆完后开始测量记录温度，以后每天都要定时测温一次。温度测量分别在料堆的上、中、下三点进行，深度为 20～25cm，取平均值。一般堆沤 36h 后温度明显开始上升，在温度达 55～60℃时维持料温 3～5 天，然后进行翻堆（将堆里堆外对翻即可）。翻堆后温度短暂下降，但 24h 后即可回升到正常值。把温度控制在 55～65℃ 范围内发酵效果较佳。翻堆后，若发酵温度太高（达 70℃时），要及时再翻堆，通过再次翻堆把温度控制在 55～65℃ 范围内。10 天后，堆置温度慢慢下降，发酵时间约为 20 天。发酵好的肥料疏松、没有臭味。

第四章 复混肥料

第一节 复混肥料概念与特性

一、概述

复混肥料是复合肥料和混合肥料的统称，由化学方法或物理方法加工而成。我国复混肥料与复合肥料概念以前用得比较混乱，有时候两个含义相同，有时又不同，2002年的国家标准将复混肥料定义为复合肥料和混合肥料的统称，而复合肥料指的是化成复合肥（即由化学方法制成的肥料）。但在生产应用中，习惯上依然将复混肥统称为复合肥。复混肥料是伴随农业机械化，化肥生产工艺、化肥销售系统以及农化服务日趋完善而逐步发展起来的。对于一季作物进行多次或同时施用几种单一肥料，已不适应现代化高效农业的要求，农民渴望能施用高浓度和多元素肥料。化肥生产工艺的日趋完善和磷酸盐工业的发展，以及以磷酸盐工业为基础的复混肥料生产工艺迅速发展，为生产高浓度、复合、混合肥料奠定了技术和原料基础。生产复混肥料可以物化施肥技术，提高肥效，并能减少施肥次数，节省施肥成本，生产和施用复混肥料引起世界各国的普遍重视。复混肥料是世界化肥工业发展的方向，2005年复混肥产量约占国内化肥总消费量的33%左右，我国作物多样化，土壤也由过去克服单一营养元素缺乏的所谓"校正施肥"转入多种营养成分配合的"平衡施肥"。为此，加速发展复混肥工业已是势在必行。随着农业集约化的发展与科学技术水平的提高，世界化学肥料的发展向高效化、复合化、液体化、缓效化的方向发展，这样可以节省能源，减少运输费用，减少肥料的副成分，提高肥效。

　　复混肥料是指至少含有氮、磷、钾三种养分的其中两种的肥料，含两种营养元素的称二元复混肥料，含三种营养元素的称三元复混肥料。

　　复混肥料中的营养成分和含量，习惯上按氮(N)-磷(P_2O_5)-钾(K_2O)的顺序，分别用阿拉伯数字表示，"0"表示不含该元素。例如：14-14-14 表示为含 N、P_2O_5、K_2O 各14％，总养分为42％的三元复混肥料；18-46-0 表示为含 N 18％、含 P_2O_5 46％，总养分为64％的氮磷二元复混肥。复混肥料中含有大量或微量营养元素时，则在 K_2O 后面的位置上表明复混肥料，15-15-15-0.5(Zn)-0.12（B），为含微量营养元素锌和硼的三元复混肥料。商品复混肥料的营养元素含量在肥料口袋上都有明确标记。

　　目前国内外对复混肥料的分类方法尚不完全一致。在美国通称为复合肥料，在西欧划分为复合肥料和混合肥料两类。我国有按西欧方法分类的，也有的划分为化成复肥、配成复肥和混成复肥三类，但都是以化学反应的程度大小为依据。

二、复混肥料的国家标准

　　复混肥料是肥料的一个发展方向，相关部门对此也很重视，并在2001年制定了新的国家标准（GB 15063—2001），掺混肥料更是在2001年的标准上制定了新标准（GB 21633—2008），表4-1为2001年复混肥料的标准，达不到标准的肥料为不合格。如养分含量低于25％的复混肥为不合格。

三、复混肥料的特点

1. 养分种类多、含量高

　　复混肥料中所含养分种类较多，有效成分含量也高，养分配比比较合理，不含或较少含有生产上不需要的副成分，施用方便，节省运输、贮存和施用的劳力和成本；复混肥料的化学成分虽不及复合肥料均一，但同一复合肥的养分配比是固定不变的，而复混肥料可以根据不同类型土壤的养分状况和作物的需肥特性，配制成系列专用肥，针对性强，肥料利用率和经济效益都比较高。

表 4-1 复混肥料国家标准 单位：%

项 目	高浓度	中浓度	低浓度
总养分（$N+P_2O_5+K_2O$）	≥49.0	≥30.0	≥25.0
水溶性磷占有效磷百分率	≥70	≥50	≥40
水分（H_2O）	≤2.0	≤2.5	≤5.0
粒度（1.00～4.75mm 或 3.35～5.60mm）	≥90	≥90	≥80
氯离子（Cl^-）	≤3.0	≤3.0	≤3.0

注：1. 组织产品的单一养分含量不得低于4.0%，且单一养分测定值与标明值负偏差的绝对值不得大于1.5%。

2. 以钙、镁、磷肥等枸溶性磷肥为基础的磷肥并在包装容器上注明为"枸溶性磷"，可不控制"水溶性磷占有效磷百分率"指标，若为氮、钾二元肥料，也不可控制"水溶性磷占有效磷百分率"指标。

3. 如产品氯离子含量大于3.0%，并在包装容器上标明"含氯"，可不检验该项目；包装容器未标明"含氯"时，必须检测氯离子含量。

2. 物理性状好、施用方便

复混肥具有一定的抗压强度和粒度，物理性能好，施用方便：中华人民共和国复混肥料标准规定，复混肥为粒状产品，1～4.75mm 颗粒的百分率，中高浓度≥90%，低浓度≥80%；颗粒平均抗压强度，高浓度≥12N，中浓度≥10N，低浓度≥8N；适合于机械施肥，省工省力，还可节省包装、贮存和运输费用。

3. 提高肥效、省工省时增效

农民习惯上多施用单质肥，特别是大量偏施氮肥，而且很少施用钾肥，有机肥的施用也越来越少，极易导致土壤养分不平衡。施用复混肥料可以同时满足作物对几种营养元素的需要，比施用单元肥料对作物的增产效果好，既增产又增效。

4. 有利于科学施肥技术的普及

测土配方施肥是一项技术性强、要求高而又面广、量大的群众性工作，如何把这项技术送到千家万户，一直是难以解决的问题。尽管土肥部门通过测土可向农民提供配方，由农民自己购买单质肥料进行混配，但费工费力，又受肥料供应条件的限制，难以大面积推广。将配方施肥技术通过专用复混肥这一物化载体，使农民难以掌握的软件转化为人人都能使用的产品，真正做到物技结合，较好地解决了上述难题，从而大大加速了配方施肥技术的推广应用。

5. 有利于农村产业结构的调整，促进农业社会化服务事业的发展

随着商品经济的不断发展、农村产业结构的逐步调整，将会有越来越多的农民从土地的束缚中解放出来，从事第二、第三产业，而直接从事种植业的人将越来越少，传统的耕作方式已不相适应，必须提高机械化和化学化的水平，用机械施肥代替人工施肥，用一次性施肥代替分次施肥，用一次田间作业可同时完成多项作业，如在施肥的同时，可完成除草、治虫、治病等工序。在复混肥的生产流程中加入适当农药，制成多功能肥料，就可以解决这个问题。

由此可见，复混肥料的生产和推广不是一个权宜之计，它是化肥工业与农业科技相结合的产物，是促进农业科技进步，发展优质、高产、高效农业的重要措施，是农业现代化的重要标志之一，因此越来越受到人们的普遍重视。

复混肥料的优点很多，但也存在一些缺点，主要缺点有二。其一，许多植物在不同生育期对养分的数量和种类有不同的要求，各地的肥力水平、不同元素的供应能力有较大的区别，因此养分相对固定的复混肥，不能满足各种植物、不同土壤上作物对养分的需要。特别是化成复合肥，本身就是二元复合肥，不能同时供应 N、P、K 三要素。三元复混肥的种类虽然很多，有高氮、高磷、高钾诸多品种，但由于市场的原因，能买到的品种往往有限。因此，将复混肥与单元肥料配合，制成适宜于某种土壤气候条件下的某种植物专用肥，这样既可减少肥料成分的浪费，又能最大限度地发挥复混肥料的优越性。其二，难以满足不同施用技术的要求。复混肥料中的各种养分只能采用同一施肥时期、施肥方式和深度，这样不能充分发挥各种营养元素的最佳施肥效果。

四、复混肥料的商品质量

复混肥料作为一种工业产品，国家制定了标准，其有关质量问题应参照国标进行评定。复混肥料有关质量指标主要包括含量、配

比、养分形态、副成分、添加成分等。

（1）含量 即复混肥中 $N+P_2O_5+K_2O$ 的百分含量（浓度），由于所用的原料不同，复混肥产品的养分含量高低悬殊，常将其归纳成三种基本类型，即 $N+P_2O_5+K_2O \geqslant 25\%$ 为低浓度，$\geqslant 30\%$ 中浓度，$\geqslant 40\%$ 为高浓度。有些国家常不划分中浓度类型，而以 30% 为界，划分为高浓度、低浓度两种类型。一般中、低浓度复混肥适于就近使用，高浓度复混肥适于远距离运输。

（2）配比 通常只以主要养分氮、磷、钾用于标称二元或三元类型复混肥的含量和比例，如 15-15-15。一种是以氮（N）含量为1，以 P_2O_5 与 K_2O 含量与其相比较后表示其养分比例，如 1:1:1 和 1:0.5:0.5。加入的中微量元素有时也在含量中标明，如 12-9-16-1(Zn)，表示除氮、磷、钾外，还含有 1% 锌。

（3）养分形态 最主要的是磷素的溶性（枸溶和水溶比例），磷水溶率高的复混肥，供磷强度高。氮素分为 $NH_4\text{-}N$、$NO_3\text{-}N$ 和尿素态（酰胺态），需有文字说明。如果 $NO_3\text{-}N$ 含量高，用于水稻就不适宜，但用于烟草和蔬菜等旱作物则效果较好。其他如配入的镁、铁或微肥的形态也要注明。

（4）副成分 配成和混成的三元复混肥中一般都带有副成分，如钙、铁、硫、氮等。其中最重要的是要标明随钾素配入的副成分是硫酸根（SO_4^{2-}）还是氯根（Cl^-），因为对大部分经济作物有忌用多量氯（Cl^-）和需要配施一定硫的要求。必要时，还须注明钙、镁、铁等成分和含量。

（5）添加成分 复混肥中常添加少量镁、微肥甚至硝化抑制剂、除草剂等物质，有时也添加一定量有机物质，如饼肥、鸡粪等。对其特殊作用和忌适范围，应在肥料包装袋或说明书上注明。从一般大田作物的施肥角度看，除了专用复混肥，以选用只含主要养分氮、磷、钾的为妥。有些复混肥还含有着色剂，如用于花卉的着色等。

（6）剂型 如粒状、球状、粉状等，最常用的粉状复混肥对粒度有一定要求；一般在 $1\sim4.75mm$。对粒度 $3\sim4mm$ 的复混肥需十分注意施肥的位置，如施得过深，常会影响其早期肥效的发挥。粉状复混肥则要求一定的细度及混合的均匀度。粒状复混肥的最大优点是便于贮运，便于机械施肥（如作种肥），追肥时能较集中地施到某一深度，但往往要耗费较多能源用于造粒和干燥，增加生产成本。同时对基础肥源的形态和成分也有较高的要求。粉状复混肥的主要优点是生产成本低，工艺简单，易做到分散均匀地施入土层。据试验，粉状和粒状复混肥对比，肥效上并无孰优孰劣之分。

五、复混肥料的肥效

（1）复混肥料与等养分单质化肥肥效比较 综合全国各地试验结果，施用复混肥料比不施区增产效果明显，一般每千克养分可增产稻谷 5～15kg，小麦 4～12kg，玉米 4～14kg，大豆 3～5kg，花生 2.5～4.5kg，棉花（籽棉）1.5～3kg。

全国复混肥攻关协作组的试验结果表明，复混肥料的肥效与等养分单质化肥配合施用无显著差别。其中二元复混肥供试的 9 种作物，除春小麦、谷子、油菜的增产超过 5%（春小麦达到 5%差异显著）外，其他 6 种作物基本平产。三元复混肥供试的 8 种作物，除了棉花减产 8%（差异不显著）外，其他作物的产量差异均未超过 5%。

因此，想要提高复混肥料的增产效果，关键在于肥料的配方要科学合理、针对性强。

（2）不同养分形态复混肥料品种肥效比较 20 世纪 60 年代我国先后完成了碳化法和混酸法制取硝酸磷肥的两种方法。碳化法产品含氮（N）18%～19%，含磷（P_2O_5）（均为枸溶性磷）12.5%。混酸法产品含氮（N）13%～14%，含磷（P_2O_5）12%～13%（其中水溶性磷占 30%～50%）。针对这两个磷素养分不同形态的产品在四川、吉林和黑龙江等省进行田间肥效鉴定，认为碳化法硝酸磷肥对豆科作物的效果不佳，对绿肥的效果大多数不仅低于过磷酸钙，甚至低于不施肥处理。在缺磷但不缺氮的黑龙江新垦黑土上，对春小麦的肥效仅与施用等量普钙相当。而混酸法硝酸磷肥比碳化法硝酸磷肥增产效果显著，特别在四川的低肥力黄泥土和紫色土上效果更好。

在我国常用复混肥料品种中，磷素形态不同其肥效有差异，氮素品种变化不大。所以，更应注意因土因作物施用，以利达到最佳效益。

（3）不同型复混肥料的肥效比较 复混肥料通常有粉状、粒状、造粒型和掺合型。掺合肥料攻关协作组研究表明，造粒型和掺合型复混肥料在等养分条件下两者的肥效基本相当。由此认为，除含高枸溶性磷的复混肥料外，复混肥料肥效与生产工艺关系不大。生产复混肥料主要应以生产成本低、产品质量高、施用方便为原则。

第二节　复混肥料种类

一、化成复合肥

（一）磷酸铵

磷酸铵是由氮和浓缩磷酸反应生成的一组化合物，由于氨中和程度不同，主要商品肥料有磷酸一铵和磷酸二铵，其反应如下。

$$NH_3 + H_3PO_4 \longrightarrow NH_4H_2PO_4（磷酸一铵）$$
$$2NH_3 + H_3PO_4 \longrightarrow (NH_4)_2HPO_4（磷酸二铵）$$

磷酸一铵和磷酸二铵都是含氮、磷的二元复混肥，都是水溶性肥料，磷酸一铵又称磷酸二氢铵，是含氮、磷两种营养成分的复混肥。市场上常见的磷酸一铵总养分含量在 $55\% \sim 60\%$ 之间，含氮量 $11\% \sim 13\%$，P_2O_5 含量 $41\% \sim 48\%$。磷酸一铵中有效磷（P_2O_5）与总氮含量的比例约为 4.6：1，磷的比例高，是高浓度磷复合肥的主要品种。

磷酸二铵又称磷酸氢二铵，是含氮、磷两种营养成分的复合肥。市场上常见的磷酸二铵总养分含量在 $57\% \sim 65\%$ 之间，其中氮含量 $14\% \sim 18\%$，P_2O_5 含量 $42\% \sim 50\%$，有效磷（P_2O_5）与总氮含量的比例为 2.8：1。

磷酸铵纯品为白色晶体，商品肥料由于含有杂质，外观呈灰白色或深灰色，生产时都进行了造粒，呈颗粒状，改善了肥料的物理性状，有利于施用与贮藏。它们均易溶于水，其中磷酸二铵溶解度更大，25℃时溶解度为 72.1g/100g 水，磷酸一铵为 41.6g/100g 水。磷酸二铵有一定吸湿性，在潮湿空气中易分解，挥发出氨变成磷酸二氢铵。而磷酸一铵化学性质更稳定，氨不容易挥发。它们都可以作为肥料直接施用，磷酸铵是以磷为主的二元复合肥并不适合作物的需求，应注意与其他单元肥料配合施用。磷酸铵也作为配制其他二元、三元复混肥的原料，如可以加入尿素制成尿素磷铵或加入硫酸铵制成硫磷铵，也可以加入硝酸铵制成硝磷铵，这些肥料的氮、磷比例更适合一般作物的需要。

（二）硝酸磷肥

硝酸磷肥是用硝酸分解磷矿粉制得的磷酸和硝酸钙溶液，反应式如下。

$$Ca_{10}F_2(PO_4)_6 + 20HNO_3 \longrightarrow 6H_3PO_4 + Ca(NO_3)_2 + 2HF$$

其中的硝酸钙会影响肥料的物理性质，大部分要除去，采用不同的方法加工处理这种溶液，就形成不同的硝酸磷肥生产工艺。它们的差别只在于除去溶液中硝酸钙的方法不同。分离钙以后溶液的后加工步骤基本相似，主要是用氨中和溶液，进行蒸发、造粒、干燥和筛分即得成品。硝酸磷肥生产中分离硝酸钙的方法有冷冻法、混酸法和碳化法。碳化法先氨化，然后再通入氨和二氧化碳，钙与二氧化碳生成碳酸钙沉淀而被除去，此法简单，生产费用低，但产品中的磷酸盐不溶于水，只溶于枸橼酸铵溶液，颗粒产品肥效差。混酸法要加入硫酸，大部分钙与硫酸生成硫酸钙沉淀，此法缺点是消耗硫酸，生产的肥料总养分偏低，在 24%～28% 之间，水溶性磷的比例一般在 30%～50% 之间。冷冻法是用低温使硝酸钙生成结晶而被除去，分离后的母液用氨中和。反应式如下。

$$6H_3PO_4 + 4Ca(NO_3)_2 + 2HF + 11NH_3 \longrightarrow$$
$$3CaHPO_4 + 3NH_4H_2PO_4 + 8NH_4NO_3 + CaF_2$$

中和浆料经蒸发、造粒、干燥和筛分即得硝酸磷肥产品。主要成分是二水磷酸二钙、磷酸二氢铵、硝酸铵，其中磷主要是水溶性的，可达全磷的 75%，氮素是硝态氮 25% 左右、铵态氮 75%。总养分含量高，可达 40%。这种硝酸磷肥生产工艺应用广泛，典型产品规格（以 N-P_2O_5-K_2O 表示）有 26-13-0、20-20-0。还可以在生产过程中添加氯化钾调理剂，其典型产品规格是 15-15-15、13-13-20。

（三）聚磷酸铵

聚磷酸铵又称多聚磷酸铵或缩聚磷酸铵，聚磷酸铵无毒无味，不产生腐蚀气体，吸湿性小，热稳定性高，作为一种性能优良的非卤阻燃剂而大量应用。农用聚磷酸铵聚合度低，主要含二聚磷酸铵、三聚磷酸铵和四聚磷酸铵等多种聚磷酸铵，低聚合度聚磷酸铵是一种含 N 和 P 的聚磷酸盐，已逐渐进入复混肥和液体肥料的生产，特别是在发达国家已得到广泛应用。20 世纪 70 年代初，美国将湿法磷酸浓缩成过磷酸，在管式反应器中与氨反应，生成高浓度聚磷酸铵，加水冷却生成品级为 10-34-0 的液体肥料。基础液肥可与氮溶液、钾肥生产液体复混肥。而固体的多聚磷酸铵含 N 12%～18%，含 P_2O_5 58%～61%，是一种浓度非常高的 N、P 复混肥，多聚磷酸铵易溶于水，养分有效性高，其中的焦磷酸铵能被作物直接利用，在大多数土壤条件下，能很快水解成正磷酸盐，因此，施用聚磷酸铵，作物吸收的可能是正磷酸盐。聚磷酸铵的分子比较特殊，能够与许多微量元素形成络合离子，从而避免了微量元素被土壤固定，而微量元素被土壤固定是某些微量元素缺乏的重要原因，如中国北方土壤缺铁表较普遍，而铁在土壤中是四大元素之一，含量很高，但有效性低，施入易溶性的铁盐在土壤中很容易被氧化成高价铁而被固定。络合后的铁则不容易被固定，因此多聚磷酸铵可作为多种微量元素的载体。聚磷酸铵也是液体复混肥的主要原料，美国生产的农用聚磷酸铵主要是液态的。农用聚磷酸铵目前在中国仅有小量生产，应用也非常有限。

磷酸铵和硝酸磷肥是常见的两种化成复合肥，而三元素的复合肥以化成复合肥和单元素肥料混制而成。化成复混肥还有磷酸二氢钾、硝酸钾、氨化过磷酸钙等，但生产量小，都不是大宗肥料。聚磷酸铵在我国很少作为肥料使用，生产量很小，而发达国家用得很多，因为它配制的液体复混肥性质优良。

二、混合肥料

混合肥料是混成肥和掺混肥的统称，是将两种或两种以上的单质化肥，或用一种复混肥料与一两种单质化肥，通过机械混合的方法制取不同养分配比的肥料，以适应农业生产的要求。生产工艺流程以物理过程为主。按制造方法不同又可以分为粉状混合肥料、粒状混合肥料和掺和肥料。

（一）粉状混合肥料

采用干粉掺和或干粉混合，这是生产混合肥料中最简单的工艺，但这种肥料机械施用不便，物理性质也差，容易吸湿、结块，但其生产成本低，可以在农村随混随用，2001 年开始禁止作为商品在市场上流通，所以商品用的混合肥料都是粒状的。

（二）粒状混合肥料

它是在粉状混合肥料的基础上发展起来的。肥料先通过粉状搅拌混合后，造粒，筛选再烘干，是我国目前主要的复混合肥品种，且粒状混合肥料在我国发展方兴未艾，具有很好的发展前景。

（三）掺和肥料

掺和肥料也称 BB 肥，是以两种或两种以上粒度相近的不同种肥料颗粒通过机械混合而成，因此各单个颗粒的组成与肥料的整个组成不一致。产品可散装亦可袋装进入市场。BB 肥在国外是散装肥料，这样可以节约成本，而我国由于农业经营是以家庭为单位的，规模小，散装肥料并不适合我国国情，BB 肥一般也是袋装的。

混合肥料种类很多，一般是三元肥料，它们或者用单元肥料混合而成，或者在生产硝酸磷肥、磷酸铵的过程中加入硫酸钾、氯化钾及尿素、硫酸铵等氮肥配制而成。根据原料不同，可以分为三类。

1. 硝磷钾肥

它是在制造硝酸磷肥的基础上添加硫酸钾或氯化钾后制成。生产时按需要选用不同比例的氮、磷、钾。硝磷钾肥的有效成分包括硝酸铵、磷酸铵、硫酸钾或氯化钾等。养分含量一般为 10-10-10 或 15-15-15，是三元氮磷钾复混肥料。

硝磷钾肥呈淡褐色颗粒，有吸湿性，磷素中有 30%～50% 为水溶性，50%～70% 为枸溶性，不含氯离子的硝酸钾肥，如 10-10-10（S），已经成为我国烟草生产地区的专用肥料，作为烟草基肥或早期追肥，效果显著。每 $667m^2$ 用量 30～50kg。

2. 铵磷钾肥

铵磷钾肥是用磷酸铵、硫酸铵和硫酸钾按不同比例混合而成，养分含量有 12-24-12（S）、10-20-15（S）、10-30-10（S）等多种，是三元氮磷钾混合肥料。

铵磷钾肥的物理性状良好，易溶于水，易被作物吸收利用。它以作基肥为主，也可作早期追肥。不含氯的混合肥料，目前主要用于一些忌氯作物上，施用时可根据需要选择其中一种适宜的养分比例或在追肥时用单质氮肥进行调节。

3. 尿磷钾肥

尿磷钾肥由尿素、磷酸一铵和氯化钾按不同比例掺混、造粒制成单质氯的三元氮磷钾混合肥，因为含氯，故不用在烟草等氯敏感作物上。典型的品种有 19-19-19、27-13.5-13.5、23-11.5-23、23-23-11.5 等几个品种。

混合肥料调整比例容易，所以种类繁多，生产厂家也很多，我国复混肥料代表产品（系列）见表 4-2，表中复合肥料是厂家命名的，实际是掺混肥料。

三、有机-无机复混肥

有机-无机复混肥是指含有一定有机肥料的复混肥料，为保证产

表4-2 我国复混肥料代表产品

生产厂家	品牌	复混肥主要品种及系列
山东鲁西化工集团股份有限公司	鲁西	复合肥料、磷酸二铵
史丹利化肥有限公司	史丹利	不同配比通用型复合肥和专用复合肥14种,控释复合肥1种
四川美丰化工股份有限公司	美丰	美丰比种夫、美丰施乐美、美丰博施、美丰旺得富、美丰富乐斯等系列产品,另有水果专用肥、蔬菜专用肥、BB肥
中化化肥有限公司	中化、美农、好苗子等	品种很多,分为硫酸钾型复合肥、氯化钾型复合肥、熔体塔式造粒复合肥、螯合型专用肥、BB肥几大类
山东红日阿康化工股份有限公司	红日阿康	主要有艳阳天系列、红日系列,还有伏尔加系列、九重天系列
云天化集团	三环、云峰等	磷酸一铵 磷酸二铵、复合肥料
中国-阿拉伯化肥有限公司	撒可富	主要生产氮、磷、钾三元素高浓度复合肥、通用复合肥和专用复合肥,各种配比共30多个品种
江西贵溪化肥有限责任公司	施大壮、贵化	复合肥料、硫酸钾复合肥、BB肥三大类和磷酸二铵
河南心连心化肥有限公司	心连心	主要生产尿素型复合肥料,还有硫酸钾复合肥和专用复合肥

品质量,我国于2002年制定了《有机-无机复混肥料》国家标准(GB 18877—2002)(有机-无机复混肥国家标准见表4-3),关键指标总养分($N + P_5O_2 + K_2O$)的质量分数要求≥15.0%,有机质的质量分数要求≥20.0%。此外,在水分、粒度、重金属等方面也有限制要求。

有机肥与无机肥配合施用,既是我国特有的施肥经验,也是适合我国国情特点的施肥制度。大量的、长期的肥料定位试验结果表明,与单施有机肥或单施无机肥相比,有机、无机肥配合使用则地力得到培育,肥料利用率得到提高,农作物获得增产,作物品质得到改善,因而是优良的施肥制度。

有机-无机复混肥是有机、无机肥配施的一种形式，复混肥中有机无机相结合的方式，不仅可以以无机促有机，而且以有机保无机，减少肥料养分的流失。有机无机混合肥不但含有大量营养元素，而且还含有微量营养元素和生理活性物质，肥效长，效果好。

有机-无机复混肥的有机物质大都采用加工后的有机肥料（如禽畜粪便、城市垃圾有机物、污泥、秸秆、木屑、食品加工废料等），以及含有有机质的物质（如草炭、风化煤、褐煤、腐植酸等），按一定的标准配比加入无机化肥，充分混匀并经过造粒等流程生产出来的，是既含有有机质又含有化学成分的产品。有的还加入微生物菌剂和刺激生长的物质，称其为有机活性肥料或生物缓效肥。

有机-无机复混肥是近年兴起的一个混合肥品种，在我国商品肥料中已占了相当的比例，如北京市现有登记肥料生产企业 187 家，其中有机-无机复混肥生产企业 24 家，占肥料生产企业总量的12.8％。有机-无机复混肥的兴起与现阶段中国的施肥情况有关，农民往往常年使用无机肥料而不施用有机肥，导致土壤有机质下降、土壤结构变差、土壤板结、土壤肥力下降、产量难以提高，单位肥料的报酬下降，经济效益越来越差。而有机-无机复混肥的使用，可在一定程度上缓解上述情况，有较高的经济回报。国家也发布了相应的国家标准，见表 4-3。

根据配方比例及有机物料品种的不同，有机-无机复混肥可分成多种类别。

（一）按配方比例分类

按配方比例划分，有机-无机复混肥种类可分为通用型复混肥与专用型复混肥。

1. 通用型复混肥

通用型复混肥配方的应用对象是某一地区对养分（主要指氮、磷、钾）需求差异不太悬殊的多种作物。多年实践表明，有机-无机复混肥适用范围较广，在等氮或等重施用条件下，增产效果比一般无机复混肥高而成本降低。在某些情况下（沙质土、瘦土），甚至还优于专用型无机复混肥。

表 4-3　有机-无机复混肥国家标准

项目	指标
总养分（$N+P_2O_5+K_2O$）[①]/%（质量分数）	$\geqslant 15.0$
水分（H_2O）/%（质量分数）	$\leqslant 10.0$
有机质/%（质量分数）	$\geqslant 20$
粒度（$1.00 \sim 4.75mm$ 或 $3.35 \sim 5.60mm$）/%	$\geqslant 70$
酸碱度（pH）	$5.5 \sim 8.0$
蛔虫死亡率/%	$\geqslant 95$
大肠菌值	$\geqslant 10$
氯离子（Cl^-）[②]/%（质量分数）	$\leqslant 3.0$
砷及其化合物（以 As 计）/%（质量分数）	$\leqslant 0.005$
镉及其化合物（以 Cd 计）/%（质量分数）	$\leqslant 0.001$
铅及其化合物（以 Pb 计）/%（质量分数）	$\leqslant 0.015$
铬及其化合物（以 Cr 计）/%（质量分数）	$\leqslant 0.050$
汞及其化合物（以 Hg 计）/%（质量分数）	$\leqslant 0.0005$

① 标明的单一养分的质量分数不得低于 2.0%，且单一养分测定与标明值负偏差的绝对值不得大于 1.0%。

② 如产品氯离子的质量分数大于 3.0%，并在包装容器上标明"含氯"，该项目可不作要求。

2. 专用型复混肥

专用型复混肥是针对那些对氮、磷、钾需求较特殊、差异较大的作物而制定的。例如，香蕉和烟草对钾的需求很高，对氮的供应需有一定的限制，以防止质量受损。而茶树对氮的需求量很高，对磷、钾则需控制在一定范围内。一般的通用肥，难以满足其特殊需求，而且，这类作物经济价值高，也是配制专用复混肥的一个重要原因。

专用复混肥配方的特殊性，不仅表现在三要素比例及其形态，而且还表现在对中微量元素的调节。例如，叶菜类蔬菜需加入钙、镁，而一些有机物料如滤泥，钙、硫含量较高，故这类原料可填充作为有机物料。实践表明，通过废物原料"细水长流"地补充中微量元素可维持土壤-作物养分供求平衡，对于减少作物的生理性和病原性病害有很明显的益处。

（二）按有机物料品种分类

按有机物料品种划分，有机-无机复混肥主要分为以下几种类型。

1. 以腐熟型畜禽粪便生产复混肥

人畜禽粪便含有丰富的有机杂肥，也含有一定数量的氮、磷、钾等植物生长所需的养分。人畜禽粪自古以来就作为农家肥广泛适用于各类农作物，具有肥效长等优点。随着饲养业的发展，机械化饲养家禽已成为今天饲养业的主体，畜禽粪的集中使用已成为急需解决的问题。这也为生产有机复混肥提供了优良的原料。其生产主要工序为脱水、干燥、粉碎、混合、造粒、干燥、过筛、成品。

人畜禽粪便生产的复混肥具有养分齐全、速效、长效等优点，适宜于各种作物，可作基肥、追肥使用。

2. 以垃圾堆肥生产有机-无机复混肥

生活垃圾随着城市建设和发展以及人们生活水平的提高而发生组成和性质上的变化。生活垃圾是各种病原微生物的滋生地和繁殖场，如果长期不处理，不仅会侵占大量土地，而且对土壤及人类生存环境造成各种污染。

由于垃圾中含有重金属、微生物病菌，有些来源的垃圾还含有放射性物质，所以垃圾农用必须进行筛分和无害化处理。重金属元素、病菌、寄生虫、杂物等的数量均符合城镇垃圾农用控制标准中的规定，镉、汞、铅、铬、砷含量分别应小于 $3mg/kg$、$5mg/kg$、$100mg/kg$、$300mg/kg$、$30mg/kg$，杂物含量应小于 3%，蛔虫卵死亡率 $95\%\sim100\%$，大肠杆菌值为 $10^{-3}\sim10^{-2}$。

垃圾虽然成分复杂，粗细不等，但含有大量可利用的有机物和氮、磷、钾及微量元素。所以经过人为分拣后，可发酵处理的有机物组合会大量增加。经过发酵处理的垃圾，制成有机复混肥或改土剂施用，肥效和经济效益均优于直接施用。

3. 以工业有机废料生产复混肥

甘蔗糖厂肥料、麸酸离交的尾液中含有丰富有机物料及其植物生长所需要的各种养分，经过必要处理后，生产复混肥料，回收资源，减少废料排出，解决环保问题。

用废料生产复混肥料也必须根据各地土壤特点和作物的需求量进行配方。同时也要视不同糖厂废料营养元素的多少，考虑添加多少氮、磷、钾肥。

4. 腐植酸型复混肥

腐植酸是由死亡的动植物经微生物和化学作用分解而形成的一种无定形高分子化合物，广泛存在于泥炭土、泥煤和褐煤中。腐植酸中的芳香基、羧基、羟基、甲氧基等活性基团，决定了腐植酸具有酸性、亲水性、阳离子交换性及生理活性等性能。

腐植酸含有作物需要的氮、硫、磷等重要元素，因此可以用其加工成相应的有机肥料。经过加工的含腐植酸的物料，如泥炭土、风化煤等，加入适宜的氮、磷、钾养分，可以生产出含多种养分的腐植酸型复混肥料，如腐植酸氮、腐植酸磷、腐植酸钾等，这类肥料既提供了腐植酸，刺激作物生产，培肥土壤，又可提供大量氮、磷、钾养分，弥补泥炭、褐煤等原料氮、磷、钾养分低的不足。

5. 以混合型有机物料生产有机复混肥

这类有机肥使用多种有机物料，包括饼肥、滤泥、鱼粉、风化煤等，在充分发酵的基础上，与商品氮、磷、钾肥按一定比例混合，然后进入造粒机进行造粒。这种有机肥含有丰富的有机蛋白，经土壤微生物分解成简单的氨基酸分子后，部分可被植物根系吸收，该肥料兼有上述有机复混肥的优点，是一种品位较高的有机复混肥。

有机-无机复混肥也是一种复混肥，但由于加入了有机物料，总养分浓度较低，对总养分要求标准比无机复混肥低，便于利用一些有机肥料，对我国环境改善有利。有机-无机复混肥可能存在一些有害生物，标准中都做了相应的规定。有机-无机复混肥市场上种类繁多，有效成分含量差别也非常大，高的总养分可达50％以上，低的只有百分之十几，这还是标准称量，实际上抽检不合格的、低于国际15％的劣质肥料在市场上也较常见。市场上有机含量高的在 50％以上，低的只有 10％（有机质含量 10％的品种不符合国定标准，是按普通无机肥料生产的），有机质高则总养分含量低，再加上生产肥料的有机物来源千差万别，所以不同的有机-无机复混肥差别很大。

大量实验证明，有机-无机复混肥与相同养分含量的无机复混肥相比，能够提高作物产量，改善品质，其原因如下。

（1）有机-无机养分供应平衡　有机-无机复混肥既有化肥成分又有有机物，两者的适当配合，使之具有比无机复合肥和有机肥更全面、更优越的性能。有机-无机复混肥既能实现一般无机复合肥氮、磷、钾等的养分平衡，还能实现独特的有机-无机平衡。有机-无机复混肥中来源于无机化肥的速效性养分，由于有机肥的吸附作用，肥效较一般的无机肥料慢，克服了一般无机肥料肥效过猛的缺点，而其中有机肥要经过微生物的分解才能被作物利用，属于缓效性养分，能保证有机-无机复混肥养分持久供应，使其具有缓急相济、均衡稳定的供肥特点，既避免了化肥养分供应大起大落的缺点，又避免了单施有机肥造成前期养分供应往往不足，或者需要大量施用有机肥费工费时的弊端。而且有机-无机复混肥保肥性能强，肥料损失少，肥料利用率高。

（2）兼顾培肥改土与养分供应　只施无机复混肥，很难提高土壤有机质，无法改善土壤理化性质，有机肥改善土壤理化性质的作用虽大，但施用量大，人工成本高，而且肥效缓慢，作物的前期养分供应往往不足。有机-无机复混肥则兼有用地养地的功能。因为，有机-无机复混肥中通常含有占总质量 20％～50％的有机肥，含相当数量的有机质，有一定改善土壤理化性质的作用。

（3）具有生理调节作用　有机-无机复混肥本身含有或其中的有机物质经过分解可生成一定数量的生理活性物质，如氨基酸、腐植酸和酶类物质。它们有独特的生理调节作用，例如，腐植酸的稀溶液能促进植物体内糖代谢，能加强作物的呼吸作用，增加细胞膜的透性，从而提高对养分的吸收能力等。

另外，有机-无机复混肥可增强土壤中微生物的数量与活性，有利于土壤中的养分循环，另外有机质分解产生的有机酸对磷也有明显的活化作用。

有机-无机复混肥有许多优点，但它的作用与无机复混肥相比究竟有多少优势，还是有争议的，虽然大多数实验持肯定态度，证明了有机-无机复混肥只加入了少量的有机质，其作用有限。有机-无机复混肥的成分复杂，在推广使用时要注意它的实际效果。特别要注意以下几点，不要盲目相信厂家的宣传。

一是有机-无机复混肥料中有机部分的肥效，目前大多数有机-无机复混肥料的有机部分含量在 $20\%\sim50\%$ 之间。若以 50% 计，即使单位面积施用 100kg 有机-无机复混肥料，施入的有机物质只有 50kg。有机物料所含养分浓度很低，鸡粪是很好的有机肥，但干鸡粪 $N+P_2O_5+K_2O$ 总量也不超过 5%，50kg 鸡粪所含总养分不超过 2.5kg，加上三种养分利用率不足 50%。真实提供给作物的养分总量只有 1kg 左右，而一季粮食作物需要的总养分大概在每亩 $20\sim30$kg。许多经验表明，每亩施入有机肥 1500kg 才有效，所以有机部分带来的养分是有限的，起主要作用的是其中的化肥。有机物质在有机-无机复混肥料中最大的作用可能是对无机养分的吸附，有机物质是分散的多孔体，会吸附一部分化肥养分。有机-无机复混肥料施入土壤后，化肥部分被水溶解，一部分被作物吸收，对化肥的供应强度起到一定的缓冲作用。有机物质对减少磷和微量元素的固定也有一定的作用，许多有机-无机复混肥料的肥效都表现出 10% 左右的增产效果（与等价无机养分相比），可能就是这个原因。另外，从土壤学的基本知识可知，施用少量的有机物，对提高土壤有机质作用很有限，所以它对土壤的培肥作用也有人提出质疑。

二是有的生产厂家在有机-无机复混肥中加入微生物，微生物的作用也值得怀疑，因为众所周知，微生物在一定环境下才有活性，对环境要求是很高的。化学肥料大多是盐类，溶解度很高，对微生物的活性会起杀灭或抑制作用。有机-无机复混肥料加工过程中化肥采用的是干物料，对微生物的活性起抑制作用。这种肥料施入土壤后，水分充足，高浓度的肥料溶液不可能复活加入的微生物，还有可能将加入的微生物杀死，所以活性有机复混肥和生物有机复混肥的肥效不能肯定。

所以在施用有机-无机复混肥料时，首先要注意肥料中 N、P、K 的含量和比例，同时要考虑价格。由于加入了有机物质，增加的费用都会附加到有机-无机复混肥料的单位养分价格上，使这种肥料的单位养分价格高于一般复混肥料，这也是施用有机-无机复混肥料时应当注意的。

四、液体复混肥

液体复混肥从形态上是液体，与固体复混肥相同，也是含有 N、P、K 中 2 种或 2 种以上营养元素的肥料。常用作底肥或叶面喷施，或随灌溉水施用或直接施入土中。液体混合肥料在发达国家是一种很重要的肥料，根据其溶解度又分为清液肥料和悬液肥料两种。

（一）液体复混肥的优缺点

其优点是：①生产费用低，因为省去了蒸发及干燥、造粒等过程；②制造和使用过程中无烟尘问题；③不存在吸湿结块等物理问题；④只要能获得合适的原料，则制造液体混合肥的设备简单、廉价；⑤不会像固体肥料在储运中产生离析而导致质量参差不齐。所以液体肥料是当今世界化肥工业发展的趋势之一。目前，液体肥料在国外已得到了较为广泛的应用。如在美国，液体化肥占化肥总量的 30% 左右。英国、德国、比利时、荷兰、墨西哥、俄罗斯等国也都在大量使用各种液体肥料。我国发展液体肥料较晚，近年来，由于叶面肥料和灌溉技术特别是滴灌技术的应用，液体肥料才得到了发展，但应用依然有限。

液体复混肥用含氮、磷、钾的原料配制，含氮原料可以用尿素、硝铵，含磷原料为磷酸一铵、磷酸二铵，含钾原料为氯化钾、硝酸钾或磷酸二氢钾。但上述原料制备的液体肥料养分含量较低，且结晶温度高，生产应用不方便。而用聚磷酸铵为磷源配制的液体复混肥性质更优,也是液体复混肥的主要品种,如上海化工研究院研发的聚磷酸铵液体复混肥料,是焦磷酸铵、尿素和磷酸二氢铵的清液复合体,约含 15%N、30%P_2O_5 和少量 Fe、S、Mg 等元素,相对密度 1.3~1.4,pH 可在 5~7 调节,是一种高浓度的液体复混肥。其中聚磷酸形态的 P_2O_5 占总 P_2O_5 的 36% 左右;用聚磷酸铵为磷源配制的液体复混肥,可根据作物对营养养分的要求,在生产过程中适当加入 K、Cu、Mo、Zn、Mn、B 等元素。由于聚磷酸具有螯合金属离子的良好性能,故适量的营养元素不易沉淀析出,它与农药或除草剂可互混,进行根施或喷施。美国的聚磷酸铵通常为液体肥料,养分含量通常为 11-37-0 或 12-40-0。

(二) 液体复混肥的施用方法

液体复混肥施用方法多样,可以叶面喷施、随水冲施,也可以加到喷灌、滴灌或浇灌的水中随水施用,其中叶面喷施人工成本高,随水冲施局限性大,与固体肥料相比也不具有优势,而如果事先将肥料稀释成一定浓度的溶液,通过滴灌或喷灌系统施肥,则施肥方便迅速。清液型肥料全部溶于水,没有残渣,配制溶液比固体肥料更方便,这才是液体复混肥的优势所在,由于灌溉系统的限制,我国液体复混肥应用面积小,没有形成规模。但改进灌溉系统,发展节水农业,是农业发展的一个必然方向,也会促进肥料的液体化,这也是当前世界上肥料发展的一个趋势。在美国等发达国家,农业高度集约化,液体复合肥的施用除了可以与灌溉系统结合外,还有专门的大型施肥机械,而我国不具备这种条件,这也是液体肥料没有得到发展的原因。

除了清液型复合肥,还有悬液型复合肥,悬液型复合肥肥料浓度大,因而常形成肥料盐的小结晶。为防止结晶析出,采用 2% 硅镁土作悬浮剂。除具有清液型肥料的优点外,悬液型肥料能利用比清液型肥料物质纯度低的廉价原料。同时,也因为可以生产出 3-4-25(3-10-30) 和 5-6-25(5-15-30) 等高钾品级产品而使之得以推广。悬液型肥料的养分含量很高,植物养分平均含量可达 45% 以上,而清液型肥料平均只有 28%。悬液型肥料易于掺入添加剂，更经济，且可更随意地配制多种配方的原料。但悬液型肥料在混合、泵送及施入土壤过程中必须保持流体状态，在施肥机械里才不会有大的变化。在施用期间，还必须保持均质性，定期搅拌，可使其保持数周或数月。在美国悬液型肥料占液体肥料的 40% 左右，其比例有提高的趋势。

除了普通液体复混肥，我国市场还有很多种冠以液体复混肥的新型肥料，但这些肥料和上面所说的液体复混肥差别很大。这些液体复混肥料种类很多，从包装上看，一般采用小包装，每瓶（包）一般在几十克到几百克之间，它们不仅含有大量元素，也含有微量元素，但一般没有 N、P、K 含量的明确标示。有的含有螯合剂以提高微量元素的有效性，有的含有多种有机活性物质，可以促进植物的生长，有的含有植物提取物、稀土元素、植物激素等，成分十分繁杂。施用方式多采用喷施，它们多属于叶面肥，用量也很少，它提供的 N、P、K 微乎其微，它主要起作用的可能是微量元素和生理活性物质。它们还有一个共同的特点，单位重量的肥料较贵，施用这类叶面肥料要注意，它们不能代替土壤施肥，因为作物所需要的养分总量很大，绝不是一点叶面肥能满足的，它只能是对大宗肥料的补充。这类肥料的宣传常常含有误导成分，误导的主要内容有：①产品标有生产许可证，叶面肥料目前还没有建立类似复混肥料所具有的"三证制度"，该类产品加上生产许可证是"画蛇添足"；②号称"高倍数稀释"，喷施时施用浓度太低，无法获得良好的效果；③效果描述不切实际，如"叶面肥可代替施肥""可抗病、抗虫"等。

五、专用复混肥

市场上经常可以见到各种专用肥（如小麦专用肥、棉花专用肥等），这种肥料也是复混肥的一种，它的各种养分比例更适合它对应的作物。普通复混肥料虽然品种很多（如高氮品种，适用于喜氮作物；高钾品种，适用于喜钾作物），但专用肥更专一、更科学。

专用肥的配制一般是利用平衡施肥法的原理，要考虑几方面的因素来配制。其一，它要考虑土壤的供肥特性，因为作物所吸收的养分一部分是由土壤供给的，不够的部分才由施肥来补充，而不同的土壤供应养分的能力差别很大。当然，作为一个肥料企业，不可能将土壤的供肥能力考虑得过细，土壤必定是很不均一的，即使相距很近的地块，地力上也可能存在很大的差异，这个土壤的供肥特性只能是一个较大面积的平均水平。但如果一个专用肥用一个配方面向全国，这个专用肥就不可能是科学的，即使面向一个省，也很难说是科学的。其二，它要考虑植物对养分的需要总量和不同养分的比例，不同的作物对养分的需要量和 N、P、K 的比例差别很大。如玉米喜氮，每产 100kg 玉米 N、P_2O_5、K_2O 需要量分别为 2.75kg、0.86kg、2.14kg。块根、块茎类喜钾，如生产每 100 千克红薯 N、P_2O_5、K_2O 需要量分别为 0.35kg、0.18kg、0.55kg，生产每 100 千克马铃薯 N、P_2O_5、K_2O 需要量分别为 0.5kg、0.5kg、1.06kg。其三，养分的利用率。施入的养分，不可能全部被吸收，有些被土壤固定，有的随水流失，有的变成气体进入空气中，如 N 肥的利用率不足 50%，作物吸收 1kg N，则通过施肥补充的 N 超过 2kg，磷肥非常容易被土壤固定，其利用率更低。有了这三个因子，再加上目标产量，就可以计算出所需要施用的 N、P、K 的比例。当然，上述方法有点复杂，参数的获得也很麻烦，配方也可以根据当地的施肥田间试验，得出最佳的三要素比例。但有些专用肥配方的计算不考虑土壤的供肥和肥料利用率，而是作物吸收多少养分就补充多少，这种做法很不科学。如北方比较常见的冲积土壤，特别是黄土冲积物母质上发育的土壤，有效钾很丰富，对谷物类施用钾肥一般无效，如果按植物吸收的全量补充，将是一种浪费。专用肥一般还含有该作物需要较多的微量元素。如玉米专用肥，玉米需 Zn 较多，而我国北方地区缺 Zn 比较普遍，配方中应该加入 Zn。另外，不仅不同的作物需要 N、P、K 的比例不同，同一种作物不同时期也有区别，如西瓜，后期需 K 比前期多，有些西瓜专用肥就将西瓜生长分成几个时期，分别制出不同配方的专用肥。如日樱液体复混肥，是我国很少见的液体复混肥，其西瓜专用肥分为如下三类。①壮苗肥（即西瓜一号专用），配比 15-15-15，从定植到传粉期施用。②膨瓜肥（西瓜二号专用液肥），配比 20-8-16，从坐瓜后至瓜长大至 1.5～2kg 期间施用。③果肥（即西瓜三号专用肥），配比 16-8-20，从 2～2.5kg 瓜果至 5kg 以上施用。

第三节　复混肥施用技术

一、肥料混合的原则

将不同的肥料混合制成混合肥料，这个过程可以在工厂进行，也可以由农民根据需要自己混合。但肥料的混合并不是任意进行的，有些可以互相混合加工成掺混复肥，而有的则不能混合，若将其制成复混肥料，不但不能发挥其增产效果，而且会造成资源浪费，因此，在选择生产原料时必须遵循以下原则。

（一）混合后肥料的临界相对湿度要高

肥料的吸湿性以其临界相对湿度来表示，即在一定的温度下，肥料开始从空气中吸收水分时的空气相对湿度。一般来说，肥料混合后往往吸湿性增加，临界相对湿度比其组分中的单元肥料降低。结块与单质肥料颗粒表面的吸湿有关，吸湿性大的肥料易结块，这两种性质对于化肥的储存运输和施用很不利，肥料混施的原则要求混后吸湿性与结块性越小越好。如尿素与氯化钾随混随用，就是因为混合后吸湿性增强，久存会结块。实验发现，两者分开存放 5 天，尿素吸湿 8％，氯化钾吸湿 5.5％，而混合后吸湿达 33％。

（二）混合后肥料的养分不受损失

在肥料混合过程中由于肥料组分之间发生化学反应，导致养分损失或有效性的降低。主要反应如下。

1. 氨的挥发损失

铵态氮肥是腐熟程度高的有机肥，也含有较多的铵态氮（如堆肥、鸡粪等)，与钙镁磷肥、石灰、草木灰等碱性肥料混合时易发生氨挥发，造成养分损失，故这两类肥料不能混合。

$$2NH_4Cl + CaO \longrightarrow CaCl_2 + 2NH_3\uparrow + H_2O$$

尿素与钙镁磷肥混合时虽不会发生氮素损失，但施入土壤后，尿素在脲酶作用下水解生成 $(NH_4)_2CO_3$，而且水解吸收土壤中的 H^+，使施肥点附近土壤 pH 升高，再遇上碱性的钙镁磷肥极易造成 NH_3 挥发损失，因此，尿素最好不要与钙镁磷肥混合或制成钙镁磷肥包膜尿素。

$$CO(NH_2)_2 + H_2O \xrightarrow{\text{脲酶}} (NH_4)_2CO_3 \longrightarrow 2NH_3\uparrow + H_2O + CO_2$$

2. 硝态氮肥的气态损失

硝态氮肥与过磷酸钙混合久存，易生成 N_2O 而使氮损失，物理性质也会变化，与未腐熟的有机肥（如植物油粕等）混合易发生反硝化脱氮。

$$2NH_4NO_3 + Ca(H_2PO_4)_2 \longrightarrow Ca(NH_2)_2(HPO_4)_2 + N_2O\uparrow + 3H_2O$$
$$2NH_4NO_3 + 2C(\text{有机物}) \longrightarrow N_2O + (NH_4)_2CO_3 + CO_2\uparrow$$

这两个反应都是慢反应，硝态氮肥与过磷酸随混随用，对其肥效的影响并不大。

3. 磷的退化作用

速效性磷肥如过磷酸钙、重过磷酸钙等与碱性肥料混合生成不溶性或难溶性磷酸盐而降低肥效。

$$Ca(H_2PO_4)_2 + CaO \longrightarrow 2CaHPO_4 + H_2O$$
$$2CaHPO_4 + CaO \longrightarrow Ca_3(PO_4)_2 + H_2O$$

尿素与过磷酸钙混合时，若物料温度超过 60℃，会使部分尿素水解进而使水溶性磷活性下降。

$$CO(NH_2)_2 + H_2O \longrightarrow 2NH_3 + CO_2$$
$$Ca(H_2PO_4)_2 \cdot H_2O + NH_3 \longrightarrow CaHPO_4 + NH_4H_2PO_4 + H_2O$$

磷酸二铵与过磷酸钙混合时也会发生类似反应。

$$(NH_4)_2HPO_4 + Ca(H_2PO_4)_2 \cdot H_2O \longrightarrow$$
$$CaHPO_4 + 2NH_4H_2PO_4 + H_2O$$

因此在选择原料时，必须注意各种肥料混合的宜忌情况。

二、复混肥料的施用

(一) 复混肥料的施用原则

复混肥料具有养分含量高、副成分少、贮存运输费用省、改进肥料的理化性状等优点，但除专用复混肥，其他复混肥存在养分比例固定、难以满足施肥技术要求等缺点。因此，施用复混肥料要求把握住针对性，如使用不当，就不可能起到应有的作用。科学施用复混肥料应考虑以下几个方面的问题。

1. 选择适宜的品种

复混肥料的施用，要根据土壤的养分含量和作物的营养特点选用合适的肥料品种。如果施用的复混肥料，其品种特性与土壤条件和作物的营养习性不相适应时，轻者造成某种养分的浪费，重则可能导致减产。科学选择复混肥料应考虑的因素包括以下几个方面。

(1) 根据肥料的特性施肥　复混肥料中的氮包括铵态氮和硝态氮两种，铵态型复混肥和硝态型复混肥在多数旱作物上肥效相当。硝态型复混肥在稻田中氮素易流失，在丘陵茶区，较多的年降雨量也可导致硝态氮的流失。此类情况下，采用铵态型复混肥比硝态型复混肥可获得更好的肥效，增产 5%～24%。对于果树的幼苗及幼龄树，以铵态型复混肥的效果较好；在成龄和结果期以后，硝态型复混肥更有利于果树的吸收和运转。

复混肥料中钾的成分多为氯化钾或硫酸钾或者两种兼有。据国外研究报道，大部分作物，特别是谷类作物对复混肥中的氯离子没有不良反应，在硫酸钾的价格高于氯化钾的情况下，使用含氯离子的复混肥值得考虑。在水稻田中，施用含氯化钾的复混肥比施用含硫酸钾的复混肥具有更高的增产趋势，这与硫酸根的积累对水稻根系生长不利有关。因而稻田宜选用氯化钾的复混肥料，以获得更大的经济效益。但某些作物对氯反应敏感，如烟草、葡萄、马铃薯等忌氯作物，应使用低氯或无氯复混肥料。根据以往的试验，在茶园施含氯肥料容易产生"氯害"，将茶树也列入忌氯作物。中国农业科学院茶叶研究试验结果（1981）表明，成年茶园全年亩施氯化钾

10kg 以及幼龄茶园亩施 5kg 均未发现氯害症状，但每亩施用 20kg 以上，8 天左右个别植物出现氯害现象，其程度随时间的延长和用量的增加而加剧。

复混肥料中的有效磷有水溶性和枸溶性两种。水溶性磷的肥效快，适宜在各种土壤上施用，而在石灰性土壤、碱土等 pH 较高的土壤上，枸溶性磷释放困难，肥效较差。

综合各地的试验结果，磷酸铵及尿素磷铵、尿素重钙、尿素普钙等复混肥料品种的肥效较为稳定，各类土壤、各种作物上均适宜；硝酸磷肥和硝酸磷肥系复混肥料不宜在水田和多雨的坡地上施用，可在旱地土壤上施用，对于缺磷严重的石灰性土壤则要求施用冷冻法生成的硝酸磷肥，其中的五氧化二磷水溶率高，有利于灰分的吸收；含钙镁磷肥的复混肥（如尿素钙镁磷肥系）应限在南方酸性或中性土壤上施用。含氯的复混肥料不宜在烟草、马铃薯、茶等对氯敏感的作物上施用；尽量在降雨量较多的季节和地区施用。在多雨的季节或降水较多的地区施用含氯化肥，氯离子可随水淋失，不易在土壤中积累，因而可避免对作物产生副作用。而无灌溉条件的旱地、排水不良的盐碱地和高温干旱季节以及缺水少雨地区最好不用或少用含氯化肥。

（2）根据作物的需肥特性施肥 根据植物种类和植物营养的特点不同，选用适宜的复混肥料品种，对于提高植物产量、改善农产品品质具有十分重要的意义。一般来说，粮食作物施肥应以提高产量为主，需钾量较少，我国北方土壤含钾较多，可选用氮磷复混肥料。豆科作物能够共生固氮，则以选用磷钾复混肥料为主。施用钾肥不仅可以提高经济作物的产量，更重要的在于改善产品的品质。如烟草施钾可以增加叶片的厚度，改善烟草的燃烧性和香味；果树和西瓜等作物施钾可提高甜度并降低酸度；甘蔗、甜菜施钾可以增加糖分，提高出糖率。因此，经济作物宜选用氮磷钾三元复混肥料。经济作物中的油料作物，因需磷较多，一般可选用低氮高磷的二元复混肥料或低氮高磷低钾的三元复混肥料。

（3）根据轮作方式施肥 因轮作制度不同，在一个轮作周期中上下茬作物施用的复混肥品种也有所不同。如在小麦-玉米轮作制中，小麦苗期正处于低温阶段，这时磷的有效性很低，而小麦这个时期又对缺磷特别敏感，应选用高磷的复混肥品种；而夏玉米生产期因处于高温阶段，土壤中磷的有效性高，而且又能利用麦茬中施用磷肥的后效，因此，可选用低磷的复混肥品种。在稻-稻轮作制中，在同样缺磷的土壤上磷肥的肥效是早稻好于晚稻，因为早稻生长初期温度低，土壤供磷能力低。而钾肥的肥效则在晚稻上优于早稻，因而早稻应施用高磷的复混肥品种，晚稻可选用高钾的复混肥品种。

2. 复混肥料与单元肥料配合使用

复混肥料的成分是固定的，因而不仅难以满足不同土壤、不同作物甚至同一作物不同生育期对营养元素的需求，也难以满足不同养分在施肥技术上的不同要求（市场上虽然有专用肥出售，但能买到的品种有限）。在施用复混肥料的同时，应根据复混肥的养分含量和当地土壤的养分条件以及作物营养习性，配合施用单质化肥，以保证养分的供应。

单质化肥施用量的确定，可根据复混肥的成分、养分含量以及作物对养分的要求来计算。如每亩需施入纯氮 15kg、五氧化二磷 7.5g、氧化钾 7.5kg，施用比例为 1∶0.5∶0.5，若选用的复混肥品种为含氮 14％、五氧化二磷 9％、氧化钾 20％的三元复混肥，50kg 肥料含氧化钾 10kg，钾的需要已满足，而氮、磷肥均未得到满足。因此，尚需再施用 8kg 的纯氮、3kg 的五氧化二磷才能达到施肥标准，这就要通过施用单元肥料来解决。

（二）复混肥料的施用方式

复混肥料有磷或磷钾成分，磷和钾在土壤中移动困难，用作追肥肥效较差，同时大都呈颗粒状，比粉状单元化肥溶解缓慢，根据中国农业科学院土壤肥料研究所在小麦、玉米、甘薯、谷子等作物上的试验，在作物生育前期或中期附加单质化肥做追肥的条件下，复混肥料（无论是二元还是三元）均以基肥为好，特别是含有有机质的有机-无机复混肥作基肥施用才能取得最好的效果。

1. 基肥

基肥又称底肥，是整地、翻耕时施用的肥料。施用复混肥料，可以满足作物前期对多种养分的需求，有利于壮苗，所以基肥充足是获得作物高产的基础。基肥的用量与作物种类、土壤性质等关系密切，其用量一般占施肥全量的 $50\% \sim 70\%$，是最主要的施肥方式。

不同的作物基肥的施用量和所占的比例是不同的，小麦、中稻等作物生育期较长，在 150 天左右，追肥的比重相对较大，基肥只占全生育期肥料用量的 50% 左右。而双季稻、晚稻等，生育期短，壮苗早发是增产的关键，这些作物应重施基肥，基肥占全生育期肥料用量的 70% 左右。基肥用量的确定应考虑到作物不同生育期的营养特性和营养元素在土壤中的变化。以磷为例，磷在土壤中很容易被固定，移动性小，虽然作物后期对磷的需求大，但后期把磷肥追施根系密集层很困难，施在表层又难以下移，肥效差，所以磷一般做基肥施用。早期磷素充足，植株可吸收并在体内贮存更多的磷素，对植物后期需磷多的时期，如大豆开花结荚期、甘薯块根膨大期，贮存的磷可以转移到缺磷的部位。所以要将大部分的磷素作为基肥施入。在土壤有效磷含量中等的一年生作物上，全部的磷均由基肥施入；在土壤缺磷较严重或寒冷的西北方单季作物上，磷肥用量大，可用 70% 的磷肥作基肥。可根据复混肥各成分含量和对作物施肥的要求计算用量，其中不足的养分可通过补充单元化肥而获得。

对多年生的果树等，基肥的施用有所不同，基肥是在垦植或改种换植时结合深耕改土而施用的肥料。基肥施用主要有两种方式，以果树为例，一种是定植或种子直播时挖深坑施入，另一种是每年秋冬在果树的周围挖放射状沟或环状沟进行深施，两者均称为果树的基肥。基肥的用量还要考虑土壤条件，应掌握"瘦地或黏性土多施，肥土或沙性土少施"的原则。因为瘦地苗期易缺肥，而沙性土保肥差在水田或多雨季节易渗漏，故在复混肥施用上宜采用"少量多次"的方法。

2. 种肥

种肥指播种或移栽时施用的肥料。复混肥料原则上不宜做种肥，如果一定要做种肥，必须做到"肥、种分开"，相隔5cm为宜，以免烧苗。一些价格高的复混肥料大量施用代价太高，也可用作种肥（如磷酸二氢钾）。种肥主要能满足苗期对养分的需求。如磷肥，苗期作物根系吸收能力较弱，但有时磷素营养的临界期，这时缺磷造成的损失是以后再补充磷也不能挽回的。对土壤严重缺磷的土壤或种粒小、储磷量少的作物（如油菜、番茄、苜蓿等）施用磷钾复混肥作种肥，有利于苗齐苗壮。

3. 叶面肥

叶面肥是作追肥用，喷施于作物的叶部和茎部。这种追肥方法称为叶面施肥或根外追肥。作物叶面的表皮和气孔能吸收水溶性矿质肥料以及某些结构简单的有机态化合物，如尿素、氨基酸等，叶部吸收的营养元素与根部吸收的营养元素一样，都能在作物体内部运转和同化。同时，因其养分运转速度快，如尿素叶面施用30min就可产生肥效，24h可吸收$60\%\sim75\%$，而施在土壤中要$4\sim6$天才能产生肥效。但是，根外水肥可供给作物的养分量很少，所费劳力支出太多，所以叶面施肥只能作为根部追肥的补充，在加强作物营养，特别是根部营养吸收无法进行的情况下具有一定的意义。

叶面肥残效时间短，一般需要多次喷施。常用作叶面肥的复混肥料包括磷酸二氢钾-硝酸钾等二元复混肥料以及聚磷酸铵等液体复混肥。目前，叶面肥常与农药和作物生长调节剂等混合使用，使之具有多种功能。叶面肥的施用应根据作物的种类和肥料的养分组成及比例，选择适宜的喷施浓度与施用方法。

在基肥不足或未施基肥时，采用复混肥作追肥也有增产效果，试验证明，复混肥作追肥时虽然能满足作物生育后期对氮素的需求，但复混肥中磷、钾往往不如早施时的肥效好。所以，对于生育期较长的高产作物，用复混肥作基肥，再以单质氮素化肥作追肥，经济效益更好。对不施基肥或基肥不足的间套种作物，需要追施磷钾复混肥时，可早追施复混肥。用复混肥追施水稻、小麦分蘖肥，晚玉米追施攻秆肥，棉花追施蕾肥，豆类在开花前追施苗肥，都有较好的效果。对茶树宜在生产前期追施。

（三）复混肥料的施用位置与方法

1. 基肥

旱地的基肥采用全耕层深施的方法，是在耕地前将复混肥均匀地撒施于田面，随即翻耕入土，做到随撒随翻，耙细盖严。也可在耕地时撒入犁沟内，边施边由下一犁的犁垡覆盖，也称"犁沟溜施"。水田的基肥施用也可以采用类似全耕层深施的方法，先把肥料撒在耕翻前的湿润土面上，然后再把肥料翻入土层内，经灌水、耕细耙平。也可采用面施，面施效果与深施效果无明显差异。面施的方法是：在犁田或耙田后，随即灌浅水，撒施复混肥，然后再耙1～2次，使肥料能均匀地分布在7cm深的土层里。

2. 种肥

种肥的施用包括拌种、条施、点施、穴施和秧田肥等施用方法。

① 拌种：将复混肥与1～2倍的细干腐熟有机肥或细土混匀，再与浸种阴干后的种子混匀，随拌随播。

② 条施、点施、穴施：条播的小麦、谷子用条施；穴栽的马铃薯、甘薯用穴施；点播的玉米、高粱、棉花用点施。具体的方法是：将复混肥顺着挖好的沟、穴均匀撒施，然后播种、覆土。要求肥料施于种子下方2～8cm为宜，避免肥料与种子直接接触而影响种子的发芽率，否则作物的出苗率下降、产量减少。

第五章　微生物肥料

第一节　微生物肥料概念与特性

微生物肥料又称为细菌肥料、生物肥料或接种剂等，是一类含大量活的微生物的特制品，应用于农业生产中以微生物的生命活动使作物获得特定的肥料效应。微生物在微生物肥料效应的生产中起着关键作用。微生物肥料是一类活菌制品，施用后通过菌肥中微生物的生命活动，借助其代谢过程或代谢产物，以改善植物生长条件，尤其是营养环境。如固定空气中的游离氮素，参与土壤中养分的转化，增加有效养分，分泌激素刺激植物根系发育，抑制有害微生物活动等。微生物肥料的特点包括以下几点

（1）微生物肥料主要是提供有益的微生物群落，而不是提供矿质营养成分。

（2）微生物肥料作用的大小易受微生物生存环境的影响，如水分含量、酸碱度、光照、温度、有机质、载体中残糖含量、包装材料等。

（3）微生物肥料不能与杀虫剂、杀菌剂混放混用，微生物肥料易受紫外线的影响，不能长期暴露于阳光下照射。

（4）肉眼无法观察到微生物，因此微生物肥料的质量只能通过分析测定。

（5）微生物肥料用量少，通常每亩使用 $500 \sim 1000g$ 微生物菌剂。

（6）合格的微生物肥料对环境污染少。

（7）微生物肥料也是一种生物制品，数量和纯度是衡量一个微

生物肥料质量好坏的重要标志。

（8）适用作物和适用地区，是保证微生物肥料有效作用的重要保证。提倡有针对性地选育生产菌种，如针对碱性土壤、酸性土壤的菌种，或是针对某特定作物的菌种。

（9）微生物肥料作为活菌制剂有一个有效期限，保质期通常为3个月。刚生产出来的微生物肥料活菌含量较高，但随着保存时间和运输、保存条件的变化，产品中的有效微生物数量逐渐减少，当减到一定数量时其肥效作用也就不存在了。

（10）微生物肥料中特定微生物必须是经过鉴定的，它们必须是保护生态，对人、畜、植物无毒无害的。凡所生产的菌种未经鉴定或没有表明其分类归属和无害鉴定的微生物肥料，均不能允许生产和使用。

第二节　微生物肥料种类

随着微生物肥料行业的发展，新的产品种类不断增加，现可将微生物肥料归纳为微生物菌剂、复合微生物肥料和生物有机肥料3类。

一、微生物菌剂

微生物菌剂是一种或一种以上的目的微生物经工业化生产增殖后直接使用，或经浓缩或经载体吸附而制成的活菌制品。微生物菌剂分为单一菌剂和复合菌剂，单一菌剂是由一种微生物菌种制成的，按产品中特定的微生物种类或作用机理又可分为若干个种类，如根瘤菌菌剂、固氮菌菌剂、解磷类微生物菌剂、硅酸盐微生物菌剂、光合细菌菌剂、有机物料腐熟剂、抗生菌菌剂、促生菌剂、菌根菌剂、生物修复菌剂等。复合菌剂是由两种或两种以上且互不拮抗的微生物菌种制成的，此类菌剂一般具有种类全、配伍合理、功能性强、经济效益高等优良特点。微生物菌剂从外部形态上分为液体、粉剂和颗粒型，粉剂产品应松散，颗粒产品应无明显机械杂质、大小均匀，具有吸水性。为了保存和运输方便，生产中以生产粉剂和颗粒型为主。

1. 根瘤菌菌剂

根瘤菌是已知固氮生物中固氮能力最强的微生物，它能在豆科植物根上形成根瘤，可同化空气中的氮气，改善豆科植物的氮素营养，如花生、大豆、绿豆等根瘤菌剂。根瘤菌与豆科植物的共生固氮是公认的。根瘤菌肥料的出现和应用已有100多年历史，目前是世界上公认效果最稳定、效果最好的微生物肥料。目前生产的根瘤菌肥料种类很多，有关根瘤菌的资源研究进展很快，还会不断有一些新的菌种出现在制品中。从根瘤菌肥料可适用的面积和适用范围看，根瘤菌肥料的种类、数量都具有极好的发展前景。

2. 固氮菌菌剂

固氮菌菌剂能在土壤中和很多作物根际固定空气中的氮气，为植物提供氮素营养，又能分泌激素刺激植物生长。根据固氮微生物是否与其他生物一起构成固氮体系，可分为自生固氮体系和共生固氮体系。根据固氮微生物与不同生物构成的共生固氮体系，可将它们分为豆科植物与根瘤菌共生固氮体系、联合共生固氮体系、蓝细菌与红萍共生固氮体系、蓝细菌与某些真菌形成地衣的共生固氮体系，以及非豆科禾本植物与放线菌等的共生固氮体系。自生固氮和联合固氮微生物单就固氮而言，比起共生固氮的根瘤菌，其固氮量要少得多，而且施用时受到更多条件的限制，如更易受到环境条件中氮含量的影响。但在实践中发现，它们对作物的作用除了固氮外，更重要的是它们能够产生多种植物激素类物质，有使植物根、叶重增加的效果，如圆褐固氮菌（*Azotobacter chroococcum*）、巴西螺菌（*Azospirillum brasilense*）和雀稗固氮菌（*Azotobacter papali*）。选育一些抗氨、泌氨能力强和产生植物生长调节物质数量大，并能耐受不良环境影响的菌株是此类制剂的研究方向。

3. 解磷类微生物菌剂

解磷类微生物菌剂能把土壤中难溶性磷转化为作物可以利用的有效磷，改善作物磷素营养。解磷菌的种类很多，有磷细菌、解磷真菌、菌根菌等。按菌种的作用特性分为有机磷细菌菌剂和无机磷细菌菌剂。有机磷细菌菌剂是指在土壤中能分解有机态磷化物（卵磷脂、核酸等）的有益微生物制成的菌剂制品。无机磷细菌菌剂是指能把土壤中惰性的不能被作物直接吸收利用的无机态磷化物，溶解转化为作物可以吸收利用的有效态磷化物的微生物制剂。我国土壤缺磷面积较大，据统计约占耕地面积的 2/3。除了人工施用化学磷肥外，施用能够分解土壤中难溶态磷的细菌制造的解磷细菌肥料，使其在作物根际形成一个磷素供应较为充分的微区，改善作物磷素供应也是一个途径。一些研究人员将这些分解利用卵磷脂类的细菌称为有机磷细菌，分解磷酸三钙的细菌称为无机磷细菌，实践中往往很难区分。

4. 硅酸盐微生物菌剂

硅酸盐微生物菌剂能够将土壤中含钾的长石、云母、磷灰石、磷矿粉等矿物的难溶性钾及磷进行溶解，释放出钾、磷与其他灰分元素，为作物和菌体本身利用，菌体中富含的钾在菌死亡后又被作物吸收，改善作物的营养条件。硅酸盐微生物菌种有硅酸盐细菌、胶冻样芽孢杆菌、环状芽孢杆菌及其他解钾微生物等，通常使用的菌种主要指胶质芽孢杆菌（*Bacillus mucilaginosus*）及土壤芽孢杆菌（*Bacillus edophicus*）。此类细菌从发现至今已有 80 多年的历史。在我国的实际应用中有人报道它们能分解土壤中难溶的磷、钾等营养元素。有人认为菌体和发酵液中存在刺激作物生长的激素类物质，在根际形成优势种群，可抑制其他病原菌的生长，因而达到增产效果。但是对它们分解释放可溶性钾元素对作物是否有实际意义有不同看法，需要进一步研究、验证。除此之外，这类微生物在其他方面诸如分解矿物、在瓷业中做添加剂及处理污水、活性污泥等方面有不少研究，有的还具有一定的应用前景。近年国外对于硅酸盐细菌的代谢产物如多糖、有机酸、蛋白质等进行了不少基础性研究。

5. 光合细菌菌剂

光合细菌是一类能将光能转化成生物代谢活动能量的原核微生

物，是地球上最早的光合生物，广泛分布在海洋、江河、湖泊、沼泽、池塘、活性污泥及水稻、水葫芦、小麦等根际土壤中，这类细菌生命力极强，即使在90℃的温泉、300％的高盐湖以及南极冰封的海岸上，都可发现它们的存在。在不同的自然环境下，光合细菌具有多种生理功能，如硫化物氧化、固碳、固氮和脱氮等，在自然界物质转化和能量循环中起着重要作用。光合细菌的种类较多，包括蓝细菌、紫细菌、绿细菌和盐细菌，与生产应用关系密切的，主要是红螺菌科中的一些属、种。

6. 有机物料腐熟剂

有机物料腐熟剂俗称生物菌剂、生物发酵剂，它是一种由细菌、真菌和放线菌等多种微生物的菌株复合而成的生物制剂产品，能加速各种有机物料（包括农作物秸秆、畜禽粪便、生活垃圾及城市污泥等）分解、腐熟的微生物活体制剂。产品剂型分为液剂、粉剂和颗粒状3种。其特点如下：①有效活菌数可达3亿/g。②功能强大：畜禽粪便加入本品，可在常温下迅速升温、脱臭、脱水，1周左右完全腐熟。③多菌复合：主要由真菌、酵母菌、放线菌和细菌等复合而成，互不拮抗，具协同作用。④功能多、效果好：不仅对有机物料有强大腐熟作用，而且在发酵过程中还繁殖大量功能细菌并产生多种特效代谢产物（如激素、抗生素等），从而刺激作物生长发育，提高作物抗病、抗旱、抗寒能力，功能细菌进入土壤后，可固氮、解磷、解钾，增加土壤养分、改良土壤结构、提高化肥利用率。⑤用途广、使用安全：可处理多种有机物料，无毒、无害、无污染。⑥促进有机物料矿质化和腐殖化：物料经过矿质化，养分由无效态和缓效态变为有效态和速效态；经过腐殖化，产生大量腐植酸，刺激作物生长。⑦使用范围：畜禽粪便、作物秸秆、饼粕、糠壳、城市有机废弃物、农产品加工废弃料（蔗糖泥、果渣、蘑菇渣、酒糟、糠醛渣）。

7. 抗生菌菌剂

抗生菌肥料系指用能分泌抗菌物质和刺激素的微生物制成的肥料产品，通常使用的菌种有放线菌及若干真菌和细菌等，可产生抗生素。如链霉菌产生链霉素，青霉菌产生青霉素，多黏芽孢杆菌产生多黏菌素等。该类菌种应用后不仅能将植物不能吸收利用的氮、磷、钾等元素转化成可利用的状态，提高肥效，还能产生壳多糖酶分解病原菌的细胞壁，抑制或杀死病原菌，刺激和调节作物生长。试验表明，抗生菌剂在水、旱田有松土作用，凡是用过抗生菌肥的土壤，水稳性团粒结构均增加，幅度为 5%～30%，土壤孔隙度和透气度增加 1% 左右。

8. 促生菌剂

促生菌剂（plant growth promoting rhizobacteria，PGPR）指有利于植物生长和改善土壤生态系统，促进植物生长的一类微生物。促生菌剂对植物生长的促进作用有直接和间接影响。直接影响表现在微生物所产生的激素，如生长素、赤霉素和细胞分裂素等，或者给植物供应生物固定的氮。这些微生物影响植物生长的间接因子是产生含铁细胞、HCN、氨、抗生素和挥发性代谢物等而能抑制有害细菌、真菌、线虫和病原体的生长。PGPR 菌剂还有生物防治功效，发展前景极大。属于 PGPR 一类的微生物主要有：节细菌属（*Arthrobacter*）、芽孢杆菌属（*Bacillus*）、沙雷菌属（*Serratia*）和假单胞菌属（*Pseudomonas*）等。PGPR 分离出的三个菌株是变形菌株（*Proteus vulgaris*）、克雷伯杆菌（*Klebsiella planticola*）和苦菜芽孢杆菌（*Bacillus subtilis*），以它们制成的生物肥料，可使大豆、花生、向日葵等许多作物增产，一般增产可达 10%～27%。

9. 菌根菌剂

菌根是土壤中某些真菌侵染植物根部，与其形成的菌根共生体。使用的菌种包括由内囊霉科多数属、种形成的泡囊-丛枝状菌根（*Vesicular-arhuscular mycorrhiza*），简称 AM 真菌，还有担子菌类及少数子囊菌形成的外生菌根，以及与兰科、杜鹃科植物共生的其他内生菌根和由另一些真菌形成的外、内生菌根等。与农业关系密切的是 AM 真菌，菌根共生体（菌根菌）对宿主生长是有益的，有些甚至是必需的。在农业生产中，将有益的菌根菌进行扩大繁殖，可提高农作物产量和品质，这种人工扩大繁殖了的有益菌根菌就称之为菌根菌肥料。

10. 微生物修复菌剂

微生物修复主要针对土壤与各种水体，可分为土壤修复菌剂与水体修复菌剂。根据不同的污染类别可分为无机修复菌剂、有机修复菌剂和放射性修复菌剂。无机修复菌剂主要是重金属污染修复，如氧化硫硫杆菌（$Thiobacillus\ thiooxidans$）、氧化亚铁硫杆菌（$Thiobacillus\ ferrooxidans$）、假单胞菌（$Pseudomonas$）可氧化 As^{3+}、Fe^{2+} 等重金属；褐色小球菌（$Micrococcus\ lactyicus$）、脱硫弧菌（$Desulfovibrio$）、厌氧的固氮梭状杆菌等可将 As^{5+}、Fe^{3+}、Se^{4+} 等重金属还原成低价物质。有机修复菌剂主要是对由农药的大量使用与工业有机废料的排放造成的有机污染的修复，目前，具有降解农药特性的菌株包括细菌、真菌、放线菌等。细菌中主要是假单胞菌与芽孢杆菌，降解的农药类型有 DDT、马拉硫磷、甲拌磷、二嗪农、DDV、甲基对硫磷、对硫磷、西维因、茅草枯、西马津等。真菌中具有降解农药特性的菌株主要存在于曲霉属（$Aspergillus$）、青霉属（$Pinicielium$）、根霉属（$Rhizopus$）、木霉属（$Trichoderma$）、镰刀菌属（$Fusarium$）、交链菌属（$Alternaria$）、毛霉属（$Mucor$）、胶霉属（$Gliocladium$）、链孢霉属（$Neurospora$）、根霉菌属（$Phizobium$）。放线菌中降解农药的菌株主要有诺卡菌属、链霉菌属、放线菌属、小单胞菌属、高温放线菌属等。放射性修复菌剂主要是修复人类半个世纪以来进行的核试验与一些核战争释放的大量放射性核素（如铯等）进入环境引起的环境污染。因为许多与人类健康相关的核素具有氧化还原活性，并且其还原态的溶解度较小，因此，可用微生物通过还原作用在一定程度上降低目标核素在土壤环境中的溶解度和移动性。

11. 复合菌剂

复合菌剂是由两种或两种以上且互不拮抗的微生物菌种制成的微生物制剂。此类菌剂一般具有种类全、配伍合理、功能性强、经济效益高等优良特点。如 JT 复合菌剂，是由日本硅酸盐菌与中国台湾诺卡放线菌为基础而研发的新型复合菌种，该菌剂的组成为：诺卡放线菌、枯草芽孢杆菌、胶冻样芽孢杆菌（即硅酸盐细菌）、解磷巨大芽孢杆菌（磷细菌）、蜡状样芽孢杆菌、苏云金芽孢杆菌、光合菌（沼泽红假单胞菌）、丝状细菌、酒精酵母菌等。该复合菌剂具有密度大、活性高、品种全、效果好等特点，复合菌液为300亿/ml，JT复合菌粉剂为150亿/g。CM复合菌剂组成为红螺菌、嗜酸乳酸杆菌、保加利亚乳酸菌、产朊假丝酵母、酿酒酵母、地衣芽孢杆菌、枯草芽孢杆菌、环状芽孢杆菌、硝化菌、反硝化菌等，具有沉降和降解有机污染物及藻类、除臭、净化水质效果长久等特点。

二、复合微生物肥料

复合微生物肥料俗称"大三元"微生物肥料或"大三元"复合肥，是由特定微生物（解磷、解钾、固氮微生物）或其他经过鉴定的两种或两种以上互不拮抗的微生物与营养物质和有机质复合而成的微生物制品；是一种把无机营养元素、有机质、微生物"三效合一"的新型微生物肥料，具有活化土壤、提高土壤肥力、抑制病害、增强抗逆性、增产增收、改善作物品质，降低污染等功能特点。复合微生物肥料与上述的复合菌剂不同，它是以化学肥料、无害化畜禽粪便、生活垃圾、河湖污泥等作为主要基质，除了含有微生物之外，还包括其他一些营养物质。复合方式有：菌剂中添加大量营养元素，即菌剂和一定量的氮、磷、钾或其中1~2种复合；菌剂添加一定量的微量元素；菌剂添加一定量的稀土元素；菌剂添加一定量的植物生长激素等。常见的复合微生物肥料有以下几种。

1. 微生物微量元素复合微生物肥料

这类肥料除了含有微生物，还包括一种或几种对作物生长发育所必需的、但需求量很少的营养元素，包括锰、硼、锌、钼、铁、铜等微量元素。这些元素在植物体内是酶或辅酶的组成成分，对高等植物叶绿素、蛋白质的合成、光合作用以及养分的吸收和利用方面起着促进和调节作用，如钼、铁等是固氮酶的组成成分，是固氮作用不可缺少的元素。

2. 联合固氮菌复合微生物肥料

在植物根表或根皮层内生活，其固氮作用比在根外土壤中单独生活时要强得多，这种固氮类型的微生物成为联合固氮菌。由于植物的分泌物和根的脱落物可以作为能源物质，固氮微生物利用这些能源生活和固氮，故称为联合固氮体系。联合固氮作用不同于共生和自生固氮作用，它不形成特殊的根瘤结构，有较强的寄主专一性，并且固氮效率较高。我国研究者从水稻、玉米、小麦等禾本科植物的根系分离出联合固氮细菌，并开发研制出具有固氮、解磷、激活土壤微生物和在代谢过程中分泌植物激素等作用的微生物肥料，可以促进作物生长发育，提高小麦单位面积产量。目前已发现的联合固氮菌的种属有：螺菌科（Spirillaceae）固氮螺菌属（Azospirillum）、草螺菌属（Herbaspirillum），肠杆菌科（Enterobacteriaceae）肠杆菌属（Enterobacter）、克雷伯菌属（Klebsiella），固氮菌科（Azoto-bac-teraceae）固氮菌属（Azotobacter）、拜叶林克菌属（Beijer-inekia），芽孢杆菌科（Bacillaceae）芽孢杆菌属（Bacillus），假单孢菌科（Pseudomonadaceae）假单孢菌属（Pseudomouas）等。

3. 固氮菌、根瘤菌、磷细菌和钾细菌复合微生物肥料

此类肥料可供给作物一定量的氮、磷和钾元素。应用的前提是所采用的这些微生物之间无拮抗作用，总的活菌数和复合的微生物均应保证一定的数量。制作方法是选用不同的固氮菌、根瘤菌、磷细菌和钾细菌，分别接种到各种菌的富集培养基上，放在适宜的温度条件下培养，当达到所要求的活菌数后，再按比例混合，即制成菌剂，其效果优于单株菌接种。

4. 有机-无机复合微生物肥料

单独施用生物肥料满足不了作物对营养元素的需要，所以生物肥的增产效果是有限的，而长期大量使用化肥，又致使土壤板结，作物品质下降，口感不好，因此，在复合生物肥中加入化肥，制成集微生物、有机和无机成分于一体的有机-无机复合生物肥料，便成为人们关注的一种新型肥料，具有极大的研究开发潜力。有机-

无机复合生物肥料在常规的菌肥和无机化肥基础上，增加了有机物质前处理技术或微生物加入条件下的特殊复配工艺，加大有机物的比重，突出微生物和有机物质的作用。有机物质原料主要是畜禽粪便、城市生活垃圾、工业废弃物等，不仅可以变废为宝，变害为利，其添加的有益活菌还可固定空气中的氮，分解土壤中的矿物养分，且在生长繁殖中产生的代谢物质可刺激和调控作物生长。

5. 多菌株多营养微生物复合肥料

这种生物肥料是利用微生物的各种共生关系，以廉价的农副产品或发酵工业的下脚料为原料，通过多种有益微生物混合发酵制成的微生物肥料。由于微生物的种类多，可以产生多种酶、维生素，以及其他生理活性物质，可直接或间接促进作物的生长。

无论是哪一种复合微生物肥料，都必须考虑到复合物的量、复合制剂中 pH 值和盐浓度对微生物有无抑制作用。目前，复合微生物肥料中所用无机营养元素包括作物生长所需 N、P、K 以及中微量元素，N、P、K 含量在 $6\%\sim35\%$，用于生产复合微生物肥料的原料有尿素、硫酸铵、氯化铵、硝铵磷、磷酸铵、硫酸钾、氯化钾、硝酸钾、硫酸镁、硫酸锌、硼砂等。常用的有机质原料有腐植酸粉、工业发酵副产物、饼肥、藻肥、畜禽粪和秸秆堆沤发酵物料等，可根据当地的原料情况选择一种和多种有机质。其中饼肥和畜禽粪肥在使用时要特别注意，如果堆沤发酵不彻底，使用后会出现烧苗、死苗现象，不仅不能增产，反而会减产，如果畜禽粪肥发酵不好，粪肥中含有大量的有害微生物菌，会给土壤造成二次污染。因此，优质有机质原料必须具备作物可利用的营养物质含量高、营养搭配合理、充分腐熟、杂菌数量少以及有机质含量高等基本条件。

微生物的选用也很有讲究。微生物菌的种类不同，其特点、功效、使用后效果差异较大，微生物功能有单一和多功能之分。过去常用的微生物菌有固氮菌、溶磷菌、硅酸盐细菌（即解钾菌）。目前，微生物菌在肥料上的应用已从单一功能向多功能方向发展，选择一菌多功能、复合菌多功能的使用效果较好。选择微生物菌时，要选农业部已登记的菌种，在考虑其功能特点的同时，必须考虑所使用的微生物菌的抗逆性，即选择抗高温、抗干燥、抗酸碱、抗盐能力强的微生物菌种，尤其是经高温造粒烘干的颗粒微生物肥料，目前芽孢杆菌类的一些菌株较为理想。这是复合微生物肥料产业化的关键因素。有些菌种在实验室条件下其功能表现优异，但在肥料生产或保存过程中大量死亡，存活率低，使用后难以达到预期的效果，因此在选择微生物时应从功能的特点和抗逆性综合考虑选择，其综合指标高的菌株才是优秀的复合微生物肥料生产和应用的菌种。

复合微生物肥料所使用的微生物应安全、有效。生产者须提供菌种的分类鉴定报告，包括属及种的学名、形态、生理生化特性及鉴定依据等完整资料，以及菌种安全性评价资料。采用生物工程菌，应具有获准允许大面积释放的生物安全性有关批文。复合微生物肥料产品技术指标及产品中无害化指标分布见表 5-1 和表 5-2。

表 5-1 复合微生物肥料产品技术指标

项　目	剂　型		
	液体	粉剂	颗粒
有效活菌数(cfu)[①]/[亿/g(ml)]	≥0.50	≥0.20	≥0.20
总养分($N+P_2O_5+K_2O$)/%	≥4.0	≥6.0	≥6.0
杂菌率/%	≤15.0	≤30.0	≤30.0
水分/%	—	≤35.0	≤20.0
pH 值	3.0~8.0	5.0~8.0	5.0~8.0
细度/%		≥80.0	≥80.0
有效期[②]/月		≥3	≥6

① 含两种以上微生物的复合微生物肥料，每一种有效菌的数量不得少于 0.01 亿/g(ml)。
② 此项仅在监督部门或仲裁双方认为有必要时才检测。

表 5-2 复合微生物肥料产品无害化指标

参　数	标准极限
粪大肠菌群数/[个/g(ml)]	≤100
蛔虫卵死亡率/%	≥95

续表

参　　数	标准极限
砷及其化合物(以 As 计)/(mg/kg)	≤75
镉及其化合物(以 Cd 计)/(mg/kg)	≤10
铅及其化合物(以 Pb 计)/(mg/kg)	≤100
铬及其化合物(以 Cr 计)/(mg/kg)	≤150
汞及其化合物(以 Hg 计)/(mg/kg)	≤5

三、生物有机肥料

生物有机肥是特定功能微生物与腐熟的有机肥复合而成的一类兼具微生物肥料和有机肥效应的肥料。生物有机肥在外形上是颗粒状的,适用于有机农业生产,可减少环境污染,对人、畜、环境安全、无毒,是一种环保型肥料。生物有机肥的种类有:①农家肥,如堆肥,沼渣等;②商品生物有机肥,如商品化生产的生物有机肥,即农家肥商品化生产后的产物;③微生物有机肥,即用微生物菌剂做功能菌的生物有机肥,如用菌坚强菌种复配的有机肥。微生物有机肥每克含菌大于 500 万功能菌。其生产原料广泛,如秸秆类、粪尿类和厩肥、饼肥、菇渣或糠醛渣类、餐厨垃圾、泥土肥类、泥炭类和腐植酸类肥料、海肥类、粉煤灰类等均可作为优质原料。生物有机肥有许多优势:①无污染、无公害,生物复合肥是天然有机物质与生物技术的有效结合。②配方科学,养分齐全。除了一些微量元素外,还有大量的有机物质、腐植酸类物质和保肥增效剂,养分齐全,速缓相济,供肥均衡,肥效持久。③活化土壤,增加肥效。生物肥料具有协助释放土壤中潜在养分的功效。对土壤中氮的转化率达到 5%～13.6%,对土壤中磷、钾的转化率可达到7%～15.7% 和 8%～16.6%。④能够改良土壤,改善土壤理化性状,增强土壤保水、保肥、供肥的能力。生物有机肥中的有益微生物进入土壤后与土壤中微生物形成共生增殖关系,提高土壤孔隙度、通透交换性及植物成活率,抑制有害菌生长并转化为有益菌,增加有益菌和土壤微生物及种群。有益菌在生长繁殖过程中产生大量的代谢产物，促使有机物的分解转化，能直接或间接为作物提供多种营养和刺激性物质，促进和调控作物生长。同时，在作物根系形成的优势有益菌群能抑制有害病原菌繁衍，增强作物抗逆抗病能力，降低重茬作物的病情指数，连年施用可大大缓解连作障碍。

生物有机肥中使用的微生物菌种应安全、有效，有明确来源和种名。粉剂产品应松散、无恶臭味；颗粒产品应无明显机械杂质、大小均匀、无腐败味。生物有机肥产品的技术指标见表5-3和表5-4。

表5-3　生物有机肥产品技术要求

项目	剂型	
	粉剂	颗粒
有效活菌数(cfu)/(亿/g)	≥0.2	≥0.2
有机质(以干基计)/%	≥25.0	≥25.0
水分/%	≤30.0	≤15.0
pH值	5.5～8.5	5.5～8.5
粪大肠菌群数/[个/g(ml)]	≤100	≤100
蛔虫卵死亡率/%	≥95	≥95
有效期/月	≥6	≥6

表5-4　生物有机肥产品5种重金属限量技术要求

项　目	限量指标/(mg/kg)
总砷(As)(以干基计)	≤15
总镉(Cd)(以干基计)	≤3
总铅(Pb)(以干基计)	≤50
总铬(Cr)(以干基计)	≤150
总汞(Hg)(以干基计)	≤2

第三节　微生物肥料的施用技术

微生物肥料可用于拌种、浸种、蘸根、拌肥、拌土、做基肥、追肥等。微生物肥料有液体状和固体状。液体菌剂用量少，主要起调节作用。微生物菌剂的使用原则是"早、近、匀"，即使用时间早、离作物根系近、施用均匀。液体微生物菌剂含有固氮菌、光合细菌等微生物，可以用作叶面喷施，给植物增加营养，促进光合作用。将液体菌剂与水以 1∶10 的比例混合，使用喷雾器给作物喷施，通常在作物生长前期使用。由于阳光中紫外线有杀菌作用，所以施用时一般要避开中午前后的时间。选在阳光不太强的早晨或傍晚喷施，每亩作物用 10～20kg 菌剂。固体菌剂有单一菌剂和复合菌剂，单一菌剂只含有一种微生物菌种，只能针对使用，如土壤缺氮，可以用固氮菌菌剂；土壤缺磷可以用解磷类微生物菌剂。复合菌剂含有两种以上的微生物菌种，作用比单一菌剂全面，能够促进作物生长，改良土壤，还能起到一定的防病作用，对各种作物都适用。下面主要介绍固体菌剂的施用方法。

一、拌种

播种前将种子用清水或小米汤喷湿，菌剂与清水按 1∶1 的比例混合，将微生物肥料调成水糊状，将种子放入充分混匀，使所有种子外均匀粘满菌剂，于阴凉干燥处阴干后播种。这样能促进种子生长，减少病虫害，这种方法适合各种粮食种子。

二、浸种

将菌剂与清水按 1∶2 的比例混合，搅匀后把种子放入菌液中，搅拌，浸泡 8～12h，捞出阴干后播种。这样能提高种子发芽率，增强抗病能力。

三、蘸根

大部分在苗床上使用。苗根不带营养土的秧苗移栽时，将秧苗放入菌剂与水按 1∶2 的比例混合成的水糊状微生物肥料中，浸泡 10min 左右，使其根部粘上菌肥，移栽，覆土浇水。当苗根带营养土或营养钵的秧苗移栽时，可进行穴施，把微生物肥料施入每个苗穴中，将秧苗栽入，覆土浇水。该方法适用于有根的作物，在移栽时使用比较好，能够促进作物早生根、多生根，根系发达。

四、拌肥

微生物菌剂可以和农家有机肥混合，作基肥或追肥使用。先将腐熟过的有机肥堆在地里，将适量菌剂倒在有机肥上，微生物菌剂与有机肥的比例为 1：10，将菌剂与有机肥拌匀。每亩可用菌剂 10～20kg。要注意的是有机肥必须充分腐熟后才能使用，否则会杀死菌剂中的微生物。将拌匀的肥料均匀撒在地里，然后翻耕入土作基肥，这样能提高土壤肥力。

五、拌土

微生物菌剂可以拌土使用，菌剂与土的比例为 1：2。将适量菌剂倒入盆中，将筛过的细土按照 2 倍的量与菌剂混合，搅拌均匀，制作成营养土，可以撒施作基肥，也可以沟施作种肥。沟施时在整好的地里开沟，把营养土施入沟内，然后浇水、覆土，再点种或下苗，这样能培肥地力，促进种子或苗木生长。每亩可用菌剂 10～20kg。

六、做基肥

在整地前，将微生物肥料和其他肥料如有机肥、复合化肥、土杂肥混匀后撒施，切忌在晴天正午进行，以免阳光直射。撒施后即翻耕入土。其用量根据作物要求、地力条件来确定，一般粮食作物每亩用量 100kg，茶叶和烟草每亩 150kg，甘蔗每亩 200kg，瓜果蔬菜每亩 100kg，土豆、甜菜每亩 100kg。

七、追肥

(1) 沟施法　在作物种植行的一侧开沟，距离植株茎基部 15cm，沟宽 10cm，沟深 10cm。每亩用菌肥约 2kg，可单施，也可与追肥用的其他肥料混匀后施入沟中，覆土浇水。或将菌肥配成菌肥水溶液，浇灌在作物行间或果树周围的浅沟内，浇完后即覆土。

(2) 穴施法　在距离作物植株茎基部 15cm 处开一个深 10cm

的小穴，单独或与追肥用的其他肥料混匀施入穴中，覆土浇水。或先将菌肥与湿润的细土拌均匀，施在移栽或插秧的穴内，然后移栽幼苗或插秧覆土。

（3）灌根法 每亩用菌肥1～2kg，兑水50倍，搅匀后灌到作物的茎基部即可。此法适用于移苗和定植后浇定根水。

（4）冲施法 每亩施用菌肥3～5kg，随即浇水将其均匀冲施。

（5）喷施法 有些液体菌肥，可作叶面肥施用，方法是选择阴天无雨的日子或晴天下午以后，加水100倍后充分混匀，喷洒在叶片的正反面即可。

常用微生物肥料的施用技术详见表5-5。

表5-5 几种常用微生物肥料的施用技术

微生物肥料	适用作物	剂型	施用方法	使用剂量	注意事项
根瘤菌菌剂	豆科和其他结根瘤植物	液体、草炭粉剂	拌种（随拌随播）	30～40g/亩	忌干燥和阳光直射。避免与速效氮肥及杀菌剂同时使用，可与微量元素肥料配合使用
固氮菌菌剂	多用于禾本科作物，也用于蔬菜	液体、草炭吸附的固体、冻干菌剂	基肥、追肥、种肥	液体菌剂100ml/亩，固体菌剂250～500g/亩，冻干菌剂500亿～1000亿活菌/亩	忌干燥和阳光直射。避免与杀菌剂同时使用，不可与过酸过碱肥料及农药混用
硅酸盐细菌菌剂	粮食作物、经济作物、果树蔬菜类等	液体、草炭吸附的固体	拌种、蘸根、种肥、追肥等	1000～2000g/亩	忌干燥和阳光直射。避免和杀菌剂同时使用
解磷类微生物肥料	粮食作物、经济作物、果树蔬菜类等	固体吸附剂、芽孢粉剂	基肥、拌种、蘸根、追肥等	1000～2000g/亩	避免与杀菌剂、农药、生理酸性肥料同时使用，不能与石灰氮、过磷酸钙、碳酸铵混合使用，可与厩肥、堆肥等有机肥料配合使用

续表

微生物肥料	适用作物	剂型	施用方法	使用剂量	注意事项
生物钾肥	粮食作物、经济作物、果树蔬菜类等	液体、草炭粉剂	拌种、蘸根、种肥、基肥、追肥等	500～1000g/亩或1000～2000g/亩	可与杀虫、杀真菌病害农药混合使用，但避免与杀细菌农药同时使用
复合微生物肥料	粮食作物、经济作物、果树蔬菜类等	液体、粉剂、颗粒	拌种、种肥、蘸根、追肥、冲施等	500～1000g/亩或1000～2000g/亩	忌干燥和阳光直射，避免与杀菌剂、农药同时使用
生物有机肥	粮食作物、经济作物、果树蔬菜类等	粉剂、颗粒	基肥、追肥	100～150kg/亩	避免与杀菌剂同时使用，不能与碳酸氢铵等碱性肥料和硝酸钠等生理酸性肥料混合使用
抗生菌肥料	粮食作物、经济作物、果树蔬菜类等	粉剂	浸种、拌种、追肥	0.5kg/亩	避免与杀菌剂混用，不能与硫酸铵、硝酸铵等混用，可与有机肥料和化肥配合使用

八、微生物肥料施用注意事项

使用微生物肥料符合生产安全、无公害农产品的肥料原则要求，已被中国绿色食品发展中心列入生产绿色食品允许使用的肥料。但微生物肥料的施用方法比化肥、有机肥要严格，因此在使用时应注意以下事项。

（1）选择获得农业部正式登记或临时登记的微生物肥料产品，选用质量合格的微生物肥料　国家规定微生物肥料菌剂有效活菌数≥2亿/g，大肥有效活菌数≥2000万/g，为了使生物肥在有效期末期仍然符合这一要求，一般生产厂商在出厂时应该有40%的富余。如果达不到这一标准，说明质量达不到要求。质量低下、杂菌含量高或过期的产品不能施用。

（2）注意产品的有效期　微生物肥料的核心在于其中活的微生

物，产品中有效微生物数量是随保存时间的增加逐步减少的，若数量过少则会起不到应有的作用。因此，要选用有效期内的产品，最好用当年生产的产品，坚决不购买使用超过保存期的产品。

（3）注意存放和运输条件 避免阳光直晒，防止紫外线杀死肥料中的微生物；应尽量避免淋雨，存放在干燥通风的地方；产品贮存环境温度以 15～28℃为最佳，避免长期放置在 35℃以上和－5℃以下低温处。

（4）微生物肥料施用时要尽量减少微生物的死亡 微生物肥料应施入作物根正下方，不要离根太远，同时盖土，避免阳光直射，拌种时应在阴凉处操作，拌种后要及时播种，并立即覆土。

（5）菌肥不可与有害农药、化肥、杀菌剂或种衣剂混放混用，因为这些物质会不同程度地抑制微生物的生长和繁殖，甚至杀死微生物。对于种子的杀菌消毒，应在播种前进行，最好不用带种衣剂的种子播种。微生物肥料可以单独施入土壤中，与腐熟的有机肥料（如渣土）混合使用效果更好，但不要和化学肥料混合使用。

（6）微生物肥料应开袋即用，且最好是一次性用完，避免细菌侵入袋内，使微生物菌群发生改变，影响其使用效果。未用完的微生物肥料，要妥善管理，防止微生物肥料中的细菌传播。

（7）创造适宜的土壤环境 高温和干旱、过酸或过碱会影响微生物菌群的生存和繁殖，不能使肥料发挥其良好的作用，因此需通过合理农业技术措施，改善土壤温度、湿度和酸碱度等环境条件，如酸性土壤应中和酸度，土壤过分干燥时，应及时灌浇，大雨后要及时排除田间积水，合理耕作，提高土壤通透性，保持土壤良好的通气状态（即耕作层要求疏松、湿润），保证土壤中能源物质和营养供应充足，促使有益微生物的大量繁殖和旺盛代谢，从而发挥其良好增产增效作用。

（8）因地制宜推广应用微生物肥料 根瘤菌肥料增产效果明显，可在豆科作物上广泛应用。对其他微生物肥料，应探索不同菌肥的效应、施用量、施用方法。

（9）各种微生物肥料在使用中所采用的拌种、基肥、追肥等方法，应严格按照使用说明书的要求操作。如根瘤菌肥适用于中性微碱性土壤，多用于拌种，每亩用量 15～25kg，加适量水混匀后拌种。固氮菌肥适合于叶菜类，做种肥时加适量水混匀后与种子充分混拌，随后播种，做基肥应与有机肥配施，施后随即覆土，做追肥施用时则用水调成糊状，施后立即覆土。磷细菌肥拌种是随用随拌，不可与农药及过酸或过碱的肥料混用，拌种量为 1kg 种子加 0.5g 菌肥和 0.4g 水，基肥用量每亩 1.5～5kg，施后立即覆土，做追肥时宜在作物开花前施用。钾细菌肥做基肥宜与有机肥混施，每亩用量 10～20kg，施后随即覆土，拌种时应加适量清水调成悬液喷洒在种子上拌匀，蘸根时用 1kg 菌肥加 5kg 清水混匀，蘸根后立即移栽覆土，避免阳光直射。

第六章 叶面肥

第一节 叶面施肥与叶面肥料应用

一、叶面施肥的含义

绝大多数陆生植物是依靠根系吸收养分供给植物体生长发育的，但在19世纪，人们发现植物除了根系能吸收所需的营养物质以外，还可以通过茎叶（尤其是叶片）吸收养分，称之为叶面吸收，这种营养方式被称为植物的叶部营养，因营养物质为非根系所吸收，故又被称之为根外营养。

研究证明，将不同形态与种类的养分喷施于作物叶片上，作物对经叶面吸收的养分利用效果与根部吸收的是一样的。通常，将通过作物根系以外的营养体表面（叶与部分茎表面）施用肥料的措施叫做根外施肥，一般是指将作物所需养分以溶液喷雾方式直接喷施于作物叶片表面，作物通过叶面以渗透扩散方式吸收养分并输送到作物体内各部分，以满足作物体生长发育所需，故又称叶面施肥（图6-1）。以叶面吸收为目的，将作物所需养分以液态喷雾形式直接施用于作物叶面的各种肥料，称为叶面肥料。

叶面肥料可使营养物质从叶部直接进入体内，参与作物的新陈代谢与有机物的合成过程，因而比土壤施肥更为迅速有效，常常作为及时纠正作物缺素症的有效措施。在施肥时还可以按作物各生育期以及苗情和土壤的供肥实际状况进行分期喷洒补施，充分发挥叶面肥反应迅速的特点，以保证作物在适宜的肥水条件下正常生长发育，达到高产优质的目的。

叶面肥料由于含有多种营养成分，可以及时供应作物所需的各

图 6-1　叶面施肥

种营养物质，促进作物生长，达到壮苗、抗病、杀菌、增产、改善品质的作用，有时与农药混合喷施，可以同时兼顾防病、治病的双重作用。因此，叶面施肥是一种既经济又有效的施肥措施，它的作用是强化作物营养与防治作物缺素症，也是提高肥料利用率的一种有效方法。

　　所以，作物对各种元素养分的需要主要是通过植株体的根部（为主）和叶片两个部分进行吸收利用的，前者通过根部土壤施肥实现，而后者则是通过叶面喷施肥料实现。对不同营养元素两种施肥方式应各有侧重，比如大量营养元素氮、磷、钾，因作物需要量大，应以根部施肥为主、叶面施肥为辅；作物对微量元素的需要量很少，且施用范围窄，土壤施用容易发生固定、氧化等而降低有效性，施用不当甚至出现中毒现象，而通过叶面施肥则效率较高，可及时纠正缺素现象，一般可满足作物对所缺乏养分元素的需要，但在养分元素严重缺乏的农田，应以土壤施肥为主。

　　据不完全统计，我国现有耕地面积 20 亿亩，约 70% 的土地不同程度地缺乏微量元素。由于微量元素施入土壤中存在着被土壤固定的缺点，同时若几种元素同时使用，元素之间相互拮抗，所以，尽管近年来市场上复肥中增加了中、微量元素，也很难做到平衡施肥。为了克服这些缺点，可以采用叶面施肥的方式，将微量元素养分制成有机络合态或螯合态用叶面喷施方式供给作物以满足其对微量元素的需要，从而避免土壤养分的固定，有利于提高微肥的使用效果。因而，对于微量元素施肥提倡大力发展、开发叶面肥料，特别是在我国调整农业结构后，经济作物、蔬菜、瓜果面积大大增加，叶面肥对这些作物有特殊的功效，需要也会越来越多、越强。

二、叶面施肥和叶面肥料应用的发展

古代农业生产实践中就有对作物进行叶面施用肥料的经验，例如，古希腊应用废水淋洒作物，在中国古代也有运用尿液喷浇作物叶片的记载。19 世纪 40 年代，法国植物学家 E. Griss 通过把铁盐溶液涂在由于缺铁而发黄的葡萄叶片上，发现铁盐溶液能使发黄的葡萄叶片逐渐恢复到正常的绿色，是叶面施用养分可以纠正植物营养失调现象的最早报道。后来人们经过深入研究发现，植物叶片的确具有吸收养分元素的功能，人们对于由于喷施养分可以补充作物营养有了深刻的认识。随着现代施肥技术的发展，叶面施肥作为强化作物营养和防治作物某些缺素症状的一种有效施肥方式，在生产实践上得到迅速推广和应用，成为农业生产中提高产量和品质的一项重要技术措施。实践证明，叶面施肥是肥效迅速、肥料利用率高、用量少的施肥技术之一。

早在 20 世纪 20 年代，前苏联和美国等发达国家就开始研制叶面肥，60 年代，日本和西欧也相继出现了商品叶面肥，而我国对叶面肥的研制一般认为开始于 20 世纪 80 年代初。叶面肥料经过几十年的更新发展，目前已高达上千种。早期的叶面肥料由于品种比较单一，且大多以大量元素为主，由于作物对大量元素的需求较大，而叶面肥料用量较少，因此增产效果不十分明显。后来，随着多元叶面肥的生产、肥料类型的更新，叶面肥料的应用取得了很大进展，施用效果也越来越明显。

在研究发展过程中，国内外科学家相继对叶面肥料的元素配伍、影响叶面施肥效果的环境因素、叶面施肥浓度、施肥时期与施用量等问题进行了大量研究，叶面肥料及其施用技术都有了较大的发展，叶面施肥也逐渐成为科学施肥措施中的重要环节。近十多年来，随着人们环保意识的增强和新型肥料的研究，各国研究者从减少肥料损失、增加作物吸收等方面相继开发出多种不同类型的新肥料，使得叶面肥料在肥料的研制与应用中占有重要的地位。经过各国研究人员的努力，已经研制成功多种类型叶面肥料，对提高肥料利用率、增加作物产量及改善品质做出了积极的贡献。

从叶面施肥技术的发展历史来看，叶面肥料的研究与应用大致可划分为三个阶段：第一阶段，20世纪30～60年代，为第一代叶面肥料发展阶段，叶面肥料组分主要选用溶解性及配伍性好的无机盐类，配制技术相对简单，养分浓度低，叶面吸收及应用效果不稳定，叶面施肥试验主要以验证肥效为主，用以研究养分叶面的吸收效果与应用技术；第二阶段，20世纪60～80年代，人们对叶面营养机理进行了大量的研究，成功研制以螯合态微量元素为主要成分的第二代叶面肥料，在肥料配方中加入了螯合剂和表面活性剂等助剂，使得叶面肥料中所含的养分种类增多，浓度增高，并开始有了大量研究，因此，叶面施肥效果有了很大的提高；第三阶段，20世纪80年代以后，叶面肥料开始向综合化发展，产品中除了含有多种养分外，还加入了氨基酸、生长调节剂、黄腐酸等大量有机活性添加物，并可与农药配施，既可直接提供作物养分，又具有刺激生长、改善养分吸收、防治病虫害的作用，叶面肥料走向多功能化。近年来，随着人们对环境与食品安全问题的重视，叶面肥料的研究向高效、环保、安全的方向发展。

在我国，叶面肥使用历史悠久，早在清代就有农民用河泥粪施在水稻叶面上可促进水稻生长的记载，但真正将叶面施肥应用于农业生产始于20世纪50年代，人们对大田作物喷施尿素和草木灰浸泡液等以促进作物生长、提高产量，对果树喷施硫酸锌和硫酸亚铁溶液用以改善和矫正锌铁缺素症状，叶面喷施磷酸二氢钾来提高小麦籽粒产量和抗干热风等，然而，那时既没有专业术语"叶面肥"，也没有相当的科研关注和投入，当然也没有规模化的叶面肥产业；直到 70 年代末，随着国外少许叶面肥产品的流入，国人逐渐关注叶面肥的研究与应用，也陆续出现一些小企业进行投资生产；80 年代，叶面肥发展迅速，出现了以广西喷硒宝公司为代表的一批叶面肥料生产企业，极大地促进了我国叶面肥应用与研究的进展；进入 90 年代后，叶面肥的开发与应用发展迅猛，在品种和功效方面迅速增长，市场需求加大，一些国外产品也开始进入我国市场。近年来，叶面肥料已成为我国迅速发展的新型肥料之一，产品的生产向多功能、专用系列发展，叶面肥的应用也成为我国集约化农业生产中促进高产优质的一项重要技术措施，在农业领域得到广泛应用。

第二节　叶面肥的种类

目前，我国叶面肥的种类和成分，暂时没有统一的标准，但一般应符合 3 个条件：对某些作物有稳定的增产或改善产品品质的作用；对作物和土壤没有毒害作用；叶面肥是肥料，养分应起主要作用。

根据叶面肥的作用和所含主要成分可将叶面肥分为六大类。

一、营养型叶面肥

此类叶面肥中氮、磷、钾及微量元素等养分含量较高，主要功能是为植物提供提供各种营养元素，改善作物营养状况，尤其是适宜于植物生长后期各种营养的补充。

这类叶面肥简单的只加入 1～2 种化肥，如氮元素以尿素为佳，因为尿素属于中性分子，电离度小，为 1.5×10^{-4}，其溶液渗入叶片内部后，使细胞原生质分离的情况很少，一直广泛作为叶面肥的主要成分；磷钾肥料用磷酸二氢钾为多，一般不用普通过磷酸钙，钾素还可以选择硝酸钾、氯化钾、硫酸钾。叶面肥中微量元素多选用硫酸锌、硫酸锰、硼砂、硼酸、钼酸铵、硫酸铜、硫酸亚铁、柠檬酸铁等。

复杂的营养型叶面肥是多种元素混合配制而成，市场上销售的叶面肥多为此类。可以是几种微量元素相加，国家标准要求各种微量元素单质含量之和≥10%，也有的是几种大量、微量元素相加，国家标准要求大量元素含量之和≥50%，微量元素单质含量之和≥2%；也可以是大量、中量、微量元素相加。目前生产实践中应用较多的则是以微量元素为主。

二、调节型叶面肥

此类叶面肥中含有调节植物生长的物质，如生长素、激素类等成分，主要功能是调控植物的生长发育等。适于植物生长前期、中期使用。

植物在生长过程中，不但能合成许多营养物质与结构物质，同时也产生一些具有生理活性的物质，称为内源植物激素。这些激素在植物体内含量虽很少，但却能调节与控制植物的正常生长与发育。诸如细胞生长分化、细胞的分裂、器官的建成、休眠与萌芽、植物的趋向性、感应性以及成熟、脱落、衰老等，无不直接或间接受到激素的调控。在工厂人工合成的一些与天然植物激素有类似分子结构和生理效应的有机物质，叫做植物生长调节剂。

植物生长调节剂和植物激素一般合称为植物生长调节物质。目前生产上常用的植物生长调节物质有：①生长素类，如萘乙酸、吲哚乙酸、防落素、2,4-D、增产灵、复硝钾、复硝铵（多效丰产灵）等；②赤霉素类，赤霉素化合物种类较多，但在生产上应用的赤霉素主要是赤霉酸（GA_3）及 GA_4、GA_7 等；③细胞分裂素类，如5406；④乙烯类，如乙烯利（乙烯磷、一试灵）；⑤植物生长抑制剂或延缓剂有矮壮素、比久（B_9）、缩节胺、多效唑、整形素等。除此以外，还有油菜素内酯、玉米健壮素、脱落酸、脱叶剂、三十烷醇等。

三、复合型叶面肥

这一类叶面肥所加的成分较复杂，凡是植物生长发育所需的营养均可加入，或者是微量元素中添加含氨基酸、核苷酸、核酸类的物质，是目前叶面肥品种最多的一类，复合混合形式多样。此类叶面肥是人工制造型，最大特点是加入一定量的螯合剂、表面活性剂或载体。此类叶面肥种类繁多，其功能有多种，表现为既可提供营养，又可刺激生长调控发育。生产上常用的有氨基酸复合微肥、植物营养液等。

四、肥药型叶面肥

此类叶面肥中，除了营养元素成分外，还加入一定数量和不同种类的农药或除草剂，喷洒后不仅促进作物生长发育，而且还有防病、治虫、除草效果。这类叶面肥类似于复合类，所不同的是加入一定数量和不同种类抗病抗虫药物。目前该类品种不多，主要有喷拌灵、肥药灵等。

五、益菌型叶面肥

益菌型叶面肥是利用与作物共生或互生的有益菌类，通过人工筛选培养制成菌肥，用于生产，提高作物产量，改进品质，提高作物抗逆性的肥料，主要有5406菌肥、根瘤菌肥、原北京农业大学研制的增益菌（增产菌）。

六、其他类型叶面肥

利用各种作物的幼体或秸秆残体，通过切碎（粉碎）加热浸提、酸解或其他生化过程，然后做成的肥料，此类称为天然汁液型叶面肥，如 EF 植物生长促进剂（中国林科院林产化学研究所与广东省雷州林业局研制，由桉树提制出来）、702 肥壮素等。另外还有稀土型叶面肥，稀土元素是化学元素周期表第三副族的镧系元素（镧、铈、镨、钕、钷、钐、铕、钆、铽、镝、钬、铒、铥、镱、镥）以及与其性质相似的钪和钇等 17 种重金属元素的总称，简称稀土。1972 年，我国就已开始稀土肥料的研究与使用，目前稀土元素对植物的作用机理尚不清楚，但在实践中，合理施用稀土可促进作物生根、发芽和增加叶绿素，从而增加作物产量。因此在部分叶面肥产品中，也加入稀土元素，但是在施用此类叶面肥时，应注意稀土元素毕竟不是植物必需的营养元素，代替不了营养元素的作用，同时要注意稀土肥料中的放射性。为了使读者对叶面肥的类型有一个系统的了解，特将叶面肥的类型归纳为表 6-1。

表 6-1　叶面肥的类型

叶面肥种类	主要成分	配制方法	作用与效果	代表性产品
营养型	营养元素	化学肥料溶解于水配制而成	补充根部施肥的不足，需肥关键期喷施效果最好	尿素、磷酸二氢钾、过磷酸钙浸出液、微肥等
调节型	生长调节类物质即激素类物质	人工合成或天然物质中提取	调节作物生长发育、改善作物品质	赤霉素、多效唑、油菜素内酯等
复合型	营养元素＋调节物质	肥料溶解，加入一定量的螯合剂，表面活性剂或载体	补充营养兼有调节根际微环境的功能	氨基酸复合微肥、植物营养液等
肥药型	营养元素＋农药或除草剂	肥料溶解，农药或除草剂加入勾兑而成	补充营养、抗病抗虫、除草	喷拌灵、肥药灵等
益菌型	有益微生物	人工筛选培养或通过转基因工程移植导入	活化土壤养分，增加其有效性	5406 菌肥、根瘤菌肥、生物钾肥、增产菌等
天然汁液型	营养成分＋其他一些有机物质	利用各种作物的幼体或秸秆残体，通过切碎（粉碎）、加热浸提、酸解或其他生化过程制成的肥料	以调节功能为主，综合效果最好	702 肥壮素、EF 植物生长促进剂等
稀土型	有益元素	人工开发的天然矿物质	起辅助效果，必须与大量和微量元素配合使用	稀土等

第三节　叶面肥的特点

一、叶面肥的优点

与根部土壤施肥相比，叶面肥具有一些特殊的优点。

（一）养分吸收快、肥效好

土壤施肥后，各种营养元素首先被土壤吸附，有的肥料还必须在土壤中经过一个转化过程，然后通过离子交换或扩散作用被作物根系吸收，通过根、茎的维管束，再到达叶片，养分输送距离远，速度慢。而叶面施肥是将养分直接喷施于作物叶面，各种养分物质能够很快地被作物叶片吸收，直接从叶片进入植物体，直接参与作物的新陈代谢和有机物质的合成，因此其速度和效果都比土壤施肥的作用来得快。研究表明，肥料叶面喷施后要比施于根部土壤养分吸收得快，作物叶片对养分的吸收速率远大于根部，效果显著，生产实践也证明了这一点，如尿素施于土壤要经过 4～6 天才见效，而叶面喷施数小时即可达到养分吸收高峰，只需 1～2 天就能见效；叶面喷施 2% 过磷酸钙浸提液，经过 5min 后便可转运到植株各个部位，而土施过磷酸钙 15 天后才能达到此效果。表 6-2 列示了几种常见的作物叶片对喷施养分吸收 50% 所需的时间。由此可见，叶面施肥可以在短时间内补充植物所需养分，及时满足植物生长对养分的要求，保证作物的正常生长发育。

（二）针对性强，满足作物特殊性需肥，可以及时有效地矫正作物缺素症

在生产中常常需要为解决某种作物生理性营养问题和某种肥料的特殊需要而进行施肥，由于采用土壤施肥需要一定的时间养分才能被作物吸收，不能及时缓解作物的缺素症状或满足作物对养分的特殊需求，而叶面施肥可根据土壤养分丰缺状况、土壤供肥水平以及作物对营养元素的需求来确定养分的种类和配方，且通过叶面喷

表 6-2　作物叶片对喷施养分吸收 50%所需的时间

喷施养分	作物	吸收 50% 养分的 时间/h	喷施养分	作物	吸收 50% 养分的 时间/h
N(尿素)	黄瓜、玉米、番茄	1~6	P	扁豆	6
	芹菜、马铃薯	12~24		苹果	7~11
	烟草	24~36		甘蔗	15
	苹果、菠萝	1~4	K、Ca	扁豆、甘蔗	1~4
	咖啡	1~8	Mn、Cl、Zn	扁豆	1~2
	柑橘	1~2	S	扁豆	8
	香蕉、可可	1~6	Fe	扁豆	1(吸收 8%)
			Mo	扁豆	1(吸收 2%)

施能使养分迅速通过叶片进入植物体，因而，可及时补充作物缺乏或急需的养分，有效地改善或矫正作物的缺素症状，特别是微量元素缺素症，通过叶面喷施补充具有一些根部土壤施肥无法比拟的优点（表 6-3），可以解决农业生产中的一些特殊问题，如葡萄缺镁而引起的颈部枯萎和果实凋落，只有叶面喷施镁肥才有效。

表 6-3　叶面喷施和土壤施用 $CuSO_4$ 对小麦产量及其产量组分因子的影响

施用方式	施用量 /(kg $CuSO_4$/hm²)	穗数/m²	粒数/穗	籽粒产量 /(g/m²)
土壤施用	2.52	28.8	2.3	1.0
	10.0	58.5	2.9	2.3
叶面喷施 2% (拔节时施 1 次)	2	63.8	17.1	14.0
叶面喷施 2% (拔节及抽穗期各施 1 次)	2	127.4	52.7	79.7

（三）弥补根部施肥的不足，增加作物产量，改善作物品质

当作物生长期处于根系不发达或根系衰退期时，根系吸收养分的能力弱，通过叶面施肥可以起到壮苗和减少秕粒、增加产量的作

用。或者当土壤环境对作物生长不利时，如水分过多、干旱、土壤过酸、过碱，造成作物根系吸收受阻，而作物又需要迅速恢复生长；或者在作物生长过程中，作物已经表现出某些营养元素缺乏症。在上述两种情况下，由于采用土壤施肥需要一定的时间养分才能被作物吸收，不能及时满足作物需要或及时缓解作物的缺素症状，这时采用叶面施肥，则能使养分迅速进入植物体，补充营养，解决缺素问题，满足作物生长发育的需要。

（四）提高养分利用率，减少肥料用量

施用叶面肥一般用量较少，特别是对于硼、锰、钼、铁等微量元素肥料，采用根部施肥，由于肥料挥发、流失、渗漏等原因，肥料损失严重，同时还有部分养分被田间杂草吸收，所以通常需要较大的用量，才能满足作物的需要。而叶面施肥集中喷施在作物叶片上，则减少了肥料的吸收和运输过程，减少了肥料浪费损失，通常用土壤施肥的几分之一或十几分之一的用量就可以达到满意的效果，是经济用肥的有效手段之一。因此，叶面施肥的肥料利用率远远大于土壤施肥，并可显著降低肥料使用量。有研究表明，甘蓝通过叶面喷施氮肥，在减少土壤施肥量 25％的情况下，仍可以维持相同的产量。

（五）肥效对土壤条件依赖性小，避免养分在土壤中固定或转化

土壤是一个复杂的胶体，肥料施入土壤后，某些营养元素被土壤胶体吸附，或因为土壤酸碱度的变化而形成沉淀物。如 P、Zn、Cu、Mo 等，施入土壤时易被固定而降低肥效，叶面施肥可避免固定而提高肥效。一些生理活性物质在土壤中易分解、转化而影响效果，叶面施肥于叶片上，通过筛管、导管或胞间连丝进行转运，距离近、见效快，从而避免养分在土壤中的转化、淋溶，提高肥效和肥料利用率。

（六）施肥方便，不受作物生长状态及生育期的影响

作物大部分生育期都可进行叶面施肥，尤其是作物植株长大封

垄后，给根部施肥带来不便，而叶面喷施基本不受植株高度、密度等影响，养分种类、浓度可根据作物生长时期及状况进行调节，利于机械化操作。对一些果树和其他深根作物，如果采用传统的施肥方法难以施到根系吸收部位，也不能充分发挥肥效，而叶面喷施则可取得较好的效果。

（七）缓解重金属毒害

有些土壤中某些养分或一些重金属含量过高，而抑制作物对其他养分的吸收，对作物生长产生不利影响，土壤施肥很难达到理想的效果，可利用叶面喷施以缓解部分元素引起的毒害。如土壤锌含量过高可导致作物缺铁，由于土壤固定等造成的影响，土壤施用铁肥效果不理想，而叶面喷施铁可降低叶片锌浓度，减少锌毒害。

（八）防治生理性病害

施用叶面肥后可满足其对有关营养元素的需要，改变叶表面微生物菌群的组成，如可使禾白粉菌的孢子萌发和群落生长下降等；促进脲酶、磷酸酶、抗坏血酸氧化酶等活性的提高，从而防治某些生理性病害。

叶面肥尽管有以上诸多优点，但是叶面肥也不能完全替代土壤肥料，因为根部比叶部有更大更完善的吸收系统，尤其是对需求量大的营养元素如氮、磷、钾等，更应该以土壤施肥为主。从总体上讲，农作物施肥主要靠土壤施肥，必须在土壤施肥的基础上，配合施叶面肥，才能充分发挥叶面肥的增产增质作用。

（九）减轻对土壤的污染

对土壤大量施用氮肥，容易造成地下水和蔬菜中硝酸盐的积累，对人体健康造成危害。人类吸收的硝酸盐约有 75％来自蔬菜，如果采取叶面施肥的方法，适当减少土壤施肥量，能减少植物体内硝酸盐含量和土壤残余矿质氮素。在盐渍化土壤上，土壤施肥可能使土壤溶液浓度增加，加重土壤的盐渍化。采取叶面施肥措施，既节省了施肥量，又减轻了土壤和水源的污染，是一举两得的有效施肥技术。

二、叶面施肥的不足与问题

尽管叶面施肥具有上述诸多优点，但与根部土壤施肥供应养分相比，叶面施肥在应用中也存在一些不足与问题，具有一定的局限性，主要表现在以下几个方面。

① 相对根部土壤施肥供应养分来说，其供应养分的效果比较短暂。

② 养分进入叶肉组织的渗透率较低，尤其是对那些叶片角质层较厚的植物，如柑橘、咖啡、甘蓝等。

③ 由于叶片表面的疏水性，喷施到叶片表面的养分溶液易于滑落流失。

④ 受气候条件影响较大，易于发生雨水冲洗而导致养分流失。

⑤ 喷施液于叶片表面迅速干燥，阻碍了叶片养分的吸收。

⑥ 叶片一次喷施所能提供的养分总量有限，特别是对大量氮、磷、钾的供应。

⑦ 某些矿质元素，尤其是移动性差的元素，从吸收部位（主要是成熟叶片）向作物其他部位的转移率较低，如钙。

⑧ 容易发生叶片损伤，如枯斑和"灼伤"。喷施养分种类或养分浓度不适宜，一般是养分浓度过高，所造成的叶片伤害是叶片施肥中一个严重而常见的实际问题，这主要是因叶组织局部养分不平衡所引起的。例如，常施用高浓度的尿素就比较容易发生这种现象，而叶片中尿素的积累是产生枯斑的直接原因（表6-4）。

表6-4 每叶喷施 15mg 尿素对大豆叶尖枯斑和叶片尿素与氨含量的影响

叶片含量（干重）/%		叶尖枯斑率（干重）/%
尿素	氨	
0.10	0.031	1.3
0.52	0.017	5.7

另外，尿素是叶面肥中常用的氮肥原料，但其常含有缩二脲，

而喷施含有缩二脲的尿素，缩二脲会在叶片中积累造成损伤，从而影响蛋白质合成，减少养分吸收。一般尿素中缩二脲含量应小于 0.5%，最好是小于 0.25% 才不致喷施伤害叶片。为了减少喷施尿素造成的缩二脲伤害，可采取降低喷施浓度、增加喷施次数的方法，在尿素喷施液中加入一定量的蔗糖也能减轻伤害程度（表 6-5）。

表 6-5　蔗糖对尿素喷施时叶片损伤的影响

用量/$(\mu g/cm^2)$		损伤面积占总叶面积的比例/%
尿素	蔗糖	
159	0	0
478	0	25
478	909	15
478	2426	3

⑨ 施用效果在很大程度上依赖于作物的类型和叶面积的大小，对作物幼苗期和叶面积较小的作物，使用效果较差。

所以，叶面施肥只是农业生产中用于提高农产品质量和改善品质的众多措施中的一种，是解决某些特殊问题而采用的辅助性措施。在生产实践中，可以作为根部土壤施肥的补充，但不能完全取代，农作物营养主要还是依靠土壤施肥，尤其是大量营养元素氮、磷、钾，更应以土壤施肥为主。叶面喷施可以作为快速高效的养分补充手段，在苗期或生长后期根系吸收养分能力弱的时候，可以通过叶面喷施来补充一些养分。对于微量元素，往往是叶面喷施要优于土壤施肥，这主要是因为作物需要量少，而且微量元素的有效性极易受土壤条件的影响而成为作物无效养分，如钼，作物需要量很少且价格较贵，土壤施肥操作不便，所以一般采取拌种或叶面喷施法；而 Fe^{2+}、Mn^{2+} 等一些化合价易变的微量元素养分，土施后易氧化成高价的 Fe^{3+}、Mn^{4+}，成为作物不能吸收利用的养分形态而无效，叶面喷施则可很好地解决这个问题。因此，叶面喷施已经逐渐发展成为农业生产中一项重要的施肥技术措施。

第四节　叶面肥的施用技术

一、叶面肥的施肥原理

从作物叶片结构看，在叶片的表面有一层角质层，角质层下是叶表皮细胞，表皮细胞下面是叶肉细胞。营养物质只有进入细胞后才能起到营养作用。在叶片的上下表面还有一种称为气孔的结构，气孔是叶片内部与外界沟通的渠道。早期人们认为喷施到叶面上的肥料溶液是通过气孔被动地流入叶片内部，但是水表面张力很大，气孔直径很小，喷施肥到叶片上，溶液肥料在气孔上形成水膜，进入不了叶片的内部。后来研究表明在叶片表面的角质层上有很多裂隙，细胞通过质外连丝与外界相通，喷施到叶片表面的肥料溶液中的营养物质，是通过叶片细胞的质外连丝，像根系表面一样，通过主动吸收把营养物质吸收到叶片内部的。因此，叶片与根系一样，对营养物质也有选择吸收的特点。所以在进行叶面施肥时也应考虑到，植物叶片是有选择地吸收那些能够进入叶片细胞的营养物质的。

二、影响叶面吸收的环境因子

对于作物叶面吸收而言，环境因素复杂多变。不同的喷施时间、温度、湿度、光照、土壤养分等环境条件有很大差异，都会对叶面养分吸收产生不同的影响。一方面，环境条件可以影响作物生长，改变叶片蜡质层与角质层的组分结构，从而影响养分的叶面吸收；另一方面，各种环境条件影响喷施液在叶表的浸润时间而进一步影响养分的叶面吸收效果。因此，了解环境因素对叶片养分吸收效果的影响机理，对合理进行叶面施肥、提高叶面施肥效果具有重要意义。

1. 温度

作物叶片吸收养分能力的强弱与气温高低密切相关，温度过高或过低均不利于叶片光合作用的进行，都将影响叶片对养分的吸收。一般情况下，气温高叶片吸收养分的能力强，气温低叶片吸收养分的能力差甚至不吸收养分。气温在 18～25℃ 时，叶片气孔张开，此时施肥能大大提高肥效，气温超过 30℃ 时，肥料不仅难以吸收，还有可能导致肥害。据研究，温度升高利于大豆叶片对 PO_4^{3-} 的吸收，而低温则有利于苹果叶片对尿素的吸收，产生这种现象的原因可能是高温有利于大豆叶片的代谢，提高了养分的吸收速率，而低温延长了喷施液在苹果叶片表面的浸润时间。因此，叶面喷施养分的浓度要根据气温高低而作适当调整，在适宜温度和养分浓度范围内，气温越高，养分喷施浓度则越低，反之，则养分浓度可稍高。

从一年四季温度分布看，叶面肥主要在气温较高的季节，如春、夏、秋三季，通常在春初至秋末（各地有区别）施用，而冬天作物（温室作物除外）很少有施用叶面肥的。试验表明，冬天作物施用叶面肥几乎没有效果。

2. 光照

光照也可以影响叶片对养分的吸收，光能促进绿色叶细胞对养分的吸收，在有光照的情况下，角质层对喷施液的穿透阻力减少，增加了养分的渗透量。试验表明，在相同生长环境条件下，光照有利于谷类叶片对 K^+ 的吸收，可增加苹果叶片对喷施尿素的吸收；但是，若阳光充足，气温则较高，湿度常常也较低，特别是晴天中午前后，喷在叶面上的养分溶液常很快干燥而影响吸收。所以，叶面喷施一般选择无风的阴天或晴天上午 9 点之前（露水干后）和下午 4 点之后，最适宜的叶面养分喷施时间是晴天下午 4 点以后。

3. 湿度

湿度也是影响叶面养分吸收的重要因素之一，其主要通过影响喷施液在叶面的浸润时间影响养分的吸收效果。空气湿度过高、过低均不利于养分的叶面吸收，空气湿度大时，肥液在叶片上停留的时间长，被吸收的养分则多；空气湿度小，肥液在喷施后很快变干，浓度将增大，容易导致叶片受害。试验表明，溶液在叶片上保持湿润 0.5～1h 利于叶片吸收。白天当气温高时，相对湿度往往降低，导致叶表面的喷施液因水分迅速蒸发而干得快，在光照和黑暗期给苹果叶片施用各种镁盐，叶片对镁的吸收率依次为：$MgCl_2$＞$Mg(NO_3)_2$＞$MgSO_4$，与这些镁盐在溶解性和吸湿性方面的差异完全一致。

喷施方式、风速等对养分溶液的叶面滞留有很大影响，充分喷施叶面、选择晴朗无风的天气喷施可提高养分施用效果。因此，为了提高叶面喷施效果，选择合适的喷施时间是非常重要的。一般来说，叶面施肥应在无风的晴天或阴天进行，晴天又以下午或者傍晚喷施为宜，以保持较长的湿润时间，有利于提高叶面喷施效果。在喷施液中加入吸湿剂、保湿剂等助剂成分也可以提高叶面养分的吸收效果。

4. 土壤养分

由于作物植株主要是从土壤中吸收营养元素的，因此，土壤中各种养分元素的丰缺和供应状况对植物体的生长起着决定性作用，也是影响叶面施肥效果的重要因素，对叶部喷施养分的吸收和喷施效果有较大影响。一般在土壤养分含量贫乏或供应不足而不能满足作物正常生长需要的时候，进行针对性的叶面施肥效果会较好，否则叶面喷施效果就较差。而土壤中养分的有效性往往受土壤性质的限制，如石灰性土壤容易缺乏铁、锰、硼、锌等微量元素，大量研究表明，这些元素对石灰性土壤中的栽培作物具有明显的叶面施肥效果，因此，在叶面施肥时应充分考虑土壤条件的差异，筛选合适的养分种类。

由于不同地区土壤养分含量差异很大，而且各种作物对养分的吸收比例也不尽相同，因而根据土壤状况、作物需肥规律和元素间的关系开发养分种类与含量不同的多种专用叶面肥料对提高叶面肥料喷施效果有非常重要的意义。

三、叶面肥的施用技术要点

叶面肥施用技术与方法是影响和制约叶面施肥效果的有效因素之一，因此，为提高叶面施肥效果应采取科学的施肥方法和正确的施肥技术。正确使用叶面肥，不但可以增强作物抗逆性，而且还可以改善作物品质和增加产量，这样才能切实提高叶面肥的使用效果。

1. 选择适宜的肥料品种

叶面肥选择要有针对性。例如，根据作物的生育时期选择适宜的叶面肥品种，在作物生长初期，为促进其生长发育选择调节型叶面肥，若作物营养缺乏或生长后期根系吸收能力衰退，应选用营养型叶面肥；根据作物的施肥基本状况选择适宜的叶面肥品种，在基肥施用不足的情况下，可以选用以大量元素氮、磷、钾为主的叶面肥，在基肥施用充足时，可以选用微量元素型叶面肥；根据作物的生长发育及营养状况选择适宜的叶面肥品种，例如，棉花落蕾落铃与硼营养不足有关，所以在现蕾期可叶面喷施硼肥 2～3 次，保蕾保铃效果较好；番茄茎腐病与缺钾有关，可在坐果后 15 天喷施磷酸二氢钾 2～3 次；芹菜的裂茎病也是缺硼引起的，可施用硼砂或硼酸等。

2. 选择适当的喷施浓度

叶面施肥浓度直接关系到喷施的效果。在一定浓度范围内，养分进入叶片的速度和数量，随溶液浓度的增加而增加，如果肥料溶液浓度过高，则喷洒后易灼伤作物叶片，造成肥害，尤其是微量元素肥料，作物营养从缺乏到过量之间的临界范围很窄，更应严格控制；若肥料的浓度过低，既增加了工作量，又达不到补充作物营养的要求。另外，某些肥料对不同作物具有不同的浓度要求，如尿素，在水稻、小麦等禾本科作物上适宜浓度为 1.5%～2.0%，在萝卜、白菜、甘蓝上为 1.0%～1.5%，在马铃薯、西瓜、茄子上为 0.5%～0.8%，在苹果、梨、番茄、温室黄瓜上浓度为 0.2%～0.3%。叶面喷施时，雾点要匀、细，喷施量要以肥液将要从叶面上流下但又未流下时最好。

当前叶面肥的剂型主要有固体和液体两种，而固体粉状的叶面肥一般溶解较慢，施用时需先加水充分搅拌，待完全溶解了才可喷施，否则若溶解不完全，一是易堵塞喷雾器的喷头，二是养分喷洒不均匀，影响喷施效果；液体肥料在稀释时应严格按照产品说明书的要求进行浓度配制和操作。另外，在应用叶面肥时，最好是先进行小面积试验以确定有效的施用浓度。

3. 注意叶面肥肥液酸碱性的调节

营养元素在不同的酸碱度上有不同的存在状态。要发挥肥料的最大效益，必须有一个合适的酸度范围，一般要求 pH 值在 5～8。pH 值过高或过低，除营养元素的吸收受到影响外，还会对植株产生危害。叶面肥肥液酸碱性调节的主要原则是：如果叶面肥主要以供给阳离子为目的时，溶液应调至微碱性；若主要以供给阴离子为目的时，溶液应调制弱酸性。表 6-6 是叶面肥在部分粮食作物上的一般喷施浓度与酸碱性，可供施用时参考。

表 6-6　叶面肥在部分粮食作物上的喷施浓度与酸碱性调节

元素	肥料	酸碱性	浓度/%
氮（N）	尿素	中性	1～2
磷（P）	普通过磷酸钙	酸性	1.5～2
钾（K）	硫酸钾、硝酸钾	中性	1～1.5
锌（Zn）	硫酸锌	酸性	0.2～0.3
铁（Fe）	硫酸亚铁	酸性	0.2～0.5
硼（B）	硼酸	酸性	0.05～0.1
锰（Mn）	硫酸锰	酸性	0.05～0.1
钼（Mo）	钼酸铵	碱性	0.02～0.04
铜（Cu）	硫酸铜	酸性	0.04～0.06

4. 选择适当的喷施时间

叶面喷施时叶片吸收养分的数量与溶液湿润叶片时间的长短有关，湿润时间越长，叶片吸收的养分越多，效果越好。一般情况下保持叶片湿润时间在 30～60min 为宜。因此，在中午烈日下和刮风天气时不宜喷施叶面肥，以免肥液在短时间内蒸发变干，导致有效成分损失。在有露水的早晨喷肥，会降低溶液的浓度，影响施肥的效果。雨天或雨前也不能进行叶面追肥，因为养分已被淋失，起不到应有的作用。一般来讲，叶面肥的喷施以无风阴天和晴天早上9点以前或下午4时后进行为宜。若喷后3h遇雨，待晴天时补喷一次，但浓度要适当降低。

5. 选择适宜的喷施时期和喷施部位

叶面肥的喷施时期要根据各种作物不同生长发育阶段对营养元素的需求情况而定，一般禾谷类作物苗期到灌浆期都可以喷施；瓜、果类作物在初花到第一生理幼果形成，再到幼果膨大时，也都可以喷施叶面肥。另外，常量元素多在作物生长的中期或中后期，每亩（1公顷＝15亩）每次溶液用量75～100kg；微量元素在苗期或花后期喷施，每亩每次溶液用量50～75kg。前者喷施1～2次，后者2～3次，每次喷施间隔7～10天为宜。农户在施用叶面肥时最好根据各产品说明书介绍进行喷施。

植物器官部位不同，对外界营养物质的吸收能力强弱差异较大，通常是植株的幼嫩部位如上、中部叶片生命力最旺盛，从外界吸收各种营养的能力也最强。另外，叶片背部的气孔要比叶片正面的气孔多，比正面吸收养分的速度快，吸收能力强，所以叶片喷施肥液时，尤其要注意喷洒生命力旺盛的上部叶片和叶的背面，特别是对于桃、梨、柿、苹果等果树，叶片角质层正面比背面厚3～4倍，更应注意喷洒新梢和叶片背面，以利吸收。

6. 喷施次数应适宜

作物叶面追肥的浓度一般都较低，每次的吸收量是很少的，与作物的需求量相比要低得多。因此，叶面施肥的次数一般不应少于2～3次。至于在作物体内移动性小或不移动的养分（如铁、硼、钙、磷等），更应注意适当增加喷洒次数。在喷施含调节剂的叶面肥时，应注意喷洒要有间隔，间隔期至少应在7天以上，喷洒次数不宜过多，防止出现调控不当，造成危害。

7. 注意在肥液中添加湿润剂

作物叶片上都有一层薄厚不一的角质层，溶液渗透比较困难，为此，可在液肥溶液中加入适量的湿润剂，如中性肥皂、质量较好的洗涤剂等，以降低溶液的表面张力，增加与叶片的接触面积，提高叶面追肥的效果。

8. 混用喷施要得当

叶面施肥时，将两种或两种以上的叶面肥合理混用，可节省喷施时间和用工，其增产效果也会更加显著。但肥料混合后必须无不良反应或不降低肥效否则达不到混用目的。另外，肥料混合时要注意溶液的浓度和酸碱度，一般情况下溶液 pH7 左右即中性条件，利于叶部吸收营养。

根据作物的需肥规律和害虫发生情况，将农药和肥料科学混配喷施，不但能有效杀灭或抑制害虫，还能起到追肥作用，促进作物生长发育，提高产量，而且还可减少用工、降低喷施成本，在一定程度上也有利于保护环境。

虽然叶面肥之间以及肥、药混喷能起到一喷多效的作用，但混喷要注意肥、肥或肥、药混施不能降低效果或产生肥害、药害。由于大多数农药是复杂的有机化合物，与肥料混合必然带来一系列化学、物理或生物反应或变化问题，所以并非所有肥料和农药都能混合施用。因尿素为中性肥料，可以和多种农药混施，但酸碱不同的药、肥是不可混用的，如各种微肥不能与草木灰、石灰等碱性肥药混合；锌肥不能与过磷酸钙混喷等。因此，进行混喷前应先了解肥、药的性质，若性质相反，绝不可混喷。

一般混喷须遵循三个原则：①不能因混合降低药效或肥效；②对作物无损害；③农药要适宜叶面喷施。如碱性肥料（如草木灰）不能与敌百虫、乐果、甲胺磷、速灭威、托布津、多菌灵、菊酯类杀虫剂等农药混用，否则会降低药效；碱性农药（如石硫合剂、波尔多液等）不能与硫酸铵、硝酸铵等铵态氮肥混用，否则会使氨挥发损失，降低肥效；含砷的农药（如砷酸钙、砷酸铝等）不能与钾盐、钠盐类化肥混用，否则会产生可溶性砷而发生药害；化学肥料不能与微生物农药混用，化学肥料挥发性、腐蚀性都很强，若与微生物农药（如杀螟杆菌、青虫菌等）混用，易杀死微生物，降低防治效果。

一般，肥料与农药混用前应先将肥、药各取少量溶液放入同一容器中，若无混浊、沉淀、冒气泡等现象产生，即表明可以混用，否则不能混用。而且配制混喷溶液时，一定要搅拌均匀，现配现用，通常是先将一种肥料配成水溶液，再把其他肥料或农药按用量直接加入配好的肥料溶液中，摇匀后再喷。

9. 与土壤施肥相结合

因为根部比叶部有更大更完善的吸收系统，对需要量大的营养元素如氮、磷、钾等，据测定要进行 10 次以上叶面施肥才能达到根部吸收养分的总量。因此，叶面施肥不能完全替代根部施肥，必须与根部土壤施肥相结合。

综前所述，叶片对养分的吸收效果与目标作物种类、土壤条件以及养分种类、比例、浓度等因素有很大关系。因此，在研制和应用叶面肥料时，应充分考虑各种因素的影响，根据目标作物种类、土壤条件以及作物营养状况，筛选合理的养分种类和比例，及时供应作物正常生长所需的各种养分，对作物生长实现全程营养调控，并选用合适的助剂（如表面活性剂、络合剂等），以最大限度地提高叶面养分吸收效率，同时结合植物活性物质、调节剂的应用，提高叶面施肥效果，促进作物生长，提高产量，改善品质。

四、常用叶面肥的配制及施用方法

为了方便读者熟悉一些常用的叶面肥的施用方法，下面介绍几种常用叶面肥的配制及施用方法。

（一）尿素

常用的喷施浓度为 1%～5%（即 100kg 水加 1～1.5kg 尿素）。双子叶植物，浓度可取下限；单子叶植物，浓度可取上限；幼苗期，浓度可适当低些；成苗期，浓度可适当高些。

（二）磷酸二氢钾

常用的喷施浓度为 0.1%～0.3%。配制方法是取 100～300g 磷酸二氢钾加 100kg 水，充分溶解后喷施。

（三）过磷酸钙

常用的喷施浓度为 2％～3％，肥料加水后要充分搅拌，静置 24h 后经过滤，取清液喷施。

（四）硫酸亚铁

常用的喷施浓度为 0.1％～0.5％，多施用于果树。

（五）硫酸锌

常用的喷施浓度为 0.1％～0.2％，在溶液中加少量石灰液后进行喷施。

（六）钼酸铵

常用的喷施浓度为 0.05％～0.1％，多施用于豆科植物。

（七）硼砂（或硼酸）

常用的喷施浓度为 0.2％～0.3％，配制溶液时先用少量 45℃热水溶化硼砂，再兑足水。多施用于棉花、油菜等十字花科作物。

（八）草木灰

常用的喷施浓度为 3％～5％，用草木灰加水后搅拌，静置 12h 用上清液。多施用于马铃薯、甘薯等块根作物。

（九）稀土

对蔬菜、粮食作物常用的喷施浓度为 0.05％，果树为 0.08％。

（十）增产菌

大田作物常用的喷施浓度为：15～30ml，兑水 40～50kg 喷施；果树用 80～100ml 兑水 100～150kg 喷施。

（十一）植物动力 2003 营养液

这是从德国引进的一种高科技液体肥料，具有促进作物生长发育、改善品质、增强抗逆能力、增产明显等优点，尤其对作物根系有明显的促进作用。一般蔬菜作物在定植后和开花时叶面喷施，浓度以稀释 1000 倍为宜。

（十二）天达 "2116"

天达 "2116" 为农作物抗病增产剂，具有抗病、增产、提高产品质量、增强作物抗逆能力等特点，特别是对作物病毒有一定的抑制作用。作物叶面施用浓度为 500 倍液，间隔期 10～15 天，喷施 1～3 次。

（十三）云大-120

其有效成分是"芸苔素内酯"，它是一种甾醇类化合物，广泛存在于自然界的植物体内，每亩有效成分用量 0.25～2.5mg。它对作物根系生长的促进作用显著，能增强光合作用，提高光合效率，且能增强作物抗逆能力，减轻作物病害发生程度。

（十四）绿风 95 植物生长调节剂

叶面喷施后能迅速进入植物细胞，促进细胞新陈代谢，增强光合作用，有利于作物的生长发育。且有促进作物伤后自愈，提高作物的抗逆能力。一般每亩每次用量 50ml，喷施 2～3 次即可，多在幼苗期喷施，间隔期 15 天左右。

第一节　缓/控释肥的概念和种类

世界粮食总产量随化肥施用量增加而增长，农业专家指出"20世纪全世界作物产量增加的一半来自化肥"。我国化肥的投入与粮食增产的关系也基本符合这一规律，全国化肥试验网的大量试验数据表明，我国粮食总产中 35%～55% 的产量是由于施用化肥而获得的。

如果没有化肥投入，就没有今天的丰衣足食，也就没有今天的市场繁荣和商品的琳琅满目。按照国际通行标准，人均粮食占有量达不到 760kg，农业不能算过关。而且前我国人均粮食占有量远远低于这一标准。

快速发展粮食生产是我国必须面对的现实问题，而化肥恰是农业增产最有效、最迅速的措施。化肥的投入既是必需的，也是有利的，否则，人口增长对粮食的需求将无法满足，肥料仍然是粮食安全的重要保障。因此，在一定程度上可以认为，化肥问题就是粮食问题。要解决中国人的粮食问题，首先应该解决肥料生产及应用中存在的问题。既要增加作物产量、确保粮食安全，又要节能降耗、保护生态环境，大力发展和应用新型肥料——缓/控释肥料，是一项必不可少的措施。近几年，这种能够根据农作物生长情况进行化肥养分缓释或控制释放的新型肥料-缓/控释肥料在我国已进入快速发展期。它不仅可使农作物产量大幅度增长，而且能使作物种类、农产品品质水平得到很大提高。与一般化肥相比，缓/控释肥料具有以下显著特点。

① 增加产量：缓/控释肥料养分的供应能力与农作物生长发育的需肥要求相一致，因而可提高作物产量 $10\%\sim20\%$。

② 环境友好：缓/控释肥料中的包膜树脂为环境友好物质，所用的这些树脂材料在 $8\sim20$ 年期间可以完全被降解。

③ 土壤水库：缓/控释肥料的树脂包衣壳在肥料用完之后形成空囊，充当土壤水库，起到节水、保墒和抗旱作用。

④ 省工省时：在大多数农作物上，一次施肥就能满足其整个生长期的需求；播种、施肥可一次完成，省工省时。

⑤ 降低成本：缓/控释肥料与普通化肥相比，利用率能提高 30% 左右，减少施肥的数量和次数，节约成本。

⑥ 节能降耗：减少施肥量，也就可大量节省制造肥料的天然气、优质煤、石油以及其他原材料，实现节能降耗。

⑦ 减少污染：缓/控释肥料可显著减少肥料流失，既可减少对生态环境的污染，同时也能提高农作物产品的品质。

⑧ 使用方便：缓/控释肥料养分缓释长效，不伤根，不烧苗；还可根据土壤和农作物品种状况，配制各种专用肥。

缓/控释肥料能有效控制养分释放速度，延长肥效期，满足作物整个生育期对养分的需要，在多种作物上可实现一次性施肥，不用追肥，简化施肥程序，从而改变传统的施肥方式，大大降低了农业劳动强度，提高劳动生产率。

缓/控释肥料可大幅度提高肥料利用率，在同种作物同等产量水平上可减少肥料施用量，节约资源，降低成本，增加农民收益；缓/控释肥料可提高农作物产量和品质，提高农业的经济效益、社会效益和环境效益，因而成为世界肥料开发和应用的热点。

一、缓/控释肥料概念

化学肥料利用率低，就其本身而言，主要存在三个问题：一是溶解过快，容易造成流失；二是多为单质肥料，养分不完全；三是容易变化，氮容易挥发，磷容易退化。要从根本上解决上述问题，对化学肥料"减量增效"是必由之路，而缓/控释肥料的出现和普及将提供一条相当有效的解决途径。

缓/控释肥料是节本增效型肥料、品质提升型肥料、资源节约型肥料和环境友好型肥料，被称为"21世纪的肥料"。我国化肥施用量已达到资源、环境难以接受的程度，因此将环保型肥料创制关键技术、专用复（混）型缓/控释肥料及施肥技术与相关设备列为国家未来15年科技发展的优先主题。

缓/控释肥料也叫长效肥料、缓效性肥料等，它具有相对较长的肥效，使一次性施肥能够满足作物至少一季生长的需要。作为真正意义上的缓/控释肥料，施用之后不仅能更好地满足作物生长需要，而且使用过程中及使用之后不污染生态环境、增高土壤肥力、确保生物安全、提升农产品品质等。

缓释肥料是指能减缓或控制养分释放速度的新型肥料，控释肥料属于广义缓释肥料中的一类。所谓"缓释"（slow release），系指肥料养分释放速率远小于普通速溶性肥料，施入土壤后转变为植物有效态养分的释放速率；所谓"控释"（controlled release），系指能够控制养分释放速度的肥料。常把能被微生物分解的微溶性的含氮化合物称为缓释肥料。将包膜或用胶囊包裹的肥料称为控释肥料。

二、缓/控释肥料评价标准

对缓/控释肥料的评价，迄今为止尚未有统一的标准，欧洲标准委员会（CEN）对缓/控释肥料所作的规定是：在25℃水浸提条件下，肥料养分的释放要符合以下条件。

① 肥料的养分在24h内的释放率（即肥料的化学物质形态转变为植物可利用的存效形态）不超过15%。

② 在28天之内的养分释放率不超过75%。

③ 在标定的释放期内，至少有75%的养分能释放出来。这一标准是以肥料养分在水中的溶出率来评价的。

我国行业标准HG/T 3931—2007中规定：缓/控释肥料的初期养分释放率<15%，28天累积养分释放率<75%，在标定的养

分释放期内养分释放率＞89％。

三、缓/控释肥的分类

1. 一般分类

（1）缓释肥料　缓释肥料是指肥料施入土壤后转变为植物有效态养分的释放速率远远小于现有的普通速溶肥料，在土壤中能缓慢放出其养分，它对作物具有缓效性或长效性。施入土壤后，在化学和生物因素的作用下，肥料逐渐分解，养分缓慢地释放出来，满足了作物整个生育期对养分的需要，减少了养分的淋失、挥发及反硝化作用所引起的损失，也不会因肥料浓度过高而对作物造成危害；此外，因可以作基肥一次施用，也就节省了劳力，并解决了密植条件下后期追肥的困难。

此类肥料包括通过化学反应制成的缓释肥料，如草酰胺、脲甲醛、脲异丁醛等；在普通化肥中加入生化抑制剂所得的缓释肥料，如在尿素中添加脲酶抑制剂、硝化抑制剂等。

（2）控释肥料　控释肥料系指以某种调控机制或措施，预先设定肥料在农作物生长季节的释放模式，使肥料养分释放规律与作物养分吸收更加一致，从而达到提高肥效的一类化肥。

此类肥料以颗粒肥料（单质或复合肥，如氮或氮磷复合肥等）为核心，表面涂覆一层低水溶性的无机物质或有机聚合物（如硫黄、磷矿粉、石蜡、沥青、树脂、聚乙烯等）作为成膜物质，或者应用化学或其他方法将肥料均匀地融入分散于聚合物中，形成多孔网络体系。通过包膜扩散或包膜逐渐分解而释放养分，使养分的供应能力与作物生长发育的需肥要求相一致。

当肥料颗粒接触潮湿土壤时，肥料便会吸收水蒸气，于是水溶性养分开始透过包衣上的微孔缓慢而不断地扩散。其释放速度受土壤温度的影响，而土壤温度也影响植物吸收养分的速度。因此，该肥料释放养分的速度与植物在不同生长时期对养分的需求速度相吻合。目前主要有硫包膜尿素、肥包肥型控释肥、热固性树脂包膜肥料、热塑性树脂包膜肥料、聚合物包膜硫包衣尿素等。

控释肥料是国际上的高科技新型肥料，它除了具备缓释肥料的优点之外，其释放速率、释放方式和持续时间已知并可以进行控制，使得肥料的养分供应与作物的养分需求更加一致，这样不但进一步提高了肥料的利用率，而且也节约了农业生产成本；可以根据不同作物的不同需肥特性，生产出专用的控释肥料；更为重要的是作物的养分需求得到了长期、稳定的满足，因此可大幅度提高农作物的产量和品质；并且可以做到一年只施一次肥，省工、省时、省力、省钱，没有肥害；基本上能够消除养分在土壤中的淋失、退化、挥发等损失；能在很大程度上避免养分在土壤中的生物和化学固定；能基本满足现代农业规模生产的需求。

2. 制法分类

目前，国际肥料市场上所出现的缓/控释肥料主要由 4 种途径制得：有机合成、薄膜包裹、胶料黏结、加抑制剂等。

（1）有机合成　此类缓/控释肥料是采用有机合成的方法所制得的一类微溶型肥料。20 世纪 40 年代就开始研究、生产的此类肥料，包括草酰胺、醛缩脲素、亚异丁基二脲（IBDU）和脲乙醛等有机态氮肥。此类肥料的养分释放缓慢，可以有效地提高肥料利用率，其养分的释放速率受到土壤水分、pH 值、微生物等各种因素的影响。此类肥料售价较高，影响市场发展速度。

（2）薄膜包裹　此类缓/控释肥料是采用薄膜包裹的方法所制得的一类肥料。硫衣尿素（SCU）是最早诞生的无机包裹型缓/控释肥料，具有以肥包肥的特点，施入土壤后，受到水分，特别是微生物等因素的影响，具有一定的缓/控释性能。20 世纪 80 年代硫衣尿素肥料发展达到鼎盛时期。

1967 年，美国加利福尼亚州率先研制出高分子聚合物包膜肥料，同期在日本也进行了以聚烯烃类材料包膜尿素的研制，高分子聚合物包膜肥的膜耐磨损，缓释性能良好，此种肥料施入土壤后养分释放主要受温度的影响，其他的因素影响较小，能够实现作物生育期内一次性施肥即可，减少农业劳动量。包膜核心肥料已经由包膜一元高浓度氮肥向包膜二元或多元复合肥料（含氮、磷、钾和中微量元素）的方向发展，膜内养分释放的控制性能由线形向S形模式释放的方向发展（S形与作物需肥规律相吻合，即开始较少，随后大大增加，以后又逐渐变少）。近年来，有机聚合物包膜肥料在同类产品中发展较快，是国际缓/控释肥料发展的主流方向。

（3）胶料黏结　此类缓/控释肥料是采用具有减缓养分释放速率的有机胶黏剂、无机胶黏剂，通过化学键力以及物理作用力与速效化肥结合所制得的一类胶料黏结型肥料。国内外对胶料黏结型缓/控释肥料的工艺技术和材料选择做了许多研究工作，并已取得一定进展，尚待推广应用。

（4）加抑制剂　此类缓/控释肥料是把抑制剂（或促进剂）添加到常规化肥中所制得的一类肥料。在常规化肥中，添加抑制剂（或促进剂）可以减缓肥料养分的释放速率。例如，添加脲酶抑制剂肥料、添加硝化抑制剂肥料、添加脲酶抑制剂和硝化抑制剂肥料。

但是，有些学者认为，此类肥料不宜归入缓/控释肥料。

3. 原理分类

按缓/控释肥料的基本原理分类，可分为物理法、化学法、生化法、生化-物理法。

（1）物理法　物理法主要是应用物理障碍因素阻碍水溶性肥料与土壤水的接触，从而达到养分缓/控释之目的。这类肥料以亲水性聚合物包裹肥料颗粒或把可溶性活性物质分散于基质中，从而限制肥料的溶解性。即通过简单微囊法和整体法的物理过程来处理肥料达到缓/控释性。应用这一方法生产的肥料养分控释效果比较好，但往往需配合其他方法共同使用。

① 微囊法（储库型）：聚合物包膜肥料、硫包膜尿素、包裹型肥料、涂层尿素。

② 整体法（基质型）：扩散控制基质型肥料、营养吸附（替代）基质型肥料。

（2）化学法　化学法主要是通过化学合成缓溶性或难溶性的肥料，将肥料直接或间接地以共价键或离子键连接到预先形成的聚合物上，构成一种新型聚合物。例如，将尿素转变为较难水解的脲甲醛（UF）、脲乙醛（CDU）、亚异丁基二脲、草酰胺，或使速溶性铵盐转变为微溶性的金属磷酸铵等。化学法生产的缓释、控释肥料的缓释效果比较好，但成本也比较高，而且往往作物生长初期养分供应不足。

如果先用整体法，后在表面形成一层渗透膜所制成的肥料为物理化学性缓释肥料。

① 化学合成法：脲醛类、脲乙醛、亚异丁基二脲、脒基硫脲、草酰胺、三聚氰胺、磷酸镁铵等。

② 其他化学法：长效硅酸钾肥、节酸磷肥、热法磷肥、聚磷酸盐等。

（3）生化法 生化法就是采用生化抑制剂（或促进剂），以改良常规肥料的释放性能。目前生化抑制剂应用的主要对象是速效氮肥。生化抑制剂主要指脲酶抑制剂、硝化抑制剂和氨稳定剂等。生化法的生产工艺简单、成本较低，但是单纯使用时养分控释效果不稳定，肥效期较短，往往需要借助肥料的物理化学加工和化肥深施技术以提高其效果。

（4）生化-物理法 添加抑制剂与物理包膜结合的缓/控释肥料；添加抑制剂、促释剂及物理包膜相结合的缓/控释肥料。

四、缓/控释基本方法

现有的缓/控释方法基本上可分为包膜法、非包膜法和综合法三大类。

1. 包膜法

包膜法是一种主要的缓/控释技术，通常实现养分缓/控释的方法就是包膜，所以包膜肥是一种最常见的缓/控释肥料。

2. 非包膜法

非包膜法也可以实现缓/控释，通过化学合成法制得的脲醛类肥料就是一例。此外，混合方法也是一种非包膜的缓/控释方法，这一方法简单有效，今后将有较大的发展。有机无机复合肥亦是一种非包膜的缓/控释肥料。现有的研究表明，采用各种技术组合，有机无机复合肥的缓/控释功能还可以进一步提高。

3. 综合法

综合法是综合运用上述包膜法、非包膜法进行"纵向复合"及不同释放速率的配合，达到纵向平衡施肥之目的。例如，采用某种缓/控释材料与肥料混合造粒（非包膜法），再在表面进行包膜处理；又如，对某一类肥料包裹不同厚度或不同种类的缓/控释材料，或者不同释放速率的肥粒单元，把这类具有不同释放速率的肥粒单元按比例组合（异粒变速），可获得缓急相济的效果。

五、缓/控释肥料养分释放

1. 释放机理

（1）合成缓/控释肥料　脲甲醛、草酰胺等化学合成缓/控释肥料，是在化学分解和生物降解作用下释放养分。

（2）包膜缓/控释肥料　包膜缓/控释肥料根据包膜材料类型的不同其养分释放机理可以分为如下三类。

① 具有微孔的渗透膜，养分从膜层微孔溶出，溶出的速度取决于膜孔大小、膜材料性质、膜的厚度及加工条件。

② 具有不渗透膜，靠物理、化学、生物作用破坏而释放养分。

③ 具有半渗透性膜层，水分扩散到膜层内直到内部渗透压把膜层胀破或膜层扩张到具有足够的渗透性而释放养分。

2. 影响因素

缓/控释肥料养分释放速率主要取决于肥料颗粒大小、土中水分含量、温度、pH值及其他因素。不同类型或不同膜材料的包膜肥料受各种因素影响的程度也存在较大差别。如硫包衣尿素的释放速率受土壤微生物活性的影响较大；与硫包衣尿素等相似的无机包膜材料的包膜肥料受土壤水分含量影响较大；而有机聚合物包膜肥料，在土壤田间持水量和作物凋萎含水量范围内，除受土壤温度影响较明显外，其他环境因子影响都较小。

温度对包膜肥料养分释放速率的影响是通过溶解和扩散作用来

达到的。如日本生产的树脂型包膜肥料依赖于温度的水分弥透性，可以采取添加无机粉末，如滑石粉或硅粉等来调节无机成分与树脂的比例，改变包膜成分及其通透性，以控制包膜内养分释放速度的快慢。这类聚烯烃包膜肥料不同于传统包膜肥料，表现出对养分可控制性高，但受温度影响较明显，其温度效应值是 2，即温度每升高 $1℃$，作物生化过程速度增加 1 倍，养分释放与作物养分吸收比较容易达到协调一致。

六、缓/控释肥料的施肥技术

1. 施用于水稻的施肥技术

水稻是我国种植面积最大、产量最高的粮食作物。在全国居民口粮消费结构中，稻谷占 65% 左右。提高水稻综合生产能力是保障我国粮食安全的长期战略目标。但提高单位面积产量除了大力推广杂交水稻等优良品种之外，施用缓/控释肥料是今后重要的措施之一。

（1）缓释尿素施用于水稻 缓释尿素，又称长效尿素（下同），系由尿素和一定量的脲酶抑制剂、硝化抑制剂、天然两性有机物、被膜剂和调质剂等制作而成，具有长效缓释特性。缓释尿素由于添加剂与尿素形成新的化学组合物，其强度比普通尿素高、吸湿性低、表面光滑、不易结块、一次成形、易于实现工业化生产。

缓释尿素肥效期长达 110～120 天，与普通尿素相比缓释尿素的氮素损失可减少一半左右，并且也可改变传统的氮肥多次施用方式，具有缓释长效、节能节水、省工省时的特点。缓释尿素可以实现一次基施，不追肥，降低了农民劳动强度，节省了种田时间。在水稻上多次多点试验结果显示，等量施肥的条件下，一次基施缓释尿素比分次施用普通尿素，作物增产幅度为 8%～24%；相等农作物产量时，可节肥 10%～20%。

（2）施用技术 水稻的参考用氮量一般为 12～16kg/亩（180～240kg/hm^2），缓释尿素的施肥量应根据水稻品种、目标产量、土壤种类等多种因素来确定，并应根据相关需要适当配施农家肥、磷肥、钾肥和中微量元素肥等，以提高水稻产量和质量，也有利于养地和提高耕地肥力。

施用方法为一次基施于水稻田的还原层。水稻田的土层可分为氧化层和还原层，上层为氧化层，下层为还原层。如果把缓释尿素深施于还原层中，土壤脲酶活性相对较低，分解较慢，并且分解生成的铵态氮，大部分被土壤所吸附，相对减少了硝化-反硝化的发生。此外，水稻易于吸收铵态氮，施于还原层的尿素，可在长时间内以铵态氮的形态存在，供给水稻吸收利用。所以水稻田上缓释尿素深施于还原层为宜，施肥深度一般为 15cm 左右。

传统水稻施肥必须进行 3～4 次，有些地区施肥 5～6 次，造成人工投入多、肥料损失大、生产成本高。传统水稻施肥多为表施，表施尿素肥料颗粒落在氧化层表面，由于土壤脲酶的作用迅速转化为碳酸铵和碳酸氢铵，硝化作用又把形成的铵态氮迅速转化为硝态氮，硝态氮不易被土壤吸附而游离在水中随渗漏水而流失，造成环境污染。

2. 施用于小麦的施肥技术

小麦是世界上最重要的谷类作物之一，小麦的世界产量和种植面积居于栽培谷物的首位，在整个温带以及在海拔较高的热带和亚热带地区都有小麦种植。小麦是我国主要粮食作物之一，全国各地都有种植，其播种面积仅次于水稻。

小麦的参考用氮量一般为 10～15kg/亩（150～225kg/hm²），缓释尿素施肥量应根据小麦品种、目标产量、土壤肥力等多种因素加以确定；宜添加适量的农家肥、磷肥、钾肥和中微量元素肥，以提高小麦产量和质量，也有利于养地和提高耕地肥力。

我国种植小麦主要有两种方式：一种是畦作，冬小麦多采用这种播种形式；另一种是垄作，常见于北方的春小麦。缓释尿素施肥方式为一次基施，具体操作如下。

① 畦作：通常采用全层施肥法。先将缓释尿素均匀地撒在地表，通过翻地使绝大部分肥料翻入 20cm 深的土壤层中，少部分在上层土壤内，然后耙地、做畦、播种。在正常情况下，全层施肥不

会影响种子发芽和出苗。

② 垄作：第一种方法是将缓释尿素撒在原垄沟里，然后起新垄，缓释尿素即被埋入垄内；第二种方法是整地起垄后，施肥与播种同时进行。要特别注意调整好施肥器和播种器的位置，保证肥料与种子之间的隔离层在 10cm 以上，以免烧伤种子，影响出苗。

3. 施用于玉米的施肥技术

玉米又称玉蜀黍、大蜀黍、棒子、苞米、苞谷、玉菱、玉麦、六谷、芦黍和珍珠米等，属禾本科作物。全世界玉米播种面积仅次于小麦和水稻而居第三位，我国的玉米产量居世界第二位。我国玉米分布地域辽阔，地跨寒温带、温带、亚热带和热带，从北向南种植有春玉米、夏玉米、秋玉米和冬玉米等多种类型，分布在东北三省经华北走向西南的十二个省（区）所形成的"玉米带"，其播种面积和总产量均占全国的 80% 以上，是我国玉米的主要产区。

玉米在现代农业生产上一直占有重要的地位，这是因为玉米首先是我国北方和西南山区及其他旱谷地区人民的主要粮食之一；再则玉米是宝贵的饲料，对提高养殖业的产品产量和品质均有显著作用；第三，玉米还是多种工业不可或缺的原料。

（1）缓释尿素施用于玉米　玉米需氮、钾较多，需磷较少，一般每生产 100kg 籽粒需氮（N）2.68kg、钾（K_2O）2.36kg、磷（P_2O_5）1.13kg。$N : K_2O : P_2O_5$ 约为 $1 : 1 : 0.5$。

缓释尿素一次基施，不需追肥，可以满足玉米整个生长期对肥料的需求，并且降低了农民劳动强度和节省了种田时间。缓释尿素的氮素前期为控制释放，促使玉米根系生长；随着玉米的生长壮大，对氮素的需求越来越多，氮素释放的速率也越来越高，直到玉米需肥高峰出现前，尿素氮的释放高峰出现，满足玉米吸氮高峰的需要，为玉米的生长发育营造了一个适宜的充足的供氮环境。减少过量的氨在土壤中积聚，增加了土壤对铵的吸附，形成了一个氮素贮存库，为玉米后期的生长提供足够的氮素供应，为籽粒的形成提供条件，具有明显的省工、节肥、增产效果。

（2）施用技术　玉米施用缓/控释肥料时，常用的施肥方法有如下3种。

① 全层施肥法：在翻地整地之前，将缓释肥料用撒肥机或人工均匀撒于地表，然后立即进行翻地整地，使肥料与土壤充分混合，减少肥料的挥发损失。翻地整地后，可根据当地的耕作方式，进行平播或起垄播种。

② 种间施肥法：播种时，先开沟，用人工将肥料施在种子间隔处，使肥料不与种子接触，保证一定的间隔，防止烧种。在人多地少、机械化程度不高的地区，多采用种间施肥法。

③ 同位施肥法：采用播种播肥同步进行的机械，使种子与肥料间隔距离10cm以上。播种、施肥一次作业，注意防止由于肥料施用量集中出现的烧种现象。

施用缓释尿素时必须配合适宜的有机肥、磷肥、钾肥和微量元素，以提高农产品产量和质量，也有利于养地和提高耕地肥力。施用缓释肥料采用一次基施。近年来，玉米播种多采用机械化播种，机械播种地区，以选用侧位施肥法为好。

玉米的缓释尿素参考施用量一般为15～22kg/亩，适宜的施肥量应根据玉米品种、目标产量、土壤肥力、气候条件、水利情况等各种因素加以确定。缓释尿素作为玉米基肥施用技术的关键是防止烧种伤苗。要注意种子与肥料的距离，一般以10～15cm为宜。施肥量越大，要求肥料与种子之间保持的距离越大。如施缓释尿素20～25kg/亩，肥料与种子之间至少要保持10cm以上的距离。缓释尿素最好施在种子的斜下方，而不宜施在种子的垂直下方，以防幼根伸展时受到伤害。

我国北方10月下旬至11月下旬皆开始封冻，土壤脲酶活性在10℃以下开始下降，至0℃时脲酶活性基本停止。所以在北方可采用缓释尿素秋季施肥，无论在翻地前施用或秋起垄前施用都能取得较好的效果。秋季施肥比较容易达到要求的深度，春季播种时不会出现伤苗现象；再则可以保墒，第二年春天土壤解冻后，可以抢墒播种。

4. 蔬菜

蔬菜可提供人体所必需的多种维生素和矿物质,据国际粮农组织统计人体必需的维生素 C 的 90%、维生素 A 的 60% 来自蔬菜,可见蔬菜对人类健康的重要贡献。此外,蔬菜中还有多种多样的植物化学物质是人们公认的对健康有益的成分,如类胡萝卜素等。

蔬菜是人们生活中不可或缺的食物之一,为了生产优质蔬菜、提高蔬菜产量,以满足人民生活日益增长和提高人民体质的需要,在蔬菜生产中以缓/控释肥料替代普通化肥是有效措施之一。

(1) 缓释碳酸氢铵施用于黄瓜等 缓释碳酸氢铵,又称长效碳酸氢铵(下同)。在普通碳酸氢铵生产过程中加入适当适量的抑制剂(如双氰胺,DCD),使其与碳酸氢铵结合得到缓释碳酸氢铵,从而增强碳酸氢铵的稳定性。普通碳酸氢铵肥效期仅 40 天左右,而缓释碳酸氢铵长达 110 天。

① 施用技术:缓释碳酸氢铵在黄瓜、番茄等蔬菜上的参考施用量一般为 100~130kg/亩 (1500~1950kg/hm²),适宜的施用量应根据蔬菜品种、目标产量、菜地土质等因素来确定。配施适量有机肥、磷肥、钾肥和中微量元素肥,既有利于提高蔬菜产量和品质,也有利于养地和提高菜地肥力。

② 施用方法:一次基施,常用的有垄沟施肥法和全层施肥法,应依据蔬菜的栽培方式而定。

a. 垄沟施肥法:在整地前,将缓释碳酸氢铵与农家肥、磷肥、钾肥等肥料混合,均匀施入垄沟,垄沟的深度在 20cm 左右,然后起垄播种或栽植。垄作可采用垄沟施肥法。

b. 全层施肥法:在整地前,将缓释碳酸氢铵与农家肥、磷肥、钾肥等肥料混合,均匀施于地表,然后翻入 20cm 深的土壤层中,再做畦播种或栽植。畦作宜用全层施肥法。

(2) 日本包膜肥施用于菠菜等 日本包膜肥料"Merster",在日本国内称"LPcote"。包膜肥料有两种命名方式:第一种命名方式是以"Merster"开头,如 Meiter (urea)-70 表示的意思为,包被的植物营养成分为尿素在 20℃水中释放 80% 的时间需要 70 天;

第二种命名方式是以"LP"开头,如 LP-S80 表示的意思为,养分为"S"形曲线释放,在 20℃水中释放 80％的时间需要 80 天;LP-70表示的意思为:养分为近直线形释放,在 20℃水中释放 80％的时间需要 70 天。

① 施用技术:菠菜、番茄、马铃薯等蔬菜的日本包膜肥参考施用量一般为 10～40kg/亩（150～600kg/hm²）,但适当的施用量应根据蔬菜种类、目标产量、菜地肥力等多种因素来确定,并应根据相关需要适当配施农家肥、磷肥、钾肥和中微量元素肥等,以提高蔬菜产量和品质,也有利于养地和提高菜地肥力。

② 施用方法:一次基施,常用垄沟施肥法或全层施肥法,依据蔬菜的栽培方式而定。

（3）德国缓释尿素施用于马铃薯 德国 SKW 公司应用生化抑制剂所制得的缓释尿素,又称长效尿素（下同）,在我国进行马铃薯等作物的应用试验,取得良好的效果。

① 施用技术:德国 SKW 公司缓释尿素在马铃薯上的参考施用量一般为 8～20kg/亩（120～300kg/hm²）,但应根据目标产量、土壤肥力等多种因素来确定;并应适当配施农家肥、磷肥、钾肥和中微量元素肥等,以提高马铃薯产量和质量,也有利于养地和提高土地肥力。

② 施用方法:一次基施,常用垄沟施肥法或全层施肥法,依据马铃薯的栽培方式而定。

（4）"肥隆"缓释剂施用于蔬菜 "肥隆"是一种集脲酶抑制剂、硝化抑制剂和植物生长调节剂于一体的含氮肥料缓释增效剂,又称长效增效剂（下同）。它与各种肥料有很好的相容性,适用于各种氮肥及含氮的复合（混）肥料的缓释增效。"肥隆"与肥料混合后,可使肥料的肥效期达到 100～130 天,具有明显的长效增产与改善环境等效应。

① 施用技术:"肥隆"的参考用量为 2.3kg/100kg 复合（混）肥,3～4kg/100kg 碳酸氢铵,4.5kg/100kg 硫酸铵或氯化铵,6～8kg/100kg 尿素。

在蔬菜上的肥隆氮肥的参考施用量一般为 20～70kg/亩（300～1050kg/hm²），但应根据蔬菜种类、目标产量、土壤肥力等多种因素来确定；并应根据相关需要适当配施农家肥、磷肥、钾肥和中微量元素肥等，以提高蔬菜产量和质量，也有利于养地和提高土地肥力。

② 施用方法：一次基施，常用垄沟施肥法或全层施肥法，依据蔬菜的栽培方式而定。

第二节 缓/控释肥料的应用效果和存在的问题

一、缓/控释肥料的应用效果

1. 施用于水稻

根据山东、江苏、辽宁、北京等地在水稻上的试验结果可以看出，缓释尿素与普通尿素相比，施用缓释尿素的水稻株高增高、穗长增长、穗粒数增多。在同等施肥水平的条件下，与施用普通尿素相比，施用缓释尿素增产稻谷 33.4～82.5kg/亩，增产率为8.4％～15.6％。

另据报道，复合缓释尿素（又称复合长效尿素，下同）——添加氢醌和双氰胺两种抑制剂的配合使用，使水稻的株高、穗长、穗粒数都有明显提高；在同等施肥水平的条件下，与施用普通尿素相比，施用复合缓释尿素的稻谷产量增加 69.7kg/亩，增产率为 12.6％。

2. 施用于小麦

小麦是需氮量较多的作物，肥料的供给对小麦产量的影响很大。特别是冬小麦区，小麦的生育期达 200 多天，且有两个吸氮高峰：分蘖-拔节期、开花-乳熟期。由于缓释尿素氮素利用率高、供给养分的有效期长，因此施用缓释尿素的小麦比施用普通尿素的长势好、产量高。不同地区的小麦施用缓释尿素试验示范结果表明，与施用普通尿素相比，施用缓释尿素的小麦增产量为 18.1～55.0kg/亩，增产率为 6.0％～13.8％。

安徽地区尿素中添加 0.2%、0.4%、0.6% HQ（氢醌）的肥效试验结果显示，随着 HQ 含量的增加，小麦的产量增高；但值得注意的是：当 HQ 添加量超过了 0.4%，小麦产量有下降的趋势。

3. 施用于玉米

在同等施氮量的情况下，施用缓释尿素可增加玉米产量 9%～15%；在获得相同产量的情况下可节约肥料用量 20% 以上。北方田间试验表明，施用缓释尿素和复合缓释尿素对玉米有明显的增产作用，在同等施肥条件下，施用缓释尿素比普通尿素增产玉米 58.5kg/亩，增产率为 9.9%；施用复合缓释尿素比普通尿素增产玉米 104.1kg/亩，增产率为 17.7%，表明复合缓释尿素增产效果更加明显。

4. 施用于蔬菜

（1）缓释碳酸氢铵应用于黄瓜和番茄上的应用效果　根据辽宁省大连市七顶山蔬菜基地试验结果，大棚黄瓜和番茄在移栽时，一次性基施缓释碳酸氢铵 120～130kg/亩，在整个生长发育和果实采摘期内，不再追肥，植株生长茂盛，枝叶健壮，提前开花坐果，提早上市 3～5 天。

根据各地试验报道，施用缓释碳酸氢铵与多次施用普通碳酸氢铵相比，黄瓜增产 28.5%～33.1%，番茄增产 11.8% 以上，白菜和萝卜增产 20%～30%。

（2）日本包膜肥的应用效果

① 菠菜：据日本熊本县旱地农业研究站的试验报道，传统施肥方式的菠菜总产量为 934kg/亩，施用 Meiter 掺混肥处理的菠菜总产量为 1147kg/亩，比传统施肥方式增产 22.8%。

② 番茄：中国科学院沈阳应用生态研究所进行了日本包膜肥料 LP-100 在番茄上的应用，在沈阳市于洪区大于蔬菜种苗中心保护地进行了试验，结果显示，单施 LP-100 以及 LP-100 配施硝化抑制剂 DCD 与传统施氮方式相比，番茄产量并没有明显提高，但可以明显改善番茄的品质，如番茄干物质量、维生素 C、蛋白质、

总糖分、糖酸比等均高于传统施氮方式的番茄。

③马铃薯：美国明尼苏达州贝克砂平地试验农场的试验结果显示，与施用普通尿素相比，施用日本 Meiter 掺混肥的马铃薯产量显著增加；当氮肥施用量从 7.3kg/亩增加到 19.3kg/亩时，无论施用普通尿素还是 Meiter 掺混肥，单个重量超过 200g 的马铃薯产量均明显增加。此外，从试验结果还可以看出，普通尿素的最佳施肥量（N）为 19.3kg/亩；Meiter 掺混肥的最佳施肥量（N）为 13.3kg/亩。

（3）德国缓释尿素的应用效果　根据试验报道，马铃薯施用德国 SKW 公司缓释尿素与施用 SU（大颗粒尿素）相比，SUD（大颗粒尿素＋硝化抑制剂 DCD）、SUDT（大颗粒尿素＋DCD＋TE）和 MU（中国尿素＋DCD）三种缓释尿素增产率均超过 22.0%；SUC（大颗粒尿素＋硝化抑制剂 CMP）增产率为 18.9%；MAB（碳酸氢铵＋DCD）增产率为 6.2%。

此外，试验小区中施用其他肥料的薯块数量均在 310～317 个，单薯块重分别为 180～207g。施用 SUDT 和 MAB 的薯块数量分别为 281 个和 264 个，单薯块重分别为 234g 和 208g；总薯块重量大。

（4）"肥隆"缓释剂应用于蔬菜的效果　根据辽宁省新民市大民屯镇的试验结果，在大棚番茄施肥时添加"肥隆"缓释剂，取得良好的增产效果，施用肥隆尿素与施用普通尿素相比，其增产率为 7.8%～24.7%；四川省越西县大瑞乡在花椰菜上施用肥隆尿素与施用普通尿素相比增产率为 7.0%。

二、存在的问题

土壤肥力是农业持续发展的基础资源，要使作物产量和土壤地力协调发展，必须协调农业生态系统中基础能量和储备能量的关系，重视土壤库中再循环能量的后备基础库的发育，施肥及其采取的技术措施就是增加土壤库中物质和能量的基础，借以补偿由于作物的长期耕种而造成的土壤库养分的缺乏。

　　尽管缓/控释肥料虽然在促进作物正常生长、增加生物产量、提高肥料利用率和减少环境污染等方面具有突出作用，多种效用很好的缓/控释肥料已经商品化且随技术的发展在不断发展，但缓/控释肥料的开发和研究还存在着一些需要加强的领域和环节：①缓/控释肥料的生产仍以各种包膜肥和非包膜的改性缓释肥为主，这些缓/控释肥料价格太高，一般比普通肥料高 3～8 倍，且养分单一、工艺材料要求高，有的包膜材料对环境存在潜在的危害，使得缓/控释肥料在大田作物上的推广受到一定限制，因此开发低成本、多养分的缓/控释肥料将对农业生产具有重要意义，特别是应用工农业有机废弃物资源和化学肥料混合生产有机无机缓释复合肥对于降低肥料成本将具有重要的开发价值。②缓/控释肥料养分的释放评价方法不够完善，必须加强实验室或模拟研究测试法与田间作物吸收的相关研究。

　　针对存在的问题和中国的具体情况应用新工艺和技术，以生产价格较低而控释效果更好的控释肥料，以及根据不同作物的需肥特点、土壤的供肥状况，研制速缓相济，与不同大田作物吸肥曲线相吻合的控释专用复肥系列势必成为缓/控释肥料领域的研究重点。发展持续高效农业，控制环境污染、解决食品安全是今后农业发展的方向，对农业资源和环境保护问题的重视必然使缓/控释肥料研究的薄弱方面得以解决。随着我国工农业的快速发展，各种有机物废弃资源（如农作物秸秆、生活垃圾、畜禽粪便和农畜产品加工副产物等）越来越多，需采取及时有效的措施进行处理，除通过沼气发酵等形式处理外，用于肥料生产也是有机废弃物的重要处理方式之一。有机肥肥效缓长，但不能及时、足量满足植物对养分的需求；无机肥肥效较快，通过包膜或改性即使能达到肥料养分缓/控释，但成本高而难以推广应用。将有机废弃物料和无机肥料通过物理、化学和生物等综合技术深化处理，生产具有缓控释功能的非包膜有机无机缓/控释肥料，可以使大量、中量、微量养分全面，供肥过程均衡、平稳；可以起到无机促有机和有机保无机的作用，进而提高无机化肥养分利用率；可有利于农业有机肥废弃物资源的充分利用，既可以使作物高产，又得以维持地力，能改善土壤通透性和蓄水能力等，有望实现缓/控释肥料的低成本、实用化生产。特别是在我国建设资源节约型和环境友好型社会的背景下，充分利用各种肥料资源，经过无害化处理生产非包膜有机无机绿色缓/控释肥料对于净化人类环境、提高资源有效化利用以及实现"高产、优质、高效"农业具有巨大的现实意义和广阔的应用前景，也必将是我国今后肥料开发研究的重要领域和方向。

第八章　微量元素肥料

第一节　微量元素肥料概念及分类

一、微量元素肥料的概念

微量元素肥料是指含有硼、锰、钼、锌、铜、铁等微量元素的化学肥料，可以是含有一种微量元素的单纯化合物，也可以是含有多种微量和大量营养元素的复合肥料和混合肥料。微量元素是指自然界中含量很低的化学元素，部分微量元素具有生物学意义，是植物和动物正常生长和生活所必需的，称为"必需微量元素"或者"微量养分"，通常简称"微量元素"。必需微量元素在植物和动物体的作用有很强的专一性，是不可缺乏和不可替代的，当供给不足时，植物往往表现出特定的缺乏症状，农作物产量降低，质量下降，严重时可能绝产。近年来，农业生产上，微量元素缺乏日趋严重，许多作物都出现了微量元素的缺乏症，如玉米、水稻缺锌，果树缺铁、缺硼，油菜缺硼等。施用微量元素肥料已经获得了明显的增产效果和经济效益，全国各地的农业部门都相继将微肥的施用纳入了议事日程。

定量地说，对于作物来说，含量介于 $0.2 \sim 200 mg/kg$（按干物重计）的必需营养元素称为"微量元素"。到目前为止，证实作物所必需的微量元素有硼、锰、铜、锌、钼、铁等。这些元素经过工厂制造成肥料，就叫做微量元素肥料，如七水硫酸锌属于锌肥，硼砂、硼酸属于硼肥，硫酸锰属于锰肥，钼酸铵属于钼肥，硫酸铜属于铜肥，硫酸亚铁属于铁肥等。

微量元素是针对大量元素和中量元素而言的相对概念，是指在土壤中的含量及其可给性很低，以及动植物对它们的需要量很少。微量元素和大量元素都直接参与植物的营养和代谢过程。它们对动植物的营养和代谢是同等重要的，不可互相代替，有互促和制约的关系。微量元素肥料和大量元素肥料之间的相互关系也是如此。微量元素肥料的施用，要在大量元素肥料的基础上才能发挥其肥效。缺乏任何一种微量元素都会使作物生长发育不良，产量下降，严重缺乏时会造成死亡。同时，在不同的大量元素水平下，作物对微量元素的吸收数量也会相应增多。如果这时补充微量元素肥料就可以促进大量元素的吸收利用。大量元素肥料施用不合理也会诱发微量元素缺乏，需要通过施用相应的微量元素肥料去解决（如过量施用磷肥会诱发缺锌）。但若企图减少大量元素肥料的施用量，而只靠增施微量元素肥料来获得高产，也是错误的。因此，在农业生产中必须协调微量元素肥料和大量元素肥料的关系，合理配合、合理施用才能充分发挥它们的肥效。

二、微量元素肥料的种类

微量元素肥料的种类很多，一般按植物所必需的微量营养元素种类可分为硼肥、锌肥、锰肥、铁肥、钼肥、铜肥、多元微肥等。按形态分类，国内常见的微肥有以下几种。

（一）无机态微肥

无机态微肥包括易溶性微肥和难溶性微肥两种，前者如硫酸盐、硝酸盐、氯化物、硼酸盐和钼酸盐等，多为固体的速效性微肥，适于多种施肥方式，既可直接施入土壤作基肥和追肥，也可喷施作根外追肥或用于浸种和拌种，植物能及时吸收利用；后者如磷酸盐、碳酸盐、氯化物、各种含微量元素的矿物以及含有微量元素的硅酸盐玻璃肥料等，这些微肥均属于缓效性肥料，其中的微量元素养分释放慢，只适用于作基肥。

（二）有机螯合态微肥

有机螯合态微肥是用一种合成或天然的有机螯合剂与微量元素

离子螯合而成的一类肥料，如EDTA-Zn、腐植酸铁、尿素铁和含微量元素的木质素磺酸螯合物等，施入土壤后不易被土壤固定，提高了微肥的有效性，也可用于喷施，植物能吸收整个分子的螯合物，并将微量元素离子用于物质的代谢，其效果常较无机态微肥好，但螯合态微肥生产成本高。

微量元素肥料由于用量少，施用不便，可将一种或多种微量元素在常量元素肥料或复合肥料制造过程中加入，或机械混合，制成复混态微肥，既能施用均匀，同时能满足作物对常量和微量元素的需要，还有些微肥新品种，如包衣微肥、叶面肥、激素微肥等。

第二节　微量元素肥料作用

一、作物对微量元素的反应

作物种类不同，需肥特性也不同，对微量元素的需要量也不一样（如豆科作物和十字花科作物对微量元素的需要量大于禾本科作物），不同作物对微量元素反应的敏感性也不一致。如豆科作物对钼肥反应敏感，施用钼肥肥效明显；玉米、水稻对锌肥有较好的肥效反应，锌肥可防治玉米、水稻苗期白花病。即使同一作物不同品种之间，对微量元素肥料也有不同反应，如油菜作物，甘蓝型品种需硼量大于白菜型和芥菜型，一些优质油菜品种对硼肥的需要量更大，反应也更敏感。因此，当土壤缺乏某种微量元素时，对微量元素敏感的作物种类或品种表现出缺素症状。此时施用该微肥的增产效果最为显著。

各种作物对微量元素缺乏的敏感性是由其营养基因型决定的。不同作物根系在吸收微量元素的过程中，根际环境条件如酸碱度、氧化还原电位、分泌物等都是各不相同的，它们对微量元素的有效化的影响也不一样，这就使得各种作物对微量元素的反应不同。

二、微量元素肥料对植物-动物-人类之间食物链的调节作用

植物所必需的微量元素锌、锰、铜、铁也是人和动物所必需的。在正常情况下，动物所需的微量元素是从植物或植物性产品中摄取的，于是植物-动物-人类之间就构成一个食物链。土壤中微量元素缺乏或过多，或者不适当地施用微肥，对动物和人类都会产生不良影响。例如，我国北方 pH 值大于 7 的土壤都普遍缺锌，而在这类土壤上生产出来的植物锌含量就低，这样也会使该土地上出产的动物出现缺锌症状。这样植物性食物和动物性食物同时都会缺锌，必然会导致人缺锌。在这种情况下有计划地施用锌肥，既能促进农业和畜牧业的发展，又能提高人类的健康水平，从而调节食物链中锌的正常循环与平衡。

在钼矿地带的土壤中，钼的含量过高往往会使植物和反刍动物中毒（钼中毒病）。在这些地区，可给牧草（或其他饲用植物）施用铜肥（硫酸铜）来预防钼中毒，因为铜与钼之间有拮抗作用，铜可减少植物对钼的吸收，又可减少动物对钼的摄取。

食物链中微量元素的平衡问题愈来愈受到重视，农业、畜牧业、医药学、环境科学、遗传学、细胞学等诸学科从各自的学科角度正在进行新的探索和研究，其目的是发展农业和畜牧业的生产力，走农业可持续发展道路，把人类健康提高到一个新的水平。

第三节　微量元素肥料使用注意事项

微量元素肥料的种类很多，一般按植物所必需的微量营养元素种类可分为：硼肥、锌肥、锰肥、铁肥、钼肥、铜肥、多元微肥等。

农作物对这些元素需要量极小，但却是生长发育所必需的。近些年来，随着大量元素肥料的成倍施用，产量大幅度提高，加之有机肥料投入比重下降，土壤缺乏微量元素的状况随之加剧。但不同质地、不同作物对微量元素的需求，存在差异。因此，我们必须结

合实际，合理应用。

一、根据土壤丰缺情况和作物种类确定施用

一般情况下，在土壤微量元素有效含量低时易产生缺素症，所以应采取缺什么补什么的原则，才能达到理想的效果。同时不同的蔬菜种类，对微肥的敏感程度不同，其需要量也不一样。如白菜、油菜、甘蓝型蔬菜、萝卜等对硼肥敏感，需求量大；豆科和十字花科蔬菜对钼肥敏感；豆科类、番茄类、马铃薯、洋葱等对锌肥敏感等，稀土微肥在所有蔬菜上使用都有显著效果。

二、根据症状对症施用

缺硼则幼叶畸形、皱缩，叶脉间不规则退绿，生长点死亡；缺铜则新生叶失绿，叶尖发白卷曲；缺铁则新叶均匀黄化，叶脉间失绿；缺钼则中下部老叶失绿，叶片变黄，叶脉呈肋骨状条纹；缺锰则叶脉间失绿黄化，或呈斑点黄化；缺锌则叶脉间失绿黄化或白化。

第四节　硼肥及施用技术

一、硼肥的营养功能

硼肥是指提供植物硼营养，具有硼标明量的单质肥料，如硼酸、硼砂等。硼不是植物体的结构成分，在植物体内也没有化合价变化，它的生理功能是与其能和糖或糖醇络合成硼酯化合物有关。主要作用有以下几个方面：

（1）促进作用　硼能促进碳水化合物的代谢和运转，植物体内硼含量适宜，能改善作物各器官的有机物供应，使作物生长正常，提高结实率和坐果率。

（2）特殊作用　硼对花粉管生长和受精过程有特殊作用。它在花粉中的量，以柱头和子房含量最多，能刺激花粉的萌发和花粉管的伸长，使授粉能顺利进行。作物缺硼时，花粉和花丝萎缩，花粉

不能形成，表现出"花而不实"的病症。

（3）调节作用　在植物体内硼能调节有机酸的形成和运转，对作物分生组织的细胞分裂过程有重要影响。缺硼时，有机酸在根中积累，根尖分生组织的细胞分化和伸长受到抑制，发生木栓化，引起根部坏死。硼还能增强作物的抗旱、抗病能力和促进作物早熟。

另外，硼能促进蛋白质和核酸的合成，还参与木质素的合成；同时还能提高远缘杂交种的结实率。

二、作物的缺硼症状

作物体内含硼量一般为双子叶植物高于单子叶植物。单子叶植物含硼量为 $2 \sim 11mg/kg$，双子叶植物含硼量为 $8 \sim 95mg/kg$。一般需硼多的作物和对硼敏感的作物容易缺硼，不同种类的农作物缺硼症状表现多样化：有顶芽生长受抑制，并逐步枯萎死亡，侧芽萌发，弱枝丛生，根系不发达；叶片增厚变脆、皱缩，叶形变小；茎、叶柄粗短，开裂，木栓化，出现水浸状斑点或环节状突起；肉质根内部出现褐色坏死，开裂；繁殖器官分化发育受阻，易出现蕾而不花或花而不实。现将几种常见作物缺硼症状介绍如下。

（1）大、小麦　前期无明显症状，主要表现在扬花期，缺硼使雄蕊发育不良，花药空瘪，花粉少或畸形，导致子房不能受精，形成空瘪穗，成为"不稔症"。

（2）棉花　棉株上部叶片皱缩，下部叶片加厚变脆；株形为枝叶密集的多簇状，叶柄出现暗绿色的环节，严重缺硼时甚至"蕾而不花"。幼蕾极易脱落，偶尔开花也由于受精不良，使幼铃极易脱落或铃小呈畸形。

（3）油菜　心叶卷曲，叶肉增厚。下部叶片的叶缘和脉间呈现紫红色斑块，渐变黄褐色而枯萎。生长点死亡，茎和叶柄开裂，根茎外部组织肿胀肥大，但脆弱易碎。花蕾脱落，雌蕊柱头突出，主花序萎缩，侧花序丛生。开花期延长，花而不实。

（4）大豆　顶端枯萎，叶片粗糙增厚皱缩。生长明显受阻，矮缩。主根顶端死亡，侧根少而短。不开花或开花不正常，结荚少而畸形，根瘤发育不正常。

（5）果树　柑橘、苹果、桃和梨等缺硼时果实坚硬畸形，称缩果或石头果；葡萄缺硼则果穗扭曲，果串中形成多量无核小果，称葡萄小粒病。

另外，甜菜心腐病、芹菜茎裂病、烟草顶腐病、花生无仁等均是由于缺硼引起的生理病害。

三、土壤的供硼能力

土壤的供硼能力决定于土壤中硼的含量和硼的有效性。土壤中的硼主要来源于电气石，以及硬硼钙石、方硼石和硼镁石等含硼矿物。含硼矿物风化时，硼以 BO_3^{3-} 或 H_3BO_3 的形式进入土壤溶液。因此，土壤硼含量与土壤类型和成土母质关系很大，一般沉积岩发育的土壤含硼量较高，而火成岩发育的土壤含硼量较低。干旱地区含硼量较湿润地区高，滨海地区高于内陆地区。我国土壤的含硼量为痕迹至 500mg/kg，平均为 64mg/kg。土壤含硼量低，则土壤供硼能力差；但土壤含硼量高时，土壤供硼能力不一定高。土壤供硼能力的高低与土壤中硼的存在形态及其有效性有关。土壤中的硼主要有水溶态硼、吸附态硼、有机态硼和矿物态硼。土壤中这几种形态的硼在一定条件下可以相互转化，矿物态硼通过风化和有机态硼通过分解，释放出硼酸分子或离子于土壤溶液中，或在土壤胶体表面吸附或解吸，使土壤硼的有效性保持动态平衡，满足作物对硼的需要。另外，水溶态硼在土壤中亦可以通过络合、沉淀与吸附固定，转化为有机结合态和矿物态，即变为对作物难以吸收的形态。土壤硼的供给能力与农业生产关系密切。供硼能力差，会影响作物的生长和产量，施用硼肥后则产量大幅度提高。

四、硼肥的种类和性质

常用硼肥有硼砂和硼酸。此外，还有含硼过磷酸钙、硼碳酸钙、硼石膏、硼镁石、硼泥等，也可作硼肥施用（表 8-1）。有机肥料和草木灰等也含有少量的硼。长期施用可减轻作物的缺硼症状。

表 8-1 常见硼肥的种类和性质

名称	化学分子式	含硼量/%	主要性质
硼酸	H_3BO_3	16.1~16.6	易溶于水
硼砂(十水四硼酸钠)	$Na_2B_4O_7 \cdot 10H_2O$	10.3~10.8	易溶于水
五水四硼酸钠	$Na_2B_4O_7 \cdot 5H_2O$	约 14	微溶于水
四硼酸钠(无水硼砂)	$Na_2B_4O_7$	约 20	溶于水
十硼酸钠(五硼酸钠)	$Na_2B_{10}O_{16} \cdot 10H_2O$ $(Na_2B_{10}O_{16} \cdot 5H_2O)$	约 18	易溶于水
硼玻璃	玻璃体(粉状硅酸盐)	10~17	枸溶性缓效硼肥
硼泥	制硼砂和硼酸的残渣	0.5~2.0	部分溶于水,只适合做基肥

五、硼肥有效施用条件

硼肥与其他微肥类似,在施用上有较强的条件性和针对性。只有在土壤有效硼含量缺乏时,即土壤供应的硼不能满足作物对硼的需求、作物产生缺硼症状或潜在性缺硼时,才有必要施用硼肥以促进作物生长。

(一) 土壤条件

土壤有效硼含量是决定硼肥有效施用的主要条件。土壤有效硼以水溶态硼表示,一般以土壤水溶性硼小于 0.5mg/kg 作为土壤缺硼的临界值（即为施硼有效的临界指标)。但对不同土壤和作物有较大的差异,如油菜的土壤缺硼临界值为 0.2~0.4mg/kg,棉花为 0.2~0.6mg/kg,果树<0.3mg/kg,禾本科作物<0.1mg/kg。通常淋溶严重的酸性土、质地轻的沙性土、pH>7 的石灰性土和施用石灰过多的酸性土壤等水溶性硼含量较低,作物在这些土壤上容易缺硼,应优先考虑施用硼肥。

(二) 适宜作物

一般需硼量多的对硼敏感的作物主要为豆科和十字花科作物,禾谷类作物对硼不太敏感,但在严重缺硼时施用硼肥也有一定增产效果。对缺硼高度敏感的有油菜、花椰菜、芹菜、葡萄、萝卜、甘蓝、莴苣等；中度敏感的有番茄、棉花、马铃薯、胡萝卜、花生、桃、板栗、茶等；敏感性差的有大麦、小麦、玉米、水稻、大豆、蚕豆、豌豆、黄瓜、洋葱、禾本科牧草等。同种作物不同品种需硼量也不同。如油菜施硼的效果为甘蓝型＞芥菜型＞白菜型，晚熟品种＞早熟品种。

叶片含硼量是判断作物施用硼肥效果的重要依据。一般作物叶片含硼量在 20～100mg/kg 时生长正常，不需要施用硼肥；叶片含硼量＜20mg/kg 时有些作物（如油菜和棉花等）可能出现缺硼症状，施用硼肥效果明显；因此，以 10mg/kg 作为缺硼临界值。当叶片含硼量＞100mg/kg 时，说明硼量足，若再施用硼肥，有可能导致作物中毒。但是不同种类作物、不同作物品种和不同生育期缺硼，作物叶片含硼量也有差异。如柑橘、葡萄叶片含硼量＜10mg/kg 时表现缺硼。

此外，缺硼与否与作物生长环境也有关系。如在湿润多雨或干旱缺水等不正常气候条件下，当作物施用高量的氮、钾、钙肥时，会激化作物缺硼，应适当补充硼肥。作物缺硼症状观察、土壤分析和叶片分析等应综合运用，可以比较正确地对作物硼素营养状况作出诊断。

六、硼肥的施用技术和肥效

作物硼含量从缺乏到中毒的范围很窄，又因硼在土壤中是比较容易移动的元素，不同作物对硼的需求不一，故最应特别注意施用量，若施用不当，对作物造成毒害或污染环境。

常用的施硼方法如下。

（一）基肥

在中度或严重缺硼的土壤上，硼肥作基肥施用比喷施好，其肥效持续时间较长。硼砂的施用量：大田作物为 0.3～0.7kg/亩；果树视树冠大小施用量不同，小树施硼砂 20～30g/株，大树 100～200g/株。由于用量较少，不易施匀。所以一般将少量硼肥掺入化肥、有机肥或干细土中，混匀后开沟条施或穴施于植株的一侧，不宜与种子或幼根直接接触，以免影响种子发芽或灼伤根，施肥后覆土。基肥硼砂用量超过 1.0kg/亩时，就有可能导致作物毒害。因此，要严格控制硼肥用量。

硼泥价格低，由于含硼量低，用量较大，宜作基肥施用。大田作物施硼泥 15kg/亩，果树用量 1.5～2.0kg/株，可与过磷酸钙或有机肥混合施用。一定要施用均匀，以免局部硼浓度过高引起作物中毒。

（二）叶面喷施

在土壤轻度缺硼、潜在性缺硼或在作物出现缺硼症状后，可采用叶面喷灌的方法。叶面喷施具有省工、省肥、肥效快的优点，并可与其他性质相近的化肥、农药、生长调节剂等混合喷施。喷施要选用水溶性的硼肥。喷施浓度为硼砂溶液 0.1%～0.2%、硼酸溶液 0.05%～0.1%，喷施硼溶液的用量为 30～100kg/亩，以植株充分均匀湿润为宜；喷施次数因硼在作物体内运转能力差，应多次喷施，一般喷施 2～3 次。不同作物适宜的喷硼时期不同，油菜在苗期和抽薹期喷施；棉花在蕾期、初花期和花铃期各喷 1 次；大豆、花生、蚕豆在初花期和盛花期喷硼；甜菜在块根膨大期和淀粉积累期喷硼；麦类在孕穗期、初花期或灌浆期喷硼；果树在春梢萌发后或花前各喷 1 次，严重缺硼时，在幼果期再喷 1 次。喷施宜选在晴天下午 4 时后或在早晨喷施，有利于作物对硼的吸收和利用。在天气干燥和大风时不宜喷施，喷后 6h 内如遇降雨，应重新喷施。

（三）浸种和拌种

浸种用的硼砂溶液浓度为 0.02%～0.05%，先将硼砂溶于 40℃温水中，种子在硼砂溶液中浸泡 4～6h 后捞出晾干（切勿在太阳下暴晒），即可播种。

拌种时每千克种子用 0.5～1.0g 硼砂，即用热水溶解硼砂并配成 3%～5% 的硼砂溶液，喷在种子上，及时拌匀，以溶液全部吸干为好。晾干后，尽快播种。在农业生产上用硼浸种比拌种要安全，但大豆、花生等大粒种子以及在盐碱土上种植的作物不宜浸种。浸种时必须控制硼砂浓度、浸种时间及拌种的硼砂用量，以免灼伤种子。

（四）追肥

在土壤严重缺硼时宜在作物苗期追肥。在轻度缺硼时可在作物现蕾期和初花期施用硼砂，用量为 0.5～0.75kg/亩，应深施覆土，与植株保持一定距离。

硼肥的增产效果因土壤供硼能力、作物种类、硼肥的施用方法、用量、时期而有所不同。据张道勇在《中国实用肥料科学》中报道：全国油菜 342 个试验统计结果证明，施肥平均增产 38％。在极严重缺硼时，施硼产量甚至成倍增长。

第五节　锰肥及施用技术

一、锰肥的营养功能

锰以二价离子态（Mn^{2+}）被植物吸收。在植物体内锰有两种形式：以 Mn^{2+} 或以结合态（锰与蛋白质结合），存在于酶与生物膜上。锰在植物体内再利用的程度较差，因此缺锰症状首先发生在幼叶。钙、镁、铁、锌等阳离子都可影响植物对锰的吸收和运转。反之，锰也会妨碍植物对这些阳离子的吸收。锰有价态变化，在植物体内积极参与代谢中的氧化还原过程。锰是许多酶的活化剂，并且通过这种作用间接参与各种代谢过程。

（1）锰直接参与光合作用　锰参与光合作用中水的裂解和放氧（O_2）系统。锰有维持叶绿体膜正常结构的作用。在叶绿体的基粒片层（类囊体）中，锰以键桥的形式固在双层膜的内膜上。

（2）锰是多种酶的活化剂　研究表明锰是 30 多种酶的活化剂和 3 种酶的组成成分，所以锰与呼吸作用、水化合物的转化、生长素的合成及降解等都有密切关系。

（3）锰调节氧化还原作用　在植物体内锰有价数变化，即

Mn^{2+} 和 Mn^{4+} 相互转化。锰与铁相互配合，共同调节植物体内的氧化还原电位和氧化还原过程。所以，植物体要有一定的 Mn/Fe 含量比。

此外，锰参与氮代谢，对种子萌发、幼苗生长、花粉管的发育、幼龄果树提早结果、维生素 C 的形成以及增强植物茎的机械强度等均起一定作用。

二、作物的缺锰症状

作物缺锰时，首先在新生叶脉间失绿黄化，而叶脉和叶脉附近仍保持绿色，脉纹较清晰。严重缺锰时叶面脉间出现黑褐色细小斑点，进而斑点增多扩大，布及整个叶片。不同作物缺锰的症状及易发部位有所不同。

（1）大、小麦　苗期植株黄化，叶脉间退绿形成条纹花叶，并于叶脉间出现褐色斑点，斑点逐渐扩展成线状或片状，直至枯死。常于离叶基 1/3～1/2 处背折下垂，使株形披散纷乱。在拔节到幼穗分化期症状表现最典型，分蘖少，生育停滞。

（2）水稻　从叶尖开始向叶的基部发展，形成失绿条纹，叶基部变褐色，严重时坏死，新生叶宽短，呈淡绿色，植株矮小。

（3）蔬菜　一般从上部叶片开始，叶片脉间褪淡逐渐呈黄化叶，并出现褐色斑点或灰色等杂色斑，叶脉仍保持绿色，这些症状对光观察较为明显。番茄缺锰早期就在叶面上出现小褐点，茎叶浅绿色，叶面上生有许多小泡，渐渐扩大褪色，叶片两侧上卷，果实小。黄瓜缺锰，植株发育不良，节间短，上部幼叶边缘向下弯，下部叶片从叶肉开始失绿，并向叶脉扩展，而叶脉保持绿色，似一张绿色的网。其果实畸形，靠果柄一端极细，而到下部突然膨大，表皮色绿。甜菜缺锰，生育初期表现为叶片直立，叶片呈三角形，脉间有黄化斑点，称"黄斑病"。继而黄褐色斑点坏死，逐渐遍及全叶，叶缘向上卷缩，严重坏死部分脱落穿孔。

（4）果树　缺锰时新叶脉间失绿，呈淡绿色或淡黄绿色，叶脉仍保持绿色，但多为暗绿色，失绿部位呈苍白色，叶片变薄，提早脱落，形成秃枝或枯梢；根尖坏死；坐果率低，果实畸形等。苹果叶呈浅绿色，有斑点，严重时，脉间变褐色并坏死。

三、土壤中的锰

土壤中的锰来源于成土母质。土壤中锰的含量平均为 850mg/kg，我国土壤锰的平均含量为 710mg/kg。一般红壤全锰含量最高，有效锰也较高，而石灰性土壤则锰含量较低。

土壤锰含量还受成土过程的影响。我国淋溶作用较强的黄壤含锰量很低。土壤中的锰大部分不能直接被作物吸收利用，锰在土壤中的存在形态及其有效性是不同的。土壤中锰的形态有：水溶态锰、代换态锰、易还原态锰、有机态锰、矿物态锰。上述五种形态的锰在土壤中处于相互转化中，转化方向决定于土壤 pH 值、氧化还原电位、氧化锰的水化和脱水作用、土壤有机质和微生物互动。在酸性土壤中，大量的锰呈水溶态和代换态存在。土壤中各种形态的锰对植物的有效性是不同的。水溶态锰和代换态锰对植物是有效的，有机态锰部分有效，矿物态锰大多是无效的（少数有效）。

四、锰肥的种类

目前常用的锰肥是硫酸锰，其次是氯化锰、氧化锰、碳酸锰等（表 8-2）。

表 8-2　常见锰肥的成分与性质

名称	分子式	含锰/%	水溶性	施肥方式
硫酸锰	$MnSO_4 \cdot H_2O$	31	易溶	基肥、追肥、种肥
氧化锰	MnO	62	难溶	基肥
碳酸锰	$MnCO_3$	43	难溶	基肥
氯化锰	$MnCl_2 \cdot 4H_2O$	27	易溶	基肥、追肥
硫酸铵锰	$3MnSO_4 \cdot (NH_4)_2SO_4$	26～28	易溶	基肥、追肥、种肥
硝酸锰	$Mn(NO_3)_2 \cdot 4H_2O$	21	易溶	基肥
锰矿泥	—	9	难溶	基肥
含锰炉渣	—	1～2	难溶	基肥
螯合态锰	$Na_2MnEDTA$	12	易溶	喷施、拌种
氨基酸螯合锰	$Mn \cdot H_2N \cdot R \cdot COOH$	10～16	易溶	喷施、拌种

五、锰肥的有效施用条件

施用锰肥的效果与土壤有效锰含量、作物种类和锰肥施用技术有密切关系。

(一) 土壤条件

土壤中含有较多的锰，作物缺锰多数是由于不良的土壤条件使土壤中的有效态锰转化为不能被作物吸收的难溶态锰而引起的。一般碱性、质地轻、通透性好的石灰性土壤，碱性的海涂，有机质少的沙土、冲击土和氧化还原电位高的土壤，以及过量施用石灰的酸性土壤和微生物固定锰等，均能使土壤中的有效态锰含量降低，导致作物缺锰。

(二) 适宜作物

根据各种农作物对缺锰的敏感性和对锰肥的需要情况可分为三类。

(1) 对缺锰敏感和需锰量多的作物　如燕麦、甜菜、小麦、马铃薯、大豆、豌豆、洋葱、莴苣、菠菜、芜菁、柑橘、苹果、烟草、桃、葡萄等。

(2) 需锰量中等的作物　如大麦、玉米、三叶草、芹菜、萝卜、胡萝卜、番茄等。

(3) 需锰量较少的作物　如苜蓿、花椰菜、包心菜等。

一般豆科作物对锰的需要量比禾本科作物多，把对缺锰最敏感的燕麦、甜菜、苹果、桃、葡萄等作为判断土壤供锰水平的指示作物。对缺锰敏感和需锰量多的作物，施用锰肥效果明显。一般作物含锰量在 $20 \sim 100 mg/kg$ 时生长正常，当作物含锰量 $< 20 mg/kg$ 就容易发生缺锰症状，需要施用锰肥。

六、锰肥的施用技术

易溶的硫酸锰既可用作基肥，也可用作种肥或叶面喷施。其他难溶的缓效性锰肥或含锰矿渣只宜作基肥。

（一）基肥

施用硫酸锰每亩 1～2kg，混入干细土或有机肥料或酸性肥料后施用，可以减少土壤对锰的固定，提高锰肥效果。难溶性锰肥适宜作基肥，在土壤中逐渐释放出锰供作物吸收，效果常胜过硫酸锰。采用条施或穴施和深施覆土可提高锰肥效果。作种肥时应把锰肥与种子隔开。

（二）种子处理

包括浸种和拌种。浸种，用 0.05％～0.10％ 的硫酸锰溶液（与种子的比例为 1：1）浸种 12～24h，捞出阴干即可播种。当土壤干旱时浸种会降低出苗率，拌种较为安全。拌种，每千克种子用 2～4g 硫酸锰。先将锰肥用少量温水溶解，然后均匀地喷洒在种子上，边喷边拌种子，阴干后播种。种子处理的锰肥用量少，成本低，可以避免不良土壤条件对肥效的影响，但对需锰量多的作物，如再配合叶面喷施，肥效会更好。

（三）根外追肥

叶面喷施硫酸锰是矫治作物缺锰常用的方法。通常配成 0.2％ 溶液，喷施 2～3 次，每次间隔 7～10 天，每亩每次用液量 30～50kg。适喷时期：棉花在盛蕾期和结铃初期，麦类作物在分蘖期和孕穗期，甜菜在块根形成期和块根增长期，果树作物在始花期。

第六节　铜肥及施用技术

一、铜肥的营养作用

植物吸收的铜是 Cu^{2+} 和络合铜。在植物体内以结合态存在，通过本身的价变起氧化还原作用。植物体内有许多种含 Cu 酶或 Cu 蛋白，起着重要的生理作用。

（一）铜参与植物的光合作用

植物体内有许多含铜蛋白。如质蓝素可以通过铜的价变，参与光合系统的电子传递，铜还与叶绿素前体卟啉的形成有关。严重缺铜时光合作用急剧减弱。可见，铜在植物光合作用中起着重要作用。

铜是许多氧化酶的成分，如细胞色素氧化酶、抗坏血酸氧化酶、多酚氧化酶、超氧歧化酶等都是含铜的酶。其中细胞色素氧化酶除含有 2 个铜原子外，还含有 2 个铁离子，在植物呼吸的末端氧化过程中起重要作用；抗坏血酸氧化酶和多酚氧化酶都是呼吸作用的末端氧化酶之一。含铜的酶类还能催化脂肪酸的去饱和作用和羟基化作用，因此，铜能加强脂肪酸的合成。

（二）铜参与植物的氮代谢

铜参与硝酸还原作用。因为亚硝酸还原酶、次亚硝酸还原酶和氧化氮还原酶都含有铜。所以，缺铜时植物体内蛋白质合成受阻，可溶性氨基酸积累。同时缺铜还影响 RNA 和 DNA 的合成。铜对于豆科植物根瘤的形成于固氮作用是必需的。铜可能参与豆血红蛋白的合成，植物缺铜时根瘤形成减少；缺铜会降低根瘤内末端氧化酶的活性，使固氮系统内的养分压增大。

二、作物的缺铜症状

作物缺铜的症状是叶片叶绿素减少，新生叶失绿发黄呈凋萎干枯状，叶尖发白卷曲，生殖器官发育受阻。但不同作物对缺铜的敏感性不一，表现的症状有差异。如烟草对铜不敏感，而麦类对铜极为敏感。故把燕麦和小麦作为缺铜的指示植物。果树中的桃、梨、杏、苹果、柑橘、梅、橄榄等发生的枝枯病或顶端黄化病都是由于缺铜所致。

（1）麦类　麦类需铜量并不多，但对铜敏感，容易出现缺铜症状。其中小麦比大麦、燕麦更为敏感。缺铜时新叶呈灰绿色，下位叶前半黄化和上位叶常干卷（旋转）成纸捻状；穗发育不齐，大小不一，花粉细胞不育致使穗而不实。

（2）果树　柑橘类果树缺铜时新梢丛生，新梢上长出的叶片小而畸形，果皮上出现褐色赘生物。梨树缺铜症状为新梢萎缩、枯干，称顶枯症。苹果和桃等果树缺铜时，树皮粗糙易出现裂纹，常分泌出胶状物，果实小而硬，易脱落。

（3）蔬菜　洋葱缺铜时鳞片较薄，鳞茎生长缓慢，松散不坚实。番茄缺铜，小叶叶缘向内卷，顶部凋萎下垂。青椒缺铜时，刚伸展的幼叶脉间失绿黄化，易于萎缩。

植物缺铜也会影响动物和人体健康。牲畜施用缺铜牧草会发生贫血、生长衰弱；人体缺铜可引起遗传性铜代谢障碍。但植物体内含铜量过高、动物摄取过量的铜，也会毒害动植物或造成环境污染。

三、土壤中的铜及其有效性

土壤中的铜主要来源于成土母质中的原生矿物和次生矿物。在成土过程中，矿物质释放出的铜主要被土壤黏粒吸附，另外土壤腐殖质对铜有富集作用。因此，土壤中铜的含量除了决定于母质外，还与土壤黏粒和腐殖质含量有关。土壤中的铜以各种不同的形态存在，可分为水溶态、代换态、有机态和矿物态。水溶态铜能被植物直接吸收利用。有机态铜有的对植物是有效的，有的则要通过有机质分解才能为植物吸收利用。

以上几种形态的铜对植物的有效性不一样，但是能互相转化。水溶态铜和代换态铜为有效铜。土壤溶液中铜减少时，主要由吸附在铁、铝氧化物表面以及有机质络合的铜来补充。矿物态铜的溶解性很低，难以被植物利用。

四、铜肥的种类

我国常用的铜肥是硫酸铜，其他还有氧化铜、氧化亚铜、碱式硫酸铜和含铜矿渣等（表8-3）。

五、铜肥合理施用的条件

（一）土壤条件

铜肥应首先施用在缺铜的土壤和对铜敏感的作物上。一般泥炭土、沼泽土等富含有机质的土壤及长期渍水的土壤，由于土壤中的

表 8-3　主要含铜肥料的成分及性质

品种	分子式	含铜量/%	溶解性	适宜施肥方式
硫酸铜	$CuSO_4 \cdot 5H_2O$	$25 \sim 35$	易溶	基肥、种肥、叶面施肥
碱式硫酸铜	$CuSO_4 \cdot 3Cu(OH)_2$	$15 \sim 53$	难溶	基肥、追肥
氧化亚铜	Cu_2O	89	难溶	基肥
氧化铜	CuO	75	难溶	基肥
含铜矿渣	—	$0.3 \sim 1$	难溶	基肥
螯合状铜	$Na_2CuEDTA$	18	易溶	种肥、喷施
氨基酸螯合铜	$Cu \cdot H_2N \cdot R \cdot COOH$	$10 \sim 16$	易溶	种肥、喷施

铜与腐殖质形成稳定的络合物而降低铜的有效性；南方丘陵地区的酸性砾质土、石灰岩发育的砾质土，由于土壤本身铜含量贫乏；pH 高的碱性土和施用石灰过量的土壤，由于土壤中的铜转化为难溶态铜，在这些缺铜土壤上施用铜肥有良好效果。

（二）适宜的作物

据作物对铜反应的敏感性和需铜状况可分为：需铜量多的作物（如小麦、洋葱、菠菜等）；需铜较多的作物（如大麦、燕麦、水稻、花椰菜、向日葵等）；需铜中等的作物（如马铃薯、甜菜、亚麻、黄瓜、番茄等）；需铜较少的作物（如玉米、豆类和油菜等）。一般在需铜量多和对铜敏感的作物上施用铜肥的效果好。正常生长的作物叶片含铜量多在 $5 \sim 20mg/kg$，当叶片含铜量低于 $4mg/kg$ 时，施用铜肥有良好效果。

六、铜肥的施用技术

铜肥可施入土壤中作基肥，也可作根外追肥、叶面喷施或浸种和拌种。

（一）基肥

铜肥作基肥有效而且肥效持久。硫酸铜每亩用 $1 \sim 1.5kg$，最好与其他酸性肥料配合使用，肥效可持续 $2 \sim 3$ 年。含铜矿渣也可作基肥，一般在冬耕或早春耕地时，均匀施入土中，每亩用 30～50kg，肥效可持续 4～5 年。由于铜在土壤中的移动性很小、土壤对铜的吸附能力强、铜肥有较长的后效（铜易在土壤中积累）、作物对铜的需求量较少，所以，铜肥的用量宜少，要施均匀，特别是在沙性土施用时，应尤其注意，不必连续施用。铜肥施用过多会影响种子发芽，抑制作物生长。另外，硫酸铜的价格较贵，故一般用作种肥和根外喷施。

（二）根外追肥

叶面喷施是矫治作物缺铜常用的方法，硫酸铜溶液浓度为 0.02％～0.05％，每亩喷量 50～100kg（视苗大小）。用硫酸铜溶液直接喷施易使作物发生肥害，可加 0.15％～0.25％的熟石灰，或配成波尔多液农药施用，既可避免叶面灼伤，又可起杀菌作用。喷施的时期宜早不宜晚，麦类作物不应晚于分蘖末期。

（三）种子处理

（1）浸种　硫酸铜溶液的浓度为 0.02％～0.05％，浸种 12h 后，捞出阴干再播种。

（2）拌种　每千克种子用硫酸铜 1g，拌种前将肥料用少量水溶解后，均匀地喷洒在种子上，边喷边拌，阴干后播种。种子处理时，硫酸铜的用量要严格控制，否则会影响发芽。

第七节　锌肥及施用技术

一、锌肥的营养功能

锌不仅是植物所必需的营养元素，而且也是人和动物所必需的元素，所以又叫生命元素。具有锌标明量以提供植物养分为其主要功效的肥料为锌肥，主要包括硫酸锌、氯化锌等。

锌是植物必需的微量元素之一。锌以阳离子（Zn^{2+}）的形态被植物吸收，在植物体内锌以 Zn^{2+} 或以与有机酸结合的形态主要通过木质部长距离运输。锌在酶和相应的基质之间连接成桥键，使酶活化，或者成为酶的成分。锌还能与多种有机化合物（包括多肽）形成螯合物。锌通过这些功能发挥生理作用。

（1）锌能促进吲哚乙酸（IAA）的合成 锌是合成吲哚乙酸的前身——色氨酸所必需的元素。它参与植物体内生长素（吲哚乙酸）的合成，从而促进幼叶、茎端、根系的生长。

（2）锌是多种酶的成分和活化剂 已经发现含锌的酶有 80 多种，锌也是谷氨酸脱氢酶、醛缩酶、黄素激酶、己糖激酶等多种酶的活化剂。这些酶大部分是在呼吸作用的糖酵解反应中起重要作用，因此，锌参与呼吸作用及多种物质代谢过程。

（3）锌与蛋白质合成有密切关系 锌具有稳定核糖核酸（RNA）的作用，对维持 RNA 分子立体结构是必需的，而 RNA 是蛋白质合成所必需的，因而锌与蛋白质合成的关系密切。

（4）锌对叶绿素形成和光合作用有重大影响 植物缺锌时叶片往往发生脉间失绿，出现白化或黄化症状。这表明锌和叶绿素形成有关。有锌参与形成的锌卟啉，可能是叶绿素的前身。缺锌可导致叶绿体数量减少、结构破坏，光合效率降低。锌是碳酸酐酶的必要成分，该酶结合在叶绿体的膜上，催化 CO_2 水合作用，因而锌可以促进进入气孔的 CO_2 通过细胞液扩散到叶绿体中，对光合作用有直接影响。

此外，锌对于作物根系细胞膜、细胞结构的稳定性及功能完整性是必不可少的。锌起着保护根表或根内细胞膜的作用，增强作物的抗逆性，并可调节作物体内磷的平衡，影响作物对磷的吸收利用。

二、作物的缺锌症状

作物缺锌症状多发生在生长初期，常表现为植株矮小，叶子的分化受阻，而且畸形生长，很多植物幼苗缺锌时，会发生"小叶病"，有时呈簇生状，叶片脉间失绿黄化，有褐色斑点，并逐渐扩大成棕褐色的坏死斑点，生育延迟。锌过量易中毒，新生叶失绿发黄，发皱卷缩。作物种类不同，其缺锌症状也有差异。

（1）水稻　一般在水稻插秧后2～4周时发生，苗期生长缓慢、僵化，局部出现死苗。先从新叶中部失绿变白，进一步在中、下部叶片上出现大量褐斑和条纹，由下而上、由内向外发展。下部叶发脆、下披、易折断、叶尖端枯焦干裂。植株矮小、节间缩短。根系细弱，呈红褐色。上下叶鞘重叠。叶枕并列，新叶短小（倒缩苗），分蘖少而小。

（2）玉米　常在苗期发生。刚出土的玉米新芽呈白色，称为白芽病。当长出4～5片叶后，玉米的叶脉间出现与叶脉平行的黄白色条纹，形成花白苗。有时沿条纹开裂，叶织出现焦枯。根系变成褐色，新根少。植株矮缩，果穗小、缺粒秃尖。

（3）蔬菜　叶菜类蔬菜新叶出生异常，有不规则的失绿，呈黄色斑点。番茄、青椒等果菜类呈小叶丛生状，新叶发生黄斑，黄斑渐向全叶扩展，还易感染病毒病。番茄缺锌则生长瘦弱，首先叶面上出现黄斑，叶片扭曲，黄斑逐渐扩展，整株发黄，枝叶下垂，最后枯焦，果实较小。黄瓜缺锌则生长不良，从老叶边缘开始发黄发焦，渐渐向内不规则扩展，叶片上出现小黄斑点，其果实粗短，果皮形成粗绿细白相间的条纹，绿色较浅。

（4）果树　苹果、桃、梨、樱桃、梅、杏、葡萄、柑橘等缺锌，枝条节间缩短，顶枝或侧枝呈莲座状。小叶簇生于枝端，称小叶病。严重时新梢由上而下枯死。有时叶片过早脱落形成顶枯，果实小。

三、土壤的供锌水平

土壤的供锌水平决定于土壤中有效锌的含量。而土壤有效锌含量则受土壤类型、土壤pH、碳酸钙含量、水分、氧化还原电位、有机质含量、施肥情况和温度条件的影响。土壤中的锌可分为四种形态：水溶态锌，代换、吸附态锌，有机态锌，矿物态锌。在上述锌的各种存在形态中，水溶态锌和代换态锌属有效态锌，但各种形态的锌是在不断相互转化的。

　　土壤中的锌主要来自成土母岩，如基性火成岩母质发育的土壤一般比酸性火成岩的含锌量高，石灰岩和砂岩含锌很少。施用的有机肥和锌肥，除供作物吸收外也参与土壤中锌的转化。在酸性土壤中，锌的有效性较高，但由于酸性淋溶作用较强，有效态锌含量较少，供锌水平低，碱性土壤或石灰性土壤锌的有效性降低，由于pH 值升高并含有碳酸钙，含锌化合物的溶解度小，碳酸钙对锌的固定作用导致土壤供锌不足。我国北方的潮土、褐土、砂姜黑土、盐碱土、黑钙土、黄绵土、娄土等一般供锌水平都较低；南方的酸性土由于长期淋溶作用等原因，土壤含锌量少，有效态锌含量也很少。

四、锌肥的种类和性质

　　锌肥的品种有硫酸锌、氯化锌、碳酸锌、硝酸锌、氧化锌、硫化锌、螯合态锌、含锌复合肥、含锌混合肥和含锌玻璃肥料等。其中以硫酸锌和氯化锌为常用，氧化锌次之。常见锌肥成分及性质见表 8-4。

表 8-4　常见含锌肥料成分及性质

名称	主要成分	含锌(Zn)/%	主要性质
七水硫酸锌	$ZnSO_4 \cdot 7H_2O$	20～30	无色晶体，易溶于水
一水硫酸锌	$ZnSO_4 \cdot H_2O$	35	白色粉末，易溶于水
氧化锌	ZnO	78～80	白色晶体或粉末，不溶于水
氯化锌	$ZnCl_2$	46～48	白色粉末或块状，易溶于水
硝酸锌	$Zn(NO_3)_2 \cdot 6H_2O$	21.5	无色四方晶体，易溶于水
碱式硫酸锌	$ZnSO_4 \cdot 4Zn(OH)_2$	55	白色粉末，溶于水
碱式碳酸锌	$ZnCO_3 \cdot 3Zn(OH)_2 \cdot H_2O$	57	白色细微无定型粉末，不溶于水
尿素锌	$Zn \cdot CO(NH_2)_2$	11.5～12	白色晶体或粉末状微晶粉末，易溶于水
螯合锌	$Na_2ZnEDTA$	14	
	$Na_2ZnHDTA$	9	液态，易溶于水
氨基酸螯合锌	$Zn \cdot H_2N \cdot R \cdot COOH$	10	棕色，粉状物，易溶于水

五、锌肥有效施用条件

根据土壤条件、作物种类和掌握锌肥施用技术，才能充分发挥锌肥的作用。

（一）土壤条件

土壤有效锌含量是合理施用锌肥的主要依据。容易缺锌的土壤有：淋溶强烈的酸性土或花岗岩、红砂岩母质发育的土壤、石灰性土壤及过量施用石灰的酸性土壤，有机质高或贫乏，心土暴露的土壤，pH 值大于 7，过量施用氨水、碳酸氢铵、尿素等的土壤，大量施用磷肥的土壤，都容易引起作物缺锌。此外，在多雨、渍水和低温条件下，土壤有效锌含量降低，施用锌肥效果明显。如土壤有效锌含量低于 0.5mg/kg 的黄潮土、黄绵土、娄土、褐土、棕壤、碳酸盐紫色土、石灰性水稻土、紫色土区水稻土、冷浸田等，对水稻、玉米以及苹果、梨、桃等果树施用锌肥都有增产效果。

（二）适宜作物

作物对锌反应的敏感度是施用锌肥的重要依据。对锌敏感的作物有：水稻、玉米、亚麻、棉花、啤酒花、番茄、菜豆、苹果、桃、柑橘、葡萄等。通常把玉米、柑橘和桃树作为土壤供锌水平的指示作物。当土壤缺锌时，这些作物首先表现出缺锌症状。正常生长的植物含锌量为 20～100mg/kg，当低于 20～25mg/kg，作物容易出现缺锌，但因作物种类和生育期的不同而有差异。

六、锌肥的施用技术

水溶性锌肥既可以作基肥，又可作追肥或根外追肥、拌种或浸种，而非水溶性锌肥一般只适合做基肥。

（一）基肥

对于缺锌土壤，锌肥作基肥的效果显著高于追肥。不仅对当季作物有效，而且还有后效，肥效可持续 1～2 年。作物缺锌症状多发生在生长初期，锌肥基施能满足作物生长前期对锌的需要。其用量一般为硫酸锌（$ZnSO_4 \cdot 7H_2O$）$0.75 \sim 1.0$kg/亩。由于用量较少，锌肥可与有机肥混施或拌到复合肥中施用。水稻最好将锌肥施于秧田。锌在土壤中不易移动，应施在种子附近，但不能直接接触种子。锌肥可与生理酸性肥料混施，但不宜与磷肥混施。

（二）浸种或拌种

常将硫酸锌用于拌种，每千克种子加 $2 \sim 6$g，用少量水溶解，喷在种子上，边喷边拌，晾干即可。对于水稻，待种子萌芽后，用 1.5%的氧化锌包被湿润的种子。用于浸种的浓度为 0.02%～0.05%硫酸锌溶液，浸种 $6 \sim 8$h，捞出晾干，浸种还需再结合根外追肥。

（三）根外追肥

可叶面喷施 0.2%～0.3%硫酸锌溶液，连续喷 $2 \sim 3$ 次（每次间隔 $7 \sim 10$ 天）。果树在萌芽前喷施比较安全。硫酸锌溶液浓度：落叶果树为 1%～3%，常绿果树为 0.5%～0.6%，也可用 5%硫酸锌溶液注射树干，或用 3%硫酸锌溶液涂刷一年生枝条 $1 \sim 2$ 次。

（四）沾秧根

每亩用硫酸锌200g，与细泥浆配制成 1%～4%的悬浮液；或用氧化锌加一种非离子型湿润剂配制成 1%悬浮液，在插秧时用于沾秧根。每千株秧苗约需 1L悬浮液，浸秧半分钟即可。

锌肥施用注意事项：不要与农药一起拌种，每千克种子加 $2 \sim 6$g，用少量水溶解，喷在种子上，边喷边拌，待种子干后再进行农药处理，否则影响效果。不要与磷肥混用，因为锌、磷有拮抗作用，锌肥要与干细土或酸性肥料混合施用，撒于地表，随耕地翻入土中，否则将影响锌肥的效果。不要表施，要埋入土中，追施硫酸锌时每公顷施硫酸锌 15kg 左右，开沟施用后覆土，表施效果较差。浸秧根时间不要过长，浓度不宜过大，以 1%的浓度为宜，浸半分钟即可，时间过长会发生药害。叶面喷施效果好，但注意不要把溶液灌进新叶，以免灼伤植株。

第八节　钼肥及施用技术

一、钼肥的营养功能

钼是以阴离子的形态 MoO_4^{2-} 或 $HMoO_4^-$ 被植物吸收。在植物体中钼往往与蛋白质结合，形成金属蛋白质而存于酶中；参与氧化还原反应，起传递电子的作用。钼的再利用效果较差，因此缺钼症多出现在幼叶上。

钼是固氮酶的必要组分，是各种固氮菌正常生命活动所必需的成分。钼能促进根瘤的生长，提高根瘤菌的固氮能力；钼是硝酸还原酶的组成成分，参与硝态氮的还原过程，缺钼时硝态氮还原作用受影响，使硝酸盐在作物叶片中累积，影响蛋白质的合成；钼能促进作物对磷的吸收利用，促进其体内无机磷向有机磷化合物转化，促进有机含磷化合物的代谢；钼能促进铁离子等养分的吸收，提高光合速率；能减轻过量的锰、锌等元素对作物的毒害；钼在维生素C 和碳水化合物的合成、运转和转化中都有重要作用，能够显著改善农产品品质，提高产量；钼促进叶绿素的合成，促进繁殖器官的建成，增强植物抗寒、抗旱和抗病能力。

二、作物的缺钼症状

豆类作物、绿肥、十字花科作物和蔬菜对钼的反应较为敏感，当土壤缺钼时，这些作物首先表现出缺钼症状。一般作物缺钼时，叶片脉间黄化、植株矮小，严重时叶缘卷曲、萎蔫枯死。

（1）豆科作物　全叶失绿或脉间失绿，叶片边缘向上卷曲，呈杯状叶；根瘤少而小，呈灰白色。

（2）十字花科作物　花椰菜缺钼首先在幼叶脉间出现水浸状斑点，继而黄化、坏死、穿孔。严重时孔洞扩大和连片，使叶子只留下主脉及附近残留的叶肉，呈鞭尾状。

（3）果树　叶片脉间黄化，植株矮小，严重时叶缘卷曲，萎蔫枯死。柑橘缺钼时叶片脉间呈斑点状失绿变黄，叶子背面的黄斑处有褐色胶装小突起（黄斑病），严重时叶缘卷曲、萎蔫而枯死，冬季大量落叶。症状首先从老叶或茎的中部叶片开始，逐渐蔓延到幼叶及生长点，最后整株死亡。

（4）小麦　缺钼症状易在苗期发生，从老叶的前半部分沿叶脉出现细小斑点，逐渐扩展成线状，严重时整株枯死或不能抽穗。

三、土壤中的钼

土壤中的钼主要来源于成土母质。酸性火成岩、变质岩与沉积岩含钼量高，基性火成岩含钼量较低，碳酸岩最低。土壤中钼的含量常为 $0.2\sim5mg/kg$，平均 $2\sim3mg/kg$；我国土壤含钼量为 $0.1\sim0.6mg/kg$，平均为 $1.7mg/kg$。土壤中的钼酸盐易于溶解和移动，所以地表水和地下水中的钼也是作物所需钼的补充来源。土壤中的钼可分为水溶态、代换态、有机态和难溶态四种。水溶态钼和代换态钼都对植物有效，合称为土壤有效态钼。其有效性受土壤 pH 和磷状况的影响。大多数土壤胶体在 pH$>$7.5 时很少吸附钼。而在酸性条件下其有效钼大大降低，磷可提高土壤钼的有效性。有机态钼虽不能为作物直接吸收利用，但经微生物分解后，钼易于释放出来。难溶态钼对于作物都是难以利用的。

上述不同形态的钼是可以相互转化的，矿物态钼和有机态钼可以通过风化或分解释放出来，转变为水溶态钼或代换态钼。在 pH 值小于 6 的酸性土壤中铁铝氧化物对钼有强烈的吸附固定作用，水溶态钼明显减少；而在碱性土壤中 MoO_3 则向水溶态钼转化。所以，酸性土壤容易发生缺钼，施用石灰可以调节钼的供应。施入土壤中的钼肥会随土壤条件而参与土壤中钼的转化。

四、钼肥的种类和性质

常用的钼肥有易溶于水的钼酸钠和钼酸铵（表 8-5），还有难溶的三氧化钼、含钼过磷酸钙和含钼工业矿渣等。

表 8-5 常用钼肥的种类和性质

钼肥名称	主要成分	含钼量/%	主要性状	应用
钼酸铵	$(NH_4)_6Mo_7O_{24} \cdot 4H_2O$	50~54	黄白色晶体,溶于水,含氮 6% 左右	基肥、根外施肥
钼酸钠	$Na_2MoO_4 \cdot 2H_2O$	35~39	青白色结晶,溶于水	基肥、根外施肥
三氧化钼	MoO_3	66	难溶	基肥
含钼玻璃肥料		2~3	难溶,粉末状	基肥
含钼废渣		10	含有效钼 1%~3%,难溶	基肥
氨基酸钼		10	棕色粉末状,溶于水	根外施肥

五、钼肥的有效施用条件

钼肥的施用应根据土壤性质、作物种类和合理的施用技术而定。

(一) 土壤性质

钼肥施用效果与土壤母质、黏土矿物、酸碱度及土壤中其他养分均有密切关系。土壤有效态钼含量是决定钼肥有效使用的首要条件。土壤有效钼含量在 0.1~0.5mg/kg 为缺钼的临界值。但土壤有效钼的临界值往往随 pH 而变化。一般容易发生缺钼的土壤有南方的红壤、赤红壤、砖红壤、黄壤、紫色土等酸性土壤,还有北方的黄土和黄河冲积物发育成的土壤。有机质少的土壤和排水不良的石灰性土壤也容易发生缺钼,此外,当石灰用量过多或者氮、磷肥施用过多均可加重作物缺钼。

(二) 适宜作物

通常作物含钼量为 0.1~0.5mg/kg,但也有高达 300mg/kg。当含钼量<0.1mg/kg,用钼肥有极明显的效果。不同作物对钼的需求以及对钼肥的效应差别很大。豆科作物、豆科绿肥和牧草施用钼肥有较好的效果。但牧草叶片含钼量>15mg/kg 时对家畜健康有害,牧草饲料中钼含量应低于 3mg/kg。十字花科蔬菜如花椰菜、莴苣、菠菜、甘蓝等对钼也比较敏感。可把花椰菜作为钼的指示作物。钼肥对禾本科中的小麦和玉米、果树中的柑橘、棉花、烟草、马铃薯、甜菜等，也有较好的增产效果。

六、钼肥的施用技术

钼是作物需要量最少的微量元素，而钼肥的价格是微肥中最高的，因此，钼肥的用量应尽量减少，以便降低成本。为充分发挥少量钼肥的作用，通常将钼肥作根外追肥和种子处理（浸种或者拌种）。由于其用量少，难以施匀，故很少单作基肥。

（一）根外追肥

将钼酸铵或钼酸钠先用少量热水（50℃）溶解，然后配制成0.01%～0.1%的溶液，在苗期或豆科作物现蕾期喷洒1～2次，每次间隔10天，每亩每次用液量为50～75kg，用飞机大面积喷洒的浓度为0.3%左右。根外追肥配合种子处理，效果更好。

（二）种子处理

浸种用0.05%～0.1%钼酸铵溶液浸12h，种子与溶液的比例为1:1。此法可在土壤水分较好的情况下应用，大豆不宜采用。拌种，大约每千克种子用1～2g钼酸铵，配成3%～5%的钼酸铵溶液，喷在种子上，边喷边拌，阴干后即可播种。拌种时溶液用量不宜过多，每100kg大豆种子约用1%钼酸铵溶液1kg，以免种皮起皱涨破，影响出苗。用钼酸铵处理过的种子，人、畜不能食用，以免中毒。此法省工、省肥，操作方便，效果好，是最常用的钼肥施用方法。

（三）基肥

每亩施20～100g钼酸铵或钼酸钠，或含钼矿渣50～500g，其肥效可持续3～4年，不必每年施用。因钼肥用量少，不易施匀，可拌干细土10kg，拌匀后施用，也可和其他化肥或有机肥混合施用。如将钼肥或含钼矿渣与过磷酸钙制成钼、磷混合肥料作基肥施用。钼肥与氮、磷化肥配合，可以基施和叶面喷施。叶面喷施每亩用钼酸铵 15g、过磷酸钙 1kg、尿素 0.5kg，先将过磷酸钙加水 75kg 搅拌溶解放置过夜，第二天将渣滓滤去，加入钼酸铵和尿素，待溶解后即可喷施。

第九节　铁肥及施用技术

一、铁肥的营养作用

铁主要以 Fe^{3+} 的形态被植物吸收。在植物体内铁与柠檬酸和苹果酸等形成络合物在导管内运输，被运输到地上茎、叶各部位，并优先进入芽、幼叶等幼嫩部位。但当运到某一部位后，很难再转移到其他部位。因此，作物缺铁症状首先在幼嫩组织出现。铁能形成螯合物（如铁血红素）。铁在植物体内有价的变化，使铁在植物的营养代谢中行使多方面的生理功能。

（1）铁促进叶绿素的形成　铁虽不是叶绿素的成分，但在叶绿素的形成过程中，至少有三处需要铁起作用，即乌头酸酶的激活、粪卟啉原酶的催化、原脱植基叶绿素的形成。因此，铁是作物形成叶绿素不可缺少的元素。

（2）铁是多种酶的成分或活化剂　许多酶都含有铁，如过氧化氢酶、过氧化物酶、硝酸还原酶、亚硝酸还原酶、固氮酶以及多种脱氢酶。因此，铁与作物的光合作用、呼吸作用、硝酸还原和豆科作物的固氮作用都有密切关系。

（3）铁能促进植物体内氧化还原作用　铁是变价元素。在植物体内高价铁与亚铁可以相互转化，获得或释放电子起氧化还原作用。铁可与某些稳定的有机物结合（如许多含铁蛋白），它们在电子传递及氧化还原反应中起极重要的作用。

此外，铁还参与核酸和蛋白质的合成，铁是磷酸蔗糖酶最好的活化剂，参与蔗糖的合成。

二、作物的缺铁症状

铁虽然不是叶绿素的成分，但它直接或间接参与叶绿体蛋白和叶绿素的生物合成。因此，缺铁时出现失绿症状。同时铁在作物体内不易移动。所以缺铁症状主要表现为顶端和幼叶叶脉间失绿，严重时幼嫩叶片全部为黄白色。我国偏碱性土壤上果树的黄叶病是因缺铁之故。高粱、大豆、花生、槐树、核桃等作物也易发生缺铁。

（1）高粱　高粱是最易发生缺铁的作物。缺铁时，新叶脉间失绿，严重时叶子全部变为白色。

（2）苹果　缺铁苹果树的顶端叶片黄化，幼叶更明显，呈黄白色网状叶脉，新梢有枯梢现象。

（3）柑橘　柑橘缺铁时失绿严重，叶脉与叶肉之间的绿色与白色差异明显，呈网纹状。有落叶和顶枯现象，果实的果皮褪色或未熟先掉。

（4）大豆　缺铁时上部幼嫩叶片脉间黄化，中部叶片两侧叶缘向内逐渐枯黄。花生缺铁，上部新叶呈黄色或黄白色，出现褐色斑块；甜菜缺铁，新生叶片小，有失绿的花斑，中、下部叶片呈黄绿色，老叶为微红色；玉米很容易缺铁，叶脉间呈鲜黄色，顶叶黄化，继而叶片呈漂白、灼伤状。

（5）蔬菜　蔬菜缺铁，植株矮小失绿，失绿症状首先表现在顶端幼嫩部分，叶片的叶脉间出现失绿症状，在叶片上明显可见叶脉深绿，脉间黄化，黄绿相间很明显。严重时叶片上出现坏死斑点，并逐渐枯死。茎、根生长受阻，根尖直径增加，产生大量根毛等，或在根中积累一些有机酸。番茄缺铁，幼叶黄色，叶片基部出现灰黄色斑点，沿叶脉向外扩展，有时脉间焦枯坏死，症状从顶部向茎叶发展。

三、土壤中铁的形态和有效性

土壤中铁的主要来源是成土母质，岩石和矿物风化后释放的铁常沉淀成氧化物和氢氧化物，少量存在于土壤有机质和次生矿物中。所以，土壤中铁的存在形态可分为水溶态、代换态、有机态和矿物态四种。矿物态铁在酸性土壤中，特别是在还原条件下，可转化成有效态铁；而在碱性土壤中的氧化条件下，大多无效。有机态铁是指土壤有机质中的铁以及与有机物络合的铁。部分有机络合态铁较易溶解，能在土壤中移动，作物可以加以利用；但腐殖质络合的铁必须在转化或分解以后才能被作物利用。在中性或碱性土壤中，铁易被氧化而沉淀，因此代换态铁的数量很少；而在酸性和还原条件下，代换态铁的数量则明显增加。铁通常在中性或碱性土壤溶液中极少，而在酸性水稻土中，水溶态铁的数量显著增多，在某些情况下可达到致使水稻中毒的浓度，水稻青铜病即为铁中毒症状。

土壤中铁的总量是很高的，但作物能利用的有效态铁仅是很少的部分。在上述四种形态铁中，水溶态铁、代换态铁及水溶性有机络合铁是对作物有效的。土壤有效铁的临界值为 2.5～4.5mg/kg，随作物种类和其他条件而不同。

四、铁肥的种类

铁肥可分为两类：一类是无机铁，常用的有硫酸亚铁和硫酸亚铁铵；另一类是有机铁肥，如 FeEDTA（乙二胺四乙酸铁）、FeDTPA（二乙三胺五醋酸铁），还有黄腐酸铁、柠檬酸铁、尿素铁等（表 8-6）。

表 8-6 常见的铁肥及主要特征

名称	主要成分	含 Fe 量 /%	主要特征	适宜施肥方式
硫酸亚铁	$FeSO_4 \cdot 7H_2O$	19	易溶于水	基肥、种肥、叶面追肥
三氯化铁	$FeCl_3 \cdot 6H_2O$	20.6	易溶于水	叶面追肥
硫酸亚铁铵	$FeSO_3 \cdot (NH_4)_2SO_4 \cdot 6H_2O$	14	易溶于水	基肥、种肥、叶面追肥
尿素铁	$Fe[(NH_2)_2CO]_6 \cdot (NO_3)_3$	9.3	易溶于水	种肥、叶面追肥
螯合铁	EDTA-Fe、HEDHA-Fe DTPA-Fe、EDDHA-Fe	5～12	易溶于水	叶面追肥
氨基酸螯合铁	$Fe \cdot H_2N \cdot R \cdot COOH$	10～16	易溶于水	种肥、叶面喷施

五、铁肥的有效施用条件

施用铁肥应根据土壤条件、作物对缺铁的敏感性和铁肥的种类，采取适宜的施肥方法，提高铁肥效果。

(一) 土壤条件

作物缺铁症状多见于偏碱性、通气良好的石灰性土壤，含有较多游离碳酸钙时，铁一般以氧化铁、氢氧化铁和碳酸铁存在，溶解度很低。此外，在土壤中磷、锌、锰、铜等含量高而钾含量低时都可加重作物缺铁，施用硝态氮肥也会使土壤铁的有效性减少和影响作物对铁的吸收。因此，在有效铁含量低的土壤上可施用铁肥以矫治作物缺铁症状。

(二) 适宜作物

不同类作物对土壤缺铁的敏感性不一样。一般多年生作物比一年生作物更易发生缺铁，双子叶植物比单子叶植物对缺铁反应更为敏感。对铁敏感的作物有苹果、香蕉、柑橘、桃、梨、葡萄、高粱、花生、大豆、玉米、甜菜、马铃薯、花卉及花椰菜等。对缺铁敏感的作物施用铁肥，效果显著。

六、铁肥的施用方法

(一) 基施

硫酸亚铁直接施入土壤后，容易被土壤固定或转化成不溶态的高价铁，作物难以吸收利用。因此，将硫酸亚铁与有机肥、腐植酸或尿素混合施用效果好，可条施或穴施。果树采用环施法，硫酸亚铁与有机肥（家畜粪尿）按 1：（10～20）沤匀，在春季萌发前环状根施，成龄果树每株用量 20～25kg，萌发后即可长出绿叶，恢复正常。还可采用柠檬酸铁或尿素铁根部埋瓶法，使根从瓶中不断吸取铁素养分，避免铁在土壤中沉淀固定，对控制果树缺绿病有较明显的效果。

（二）根外追肥

易溶无机铁肥或有机络合态铁肥均可作叶面喷施，配成 0.1%～1.0%的溶液，与1%尿素混合喷施效果更好。由于铁在植株内移动性较差，喷到的部位叶色转绿，而未喷到的部位仍为黄色，有必要连续喷施2～3次（每隔5～7天喷施一次）。叶片老化后喷施效果较差，喷施可避免土壤对铁的固定，能直接被植物吸收，肥效快、省肥，对价格贵的络合态铁肥尤为重要。另外，采用注射输液法，向树枝内注射0.3%～1%硫酸亚铁溶液或涂刷树干等，有较好效果。

第九章　其他新型肥料、制剂

第一节　有机物料腐熟剂

随着生产的发展和人民生活水平的提高，有机物料的产量也逐年增加，各种农作物秸秆的增加就能说明这一问题。目前，我国农作物秸秆除了一部分直接还田以及一部分作为燃料和工业原料外，还有很大一部分没有得到充分、合理的利用，相当多的秸秆被堆积存放或直接焚烧，造成资源浪费甚至环境污染。另外，集约化养殖产生的畜禽粪便未经处理而排放同样造成安全隐患和环境问题。在这种背景下，如何加快有机物料的处理、转化利用成为科技工作者研究的热点，有机物料腐熟剂应运而生。

一、定义

有机物料腐熟剂又称生物菌剂、生物发酵剂等。有机物料腐熟剂是由细菌、真菌和放线菌等多种微生物复合而成的微生物活体制剂，能加速各种有机物料（包括农作物秸秆、畜禽粪便、生活垃圾和城市污泥等）的分解腐熟。产品每克（毫升）含有效活菌数大于或等于0.5亿个。2002年，我国发布了农业行业标准——《有机物料腐熟剂》（NY609—2002），从此，有机物料腐熟剂生产走上法制化、规范化的轨道，开始了其健康发展的步伐。

二、分类

目前，国内外有机物料腐熟剂产品很多。根据微生物与氧的关系，主要分为好氧性有机物料腐熟剂和厌氧性有机物料腐熟剂两大类型，好氧性有机物料腐熟剂在使用中必须使空气流通，满足其对氧气的需求；而厌氧性有机物料腐熟剂在使用中必须创造密闭条件，使空气不流通，没有氧气供给。按照剂型划分，可分为水剂、粉剂及颗粒。按照使用范围分，可分为畜禽粪便、生活垃圾、玉米秸秆、小麦稻及其他类型秸秆腐熟专用制剂。

三、功能

有机物料腐熟剂的主要功能是分解、腐熟有机物料，使有机物料转化成有机肥，同时具有协助作物吸收营养、增进土壤肥力、增强植物抗病和抗干旱能力、减少化肥使用、促进农作物废弃物腐熟和开发利用、保护环境、提高农作物产品品质和食品安全等多方面的功效，在可持续农业发展战略以及养殖业发展中的地位日趋重要。有机物料腐熟剂中的菌种主要有丝状真菌、酵母菌、放线菌和细菌四大类。丝状真菌能分泌多种代谢产物，对含有纤维素的物料具有一定的分解作用。酵母菌分解营养物质，促进物质转化。放线菌能分泌有机酸、生理活性物质和抗生素，抑制病原菌的滋生蔓延，还能参与土壤中氮、磷等化合物的转化，对作物具有促生、抗病和肥效作用。细菌以芽孢杆菌为主，具有固氮、解磷、解钾作用，能将环境中的营养物质转化为作物直接吸收的形态。

1. 加快有机物料腐熟速度

有机物料腐熟剂可促进有机物料矿质化和腐殖化，加快有机物料腐熟速度。畜禽排泄物中加入有机物料腐熟剂，可在常温下快速加温、除臭和腐熟；添加腐熟剂后，可以显著提升稻秆的降解程度和速度。

2. 促进作物养分吸收

有机物料腐熟剂以细菌、复合真菌提高稻秆堆肥的有机物质，在发酵过程中发挥强有力的作用，通过腐殖化，生成了大量的腐植酸，使有机废弃物中的氮、磷、钾等元素充分释放，成为植物所需的养分形态，并产生大量有益的微生物，刺激作物生产，通过增加土壤有机质，增强了植物养分运输，减少化肥的使用，达到改善作物品质的效果。

3. 改善土壤环境

有机物料腐熟剂除了可以加快秸秆腐熟，还可以促进土壤中的碳氮循环，对土壤中的微生物生长也有促进作用。发酵过程中产生的高温可以杀死秸秆堆料中的病虫害、杂草种子等，从而加快土壤腐殖质的形成，快速改善土壤结构，提高土壤保水、保肥能力，丰富土壤微生物，提高土壤生物肥力。

有机物料腐熟剂还具有降解好、肥效强、在土壤和作物体内无残留、无副作用、不污染环境、成本低、经济效益高等优点，同时还能改良土壤，提高土壤肥力，防止污染环境和土壤恶化，建立起高产的良好生态系统，进而促进农业的稳定与高产。

四、施用方法

1. 秸秆直接还田

将作物秸秆切碎后与有机物料腐熟剂均匀混合撒于田间，翻入地下，深度 $10\sim15cm$，使大部分秸秆埋入土中，$2\sim3$ 天即可栽种作物。一般每 $667m^2$（1 亩）用 2kg（用量可根据产品说明确定），配施鸡粪、鸭粪、猪粪或牛粪 $150\sim200kg$ 或 $5\sim10kg$ 尿素，调节碳氮比。土壤湿度以田间持水量的 $40\%\sim60\%$ 为宜。

2. 秸秆堆肥

（1）用好氧性有机物料腐熟剂产品——VT 菌剂生产有机肥的技术

① 配方。农作物秸秆（干料）1000kg，水（不含消毒剂）300kg，VT-1000 菌剂 $1\sim2L$（或 kg），红糖或糖蜜 $1\sim2kg$。

② 拌料。先把红糖或糖蜜用水溶化开，再加入 VT-1000 菌剂，充分搅拌均匀。与此同时，把秸秆粉碎，长短在 5cm 左右。用水将秸秆浇湿，湿度为 $40\%\sim50\%$，并调整好碎秸秆的碳氮比，以（$25\sim30$）：1 为宜。最后，把稀释好的菌液泼洒在调好湿度的碎秸秆上，并搅拌均匀。堆积发酵。把拌好的料堆积成梯形，料堆底部宽 2m 以上，堆高 1.5m 左右，长度根据场地长短而定。物料堆好后，在上面覆盖草帘或麻袋片，以保温、保湿、防阳光直射，

促其发酵。

③ 翻堆。在发酵过程中注意观察温度，当温度达 60℃时，每 5～7 天翻堆 1 次，连续翻 3～4 次，直至发酵结束。

④ 粉碎过筛。发酵结束后，把发酵料均匀摊开，晾晒，1 天后粉碎过筛，即可使用或装袋储存备用。

（2）用厌氧性有机物料腐熟剂产品——CM 菌剂生产有机肥的技术。

① 配方。秸秆 1000kg，CM 菌剂 1kg，尿素 5kg，水适量。

② 拌料。先把 CM 菌剂 1kg 溶于 30kg 水中，配成稀释菌液。与此同时，把秸秆喷水浇湿，使其吃透水。

③ 堆积发酵。首先在地面上铺放吃透水的秸秆，每堆积 20～30cm 厚时，在上面喷洒 1 次稀释的菌液，并撒一些尿素，依此类推，最后堆积成垛，再喷 1 次稀释的菌液和撒一些尿素，在其上面覆盖草帘或塑料布等，将其封闭起来，保温保湿，发酵 30～60 天，就把秸秆转化成有机肥了。

3. 制作酵素液态粪肥

将人粪尿或动物粪尿原液 2000kg，与 10kg 米糠、2kg 有机物料腐熟剂混合均匀，储装发酵，自第 2 天起，每日搅拌 1～2 次，进行供氧，春夏秋季 10 天左右、冬季 20 天左右可发酵完成，即可施用。

4. 有机物料堆肥

调整物料水分至 45%～55%，碳氮比（20～30）：1，有机物料腐熟剂使用量为 0.3%。

5. 秸秆反应堆

作物定植前 7～10 天，将底肥撒于地表后，沿种植行挖坑，埋秸秆的坑宽 70～80cm，坑深 20～25cm，坑长与行长相等，起土后分放两边。坑挖好后添加秸秆，先铺 1/2 秸秆，厚度为 10～12cm，注意坑两端露出秸秆 10～15cm，以利浇水通气。铺匀踏实后，将扩大的复合菌剂均匀地撒在上面（用量为每垄用量的 1/2）；然后再铺放剩余的 1/2 秸秆，铺匀踏实后喷洒尿素水（每畦用尿素 50g 化水），再将剩余培养好的 1/2 复合菌剂撒在上面。最后往秸秆上浇水，要求浇匀、浇透。浇水后起土回填于秸秆做畦，覆土厚度为20～25cm（也可覆土后从两端向秸秆反应堆内灌水），实行高垄双行覆膜栽培。待定植缓苗7天后在种植行上打孔，孔径为2cm，孔深以扎穿铺放物为准，每条垄上孔的位置要均匀分布，数量以30～50个为宜，以后每浇水两次需打孔一次。

有机物料腐熟剂主要依靠其中特定微生物的生长繁殖达到促使畜禽粪便、农作物秸秆等有机废弃物快速腐熟、除臭的目的。有机物料腐熟剂添加量的多少决定了参与发酵活动特定微生物的数量和最终发酵效果。按农业部临时登记证办理的指标要求，每克含有效活菌数5000万个以上，一般添加量按成品的0.5％计算即可，也就是说，每生产100kg成品，需要用0.5kg有机物料腐熟剂。在有机物料腐熟剂特定微生物活菌数量一定的情况下，应根据物料和发酵季节作相应调整。以纯鸡粪、果渣或饼粕为原料，其添加量可调整为0.3％左右，加有稻壳等垫料的鸡粪或秸秆，添加量要适当加大。冬季温度较低，对发酵有影响，要足量添加，夏季高温有利于发酵，添加量可降低到0.3％左右。

6. 有机物料腐熟剂使用注意事项

① 使用通过登记的产品。只有通过农业部登记的有机物料腐熟剂，才是合格的产品。使用时要注意登记证的时限，临时登记证有效期1年，正式登记证有效期5年，不要使用登记证过期的产品。还要注意产品的有效期（保质期），液剂为6个月，粉剂和颗粒均为1年，超过有效期的不能使用。

② 注意使用红糖、麦麸等营养剂（又称激活剂、起爆剂）。有机物料腐熟剂有的产品要求使用红糖、麦麸等营养物质，以激活菌种，使菌种尽快发酵以发挥作用，但有的用户嫌麻烦，不愿意使用，其实它们有四两拨千斤的作用，不可忽视。

③ 按产品说明书的要求操作。有机物料腐熟剂产品很多，总的用法要求是一样的，但有很多细节是不一样的，如有的要求用量多（8～10kg），有的要求用量少（2～3kg），有的要求用红糖、麦麸激活，有的则不需要，因此，一定要按产品说明书的要求办，不

能千篇一律，以免误事。

④ 要及时检查，发现问题应及时处理。如发现不发酵、不升温，或升温后不久又降下来等问题，要及时找出产生问题的原因，并进行处理。如果不发酵、不升温，可能是料太湿，应拆堆加些干料，调整好原料的含水量；如果是升温不久又降下来，可能是原料中缺乏氮素，应该加些干鸡粪或尿素，把原材料的碳氮比调整好。总之，要及时检查发酵堆的温度情况，发现异常要及时查找原因，进行处理，使有机物料腐熟剂充分发挥作用，保障有机物料的分解和腐熟，确保生产成功。

第二节　土壤调理剂

土壤是人类最基本的生产资料，是人类赖以生存的物质基础。在我国，土地资源不但非常有限，而且因成土因素或人为因素导致具有障碍因子的土壤还存在相当比例，其中包括侵蚀、质地不良、结构或耕性差、盐碱、酸化、有毒物质污染、土壤中存在妨碍植物根系生长的不良土层、土壤水分过多或不足、肥力低下或营养元素失衡等。通常情况下，这些障碍性土壤很难利用，而近些年来利用土壤调理剂进行改良呈现出较好的效果。土壤调理剂（又称为土壤改良剂）是一类主要用于改良土壤性质以便更有利于作物生长，而并非是主要为作物生长提供所需养分的物质。土壤调理剂源自农业生产实践，是广大农民群众长期实践经验的总结。例如，酸性土壤施用石灰是最常用的土壤酸碱度调节方法；针对土壤质地不良的情况，客土法的沙掺黏、黏掺沙是一个非常有效的措施；在南方红土丘陵地区，酸性黏质红壤和石灰质的紫沙土往往相间分布，将紫沙土掺拌于黏质红壤，便可改良土壤质地，调节土壤酸碱度；在黄土高原地区，农民有施用黑矾（或称绿矾，$FeSO_4 \cdot nH_2O$）的习惯，施用后土壤疏松，起到较好的改良作用。近些年，伴随着我国土壤质量退化问题的逐渐严重，土壤调理剂也得到了越来越多人的关注，商业化、规模化和系统化研究开发逐步开展起来。

一、定义

土壤调理剂目前在学术界尚无统一定义。国家技术监督局1997年发布的肥料和土壤调理剂术语标准中将土壤调理剂定义为加入土壤中用于改善土壤的物理和（或）化学性质及（或）其生物活性的物料。农业部肥料登记评审委员会通过的《土壤调理剂效果试验及评价技术要求》将土壤调理剂定义为加入土壤中用于改善土壤的物理、化学和（或）生物性状的物料，用于改良土壤结构、降低土壤盐碱危害、调节土壤酸碱度、改善土壤水分状况或修复污染土壤等。广义上讲，对土壤性状具有改良和调节作用的物质都可以称为土壤调理剂。

二、分类

土壤调理剂来源较多，成分复杂，很难对其进行严格分类，为了方便人们了解和研究土壤调理剂，根据其剂型、来源、性质、用途、加工过程进行分类。

土壤调理剂产品根据剂型可分为粉剂、水剂、颗粒剂三种。

土壤调理剂按目前农业部登记的产品来源分为三大类：第一类是以味精发酵尾液、餐厨废弃物和禽类羽毛等为原料的有机土壤调理剂，第二类是以牡蛎壳、钾长石、麦饭石、蒙脱石、沸石、硅藻土、菱镁矿和磷矿等为原料的矿物源土壤调理剂，第三类是以聚酯为原料的农林保水剂。

按照土壤调理剂性质可分为酸性土壤调理剂、碱性土壤调理剂、营养型土壤调理剂、有机物土壤调理剂、无机物土壤调理剂、防治土传病害的土壤调理剂、微生物土壤调理剂、豆科绿肥土壤调理剂和生物制剂调理剂等。

按照材料性质土壤调理剂可分为：①合成土壤调理剂，即加入土壤中用于改善其物理性质的合成产品；②无机土壤调理剂，即不含有机物，也不标明氮、磷、钾或微量元素含量的调理剂；③添加肥料的无机土壤调理剂，即具有土壤调理剂效果的含肥料的无机土壤调理剂；④有机土壤调理剂，即来源于植物或动植物的产品，用于改善土壤的物理性质和生物活性。由于有机土壤调理剂所含的主要养分总量很低，通常不足最终产品的2%，故不能归作肥料；⑤有机-无机土壤调理剂，即其可用物质和元素来源于有机物质和无机物质的产品，由有机土壤调理剂和含钙、镁和（或）硫的土壤调理剂混合和（或）化合制成。

土壤调理剂根据主要功能可分为团聚分散土粒、改善土壤结构的土壤胶结剂，固定表土、防止水土流失的土壤安定剂，调节土壤酸碱度的土壤调酸剂，能增加土壤温度的土壤增温剂，能保持土壤水分的土壤保水剂等。保水型土壤调理剂又分为液体保水剂和固体保水剂，其中固体保水剂又包括淀粉系、共混物及复合系、蛋白质、合成树脂系和纤维素系等。

按照加工过程可分为人工合成土壤调理剂，如高分子聚合物聚丙烯酰胺、免深耕土壤调理剂和生物制剂等；天然土壤调理剂，如膨润土、天然石膏、牡蛎壳和蒙脱石粉等；工农业生产过程中产生的副产物或废弃物，如磷石膏、碱渣、脱硫废弃物和菇渣等。

目前，商品化土壤调理剂多为复合型制剂，某一种调理剂同时具备多种特性和作用，以改良土壤障碍因子为主要功能，同时兼顾提高土壤肥力和植物营养，甚至是微生物状况，少量添加了一些肥料或微生物制剂。

土壤调理剂的分类如果从使用和推广的角度来看，以功能划分可以使最终用户清楚了解产品的作用特点，明确调理剂的适宜使用范围；以原料划分更加关注调理剂的来源，对于土壤调理剂的生产管理、资源利用更加有利，能更清晰明确地区分不同的调理剂。

三、主要功能

综合近年来国内外研究结果，土壤调理剂对障碍土壤的改良作用包括：调节土壤沙黏比例，改善土壤结构，促进团粒结构形成；提高土壤保水持水能力，增加有效水供应；调节土壤pH值，降低或减少铝毒危害；改良盐碱土，调节土壤盐基饱和度和阳离子交换量；调理失衡的土壤养分体系，促进有效养分供应；改善土壤连作障碍，提供适宜生长的土壤环境，有利于土壤良性循环；修复污染土壤，钝化重金属作用；调节土壤微生物区系，保持土壤微生物环境良好；提高作物产量，改善品质，减少落花落果，提高结实率，提早及延长采摘期，增加果实营养水平；预防病虫害、病菌对植物的危害，增强抗病、抗菌、抗逆能力。

1. 改良土壤质地与结构

土壤质地是土壤与土壤肥力密切相关的基本属性，反映母质来源及成土过程的某些特征。土壤结构是土壤肥力的重要基础，良好的土壤结构能保水保肥，及时通气排水，调节水气矛盾，协调水肥供应，并利于植物根系在土体中穿插生长。土壤质地不良和结构问题往往伴生存在，而某些天然矿石、固体废弃物、高分子聚合材料和天然活性物质等原料制造的土壤调理剂都已证明对土壤质地和结构具有较好改良效果。相对来讲，目前商品化的土壤调理剂多是侧重土壤结构改良，同时兼具一定的土壤质地改良效果。

在我国农业生产中，石灰和石膏的利用较普遍。近些年，泥炭、褐煤和风化煤等越来越多地用于农业生产。这类物质富含腐植酸、有机质和氮、磷、钾养分，对于改良土壤结构，培肥地力具有较好效果。沸石、蛭石、膨润土和珍珠岩等天然矿石制造而成的土壤调理剂多具有高吸附性、离子交换性、催化和耐酸耐热等性能，且富含钠、钙和锶、钯、钾、镁等金属离子。

人工合成高聚物广泛用于改良土壤结构，利用高聚物改良剂可使分散的矿物质颗粒形成人工团粒，并提高天然团粒的稳定性，进而使土壤的结构及其理化性质如孔隙度、通气性、透水性、坚实度、微生物活性和酸碱度等得到了改善。水溶性非交联性聚丙烯酰胺（PAM）是一种研究和应用都非常广泛的高聚物土壤调理剂，有极强的絮凝能力，对土壤分散颗粒起着很好的团聚化作用，施入土壤后土壤微团聚体组成发生变化，土壤的结构系数和团聚度均明显提高。

2. 提高土壤保水供水能力

前苏联土壤学家对土壤肥力的定义是土壤在植物生长的全过程中，同时不断地供给植物以最大数量的有效养料和水分的能力。因此，土壤的保水供水能力是土壤肥力或者生产力的重要影响因素。我国属严重干旱缺水国家，是全球人均水资源最贫乏的国家之一，并且空间分布不平衡。在此背景下，提高水资源的利用效率显得尤其关键，农林保水剂在我国得到广泛推广和应用。

农林保水剂又称土壤保墒剂、抗蒸腾剂、贮肥蓄药剂或微型水库，是一种具有三维网状结构的有机高分子聚合物。在土壤中能将雨水或灌溉水迅速吸收并保持，变为固态水而不流动、不渗失，长久保持局部恒湿，天旱时缓慢释放供植物利用。农林保水剂特有的吸水、贮水和保水性能，在改善生态环境、防风固沙工程中起到决定性的作用，在土地荒漠化治理、农林作物种植和园林绿化等领域应用广泛。

3. 调节土壤酸碱度

在我国南方，红壤旱地是重要的农业土壤资源，土壤酸化是其主要的障碍因素。在我国北方，近年来蔬菜大棚种植模式发展迅速，保护地土壤障碍问题严重，土壤酸化问题也相当突出。对于土壤酸化问题的解决，酸性土施用石灰是过去常见的改良手段，而近来以碱渣、粉煤灰和脱硫废弃物等为主要原料的土壤调理剂也取得了较好的应用和推广效果。

4. 盐碱土改良

我国的盐碱土面积很大，对盐碱土的改良也是农业研究领域的热点。通常治理盐碱土的措施包括选择耐盐作物或培育耐盐作物品种以抗盐、采取深播浅盖等农业措施躲盐、采取开沟排水等水利措施洗盐。近些年来，许多研究表明一些复合制剂型的土壤调理剂治理土壤盐碱的效果突出，推广较多的当属人工合成高分子聚合物或天然高分子类土壤调理剂，如聚丙烯酰胺等。一些人工合成高分子聚合物含有代换能力强的高价离子，施用后与碱土吸附的交换性钠进行离子交换，交换下来的钠离子溶于水中被排洗掉，从而达到降低盐碱的目的。人工合成高分子聚合物对于土壤也可促进排盐，达到减轻土壤盐渍化程度的目的。

5. 改善土壤的养分供应状况

土壤调理剂通常使用多种基础原料制造而成，本身可能就含有一定量的氮、磷、钾养分，但是相对于肥料而言其数量有限。某些土壤调理剂具有调节土壤保水保肥的能力，因此可改善土壤营养元素的供应状况。土壤调理剂的施用对土壤固定态或缓效养分起到的调节或激活作用也应引起关注，分析其中机制应包括土壤结构改善、土壤酸碱度调节和土壤生化特性改良等几方面，多种因素导致养分元素的释放和植物有效性的提高。沸石因其独特的结构特点，施用后既可增加土壤对铵离子、钾离子的吸附，提高土壤保肥性能，又能在植物需要时重新释放，增加养分利用的有效性，广泛应用于土壤改良。

6. 修复重金属污染土壤

随着工业的发展，重金属污染土壤事件时有发生。目前修复重金属污染土壤的方法有物理化学修复、植物修复和微生物修复等，其中物理化学修复包括电动修复、土壤淋洗和化学固定等。化学固定包括加入土壤调理剂如石灰、磷灰石、沸石等，通过对重金属离子的吸附或（共）沉淀作用改变其在土壤中的存在形态，从而降低其生物有效性和迁移性。黏土矿物粒度细、表面积大，可利用它的可变电荷表面对重金属离子的吸附、解吸、沉淀来控制重金属元素的迁移和富集。我国有着丰富的黏土矿物资源，蒙脱石、伊利石和高岭石都是常见的重金属吸附材料。

7. 提高作物产量和品质

由于土壤调理剂本身含有大量的微量元素和有机物质，对作物生长十分有利，同时能够降低有毒元素富集，改善农产品品质。

四、使用方法

土壤调理剂在施用上一般分为固态和液态两种，其中固态调理剂可采用撒施、沟施、穴施、环施和拌施等方法施入土壤，而液态调理剂则一般采用地表喷施、灌施等方法，具体施用方式应视调理剂的性质及当地的土壤环境而定。将固态调理剂直接施入土壤后，虽然可吸水膨胀，但是很难溶解进入土壤溶液，其改土效果往往受到影响；而在相同的情况下，将调理剂溶于水后再施用，土壤的物理性状明显得到改善。众多学者试验结果证明，固态调理剂施入土壤后虽可吸水膨胀，但很难溶解进入土壤溶液，未进入土壤溶液的膨胀性改良剂几乎无改土效果，因此，目前使用较多的为水溶性调理剂。另外，两种土壤结构调理剂混合使用，或土壤调理剂与有机肥、化肥同时施用能起到改良土壤理化性状、提高土壤养分含量的双重作用，并显著提高作物产量。

土壤调理剂的具体使用量应考虑调理剂的材料特点。如果是天然资源调理剂，施用量可以大一些，而且适宜用量的范围较宽；而人工合成调理剂，因效能和成本均较高，则用量要少得多。例如，风化煤加入适量氨水或与碳酸氢铵堆腐用于培肥改土，每 $667m^2$ 施用量为 $30\sim100kg$，可撒施后耕翻入土或沟施、穴施；聚丙烯酰胺以增加土壤团粒结构为主要目的，每 $667m^2$ 适宜用量一般为 $1.33\sim13.3kg$，可液状喷施地表或干撒于表土，用圆盘耙翻土混匀。要注意调理剂用量少了不起作用，用多了不但成本增加，还可能收到相反的效果。土壤调理剂用量的多少直接影响改土效果，一般以占干土重的百分率表示。若施用量过少，团粒形成量少，改良土壤的效果不明显，甚至无改土效果；施用量太大，成本提高，造成浪费，有时还会发生混凝土化现象，起到反作用。现今，因调理剂的种类繁多，性质得到了改善，其具体用量各不相同。许多土壤调理剂不但具有改良土壤结构的功能，更是具备了增加土壤肥力、活化土壤营养成分的作用，所以其用量变化很大，很多调理剂的用量都超过了 $1kg/m^2$。

其次，考虑调理剂的施用条件。土壤条件对调理剂的施用效果影响较大。土壤墒情影响调理剂散布均匀性，土壤含水量过高，耕性较差，田间操作困难，而且难以混拌均匀；土壤质地影响调理剂对土粒的团聚性，黏土较沙土的团聚效果好，有机质含量高的较含量低的效果好。购买或施用土壤调理剂不仅要考虑改土需要，还要考虑经济条件，量力而行。首先要充分利用廉价的天然资源，如草炭、秸秆及石灰、石膏等矿物质。但有机物料和天然矿物的用量较大，应就近开发、就近施用。

五、存在问题

土壤调理剂广泛应用在退化土壤的改良，并且改良作用效果明显，市场潜力广阔，但有些因素仍然限制土壤调理剂的发展。从土壤调理剂本身来看，单一的土壤改良剂存在改良效果不佳或不全面的问题，同时人工合成的高分子化合物土壤调理剂具有成本高和潜在的环境污染风险，而天然土壤调理剂的改良效果有限，并存在持续时间短、用量大的问题。从土壤调理剂的推广来看，某些土壤调理剂产品成本较高，或由于用量较大而使其推广较为困难，同时因为缺乏正确的宣传和技术指导，导致土壤调理剂的使用效果不佳，农户逐渐对该土壤调理剂产品失去信心。从环境安全的角度来看，土壤调理剂的使用由于缺乏长期的定位试验，尽管短期观测的试验结果证明土壤调理剂对土壤质量具有改善作用，但长期条件下，土壤调理剂对土壤、农产品质量以及生态环境是否有副作用仍需探究。

今后土壤调理剂研发的重点与难点应包括：①广适性。我国土壤类型丰富，但其酸碱度、土壤质地或区域分布存在很多的共性，如何研发一种产品来适应不同土壤的相同土壤质地或相同酸碱度是切实可行的，这样不仅有利于推广应用，更有利于减少消费者选择的困扰。②专一性。在进行广适性产品研发的同时，更应该针对不同土壤质地、不同农作物等开发专用土壤调理剂，进一步提升土壤调理剂的针对性和创新性，实现土壤改良与作物品质改善的双重效果。③多功能性。研发具有保水、保肥、促根壮苗和改善土壤结构等集多功能于一体的调理剂是土壤改良、修复和维护的客观需要，也有利于提高产品的可用性和便捷性。④环保性。利用生物质废弃物、农业废弃物、生活垃圾及工业副产品提取土壤调理剂制作原料，不但所生产的产品具有长效性，而且解决了环保和土壤改良可能存在矛盾的问题。

第三节 药　　肥

现代农业是以强大的技术来支撑和驱动的，为了实现农业的可持续发展，药肥是一种新的尝试。肥料、农药、土壤与作物之间都存在着间接或直接的影响。研究它们之间的关系，在农业生产中进行农药、肥料混用或结合使用，使田间两个操作步骤合二为一，节省劳力、时间、能源，降低了生产成本，可避免农药、肥料间的拮抗作用及对作物的不良影响，增加它们之间的协同作用，减少农药与肥料的用量，获得最佳的应用效果，从而保护环境、提高植物产量。

一、定义

药肥是将农药和肥料按一定的比例配方相混合，并通过一定的工艺而生产的农药与肥料的一体化功能型复合剂，其中农药可以是除草剂、杀虫剂或杀菌剂，化肥可以是单质肥料，也可以是多养分复合肥料，含有杀虫/抑虫、杀菌/抑菌、除草/抑草、生长调节中的一种或一种以上的功能，且能为农作物提供营养或同时具有提供营养和提高肥料利用率的产品。

二、分类

根据药肥中农药的种类可分为除草药肥、杀虫剂药肥、除菌药肥和调节剂药肥。目前投入使用的药肥以除草药肥为主。

三、功能

药肥混剂的作用效果是多重的，首先，其药的作用是杀虫、灭菌、除草和促进作物生长发育，而肥的作用主要是提供作物营养需求。其次是提高肥效，改良土壤，增强抗逆性、促早熟，使其产品达到高产、质优、环保、安全的目的。再次是药肥合一，省时省工，可节省 1～2 个工时。另外，根据配方的不同还有不同的功能。

四、生产方法

按肥料、农药性质的不同，农药肥料的生产方法可大致分为 3 种：混入法、包覆法、浸透法。

1. 混入法

混入法就是将肥料和农药混合在一起，经过造粒、干燥、筛分等工序最后得到产品。采用混入法生产农药肥料时，所需的设备少、成本低，但在连续生产时，肥料设备和农药设备混杂在一起，难于管理，因此，该法多数采用间歇式生产。

2. 包覆法

包覆法所用的肥料产品与农药肥料厂分开，无肥料设备折旧费，但多数需加入添加剂。因包覆法实施方便，故多数采用此法生产农药肥料。

3. 浸透法

浸透法是先将农药溶解到高沸点溶剂中，而后再浸透到颗粒肥料里，并通过回收溶剂得到产品。因农药和溶剂用量有限，而浸透到肥料里的浸透量更少，且溶剂回收成本高，故浸透法应用范围较小。

五、使用方法

由于施肥要求与农药的灭草、防病和治虫的要求常不能完全统一，因而目前以肥料为载体的农药主要是各种除草剂，杀虫剂较少，杀菌剂则由于其有效条件不宜与肥料的肥效相配合而应用更少。目前药肥尚无固定搭配的大批量定型产品，只有在农业机械发达，又普遍使用除草剂的国家和地区应用较多。我国各地农业生产条件不同，不可盲目推广药肥合剂，应根据不同农业区域的生产条件及作业需求选择合理的技术措施。农药肥料直接混合使用，要根据农业生产的需要以及农业生产条件、农药及肥料种类等因素合理选择，不可盲目将两者一起施用，否则起不到应有的效果，甚至产生不良作用，造成严重损失。

药肥是否可合二为一进行使用，应注意几个问题：药肥应用种类的选择，要根据农业生产的需求进行，以免造成不应有的浪费；两者联合使用，发挥综合效果，但不可影响药肥的植保及营养效果；在两者混配使用时，药与肥的理化性质一般不发生变化，直接混用前，最好进行简单的混配试验，一旦发生沉淀、浑浊、絮状物等情况，则不能混用；两者混用后既要发挥药效、肥效，又不能对作物产生不利影响，如一般叶面肥料和农药中均使用一定量的助剂，在两者直接混合时需要重视助剂的相互协同效应，避免两者配合产生叶面伤害的现象。肥料与农药的使用时间和部位必须一致。农药肥料的施用时间与施肥深度须考虑到肥效和药效的充分发挥。一般基肥施用时宜稍浅，追肥时主要用在苗期，液体农药肥料也可采用液面喷施。药肥施用，宜在早晨或傍晚无风时进行，以避免高温蒸发，降低药效和肥效。

六、药肥存在的问题

（1）使用范围受限制，特异性强　在一定的作物区内，大部分作物感染了病害，还有一部分没有感染，对于这一部分来说是没有必要施用药肥的，这就造成了使用范围受限。而且药肥是针对不同的病害和不同的植株而使用的，这一植株施用效果好，而对于另一种植株来说，效果就不一定有那么明显。

（2）养分比例固定　药肥中的农药和肥料是按一定的比例相混的，而不同土壤、不同作物所需的营养元素种类、数量和比例是多样的。此外，还有肥料和农药在使用时间上并不同步的问题，施肥时不一定要喷药，喷药时并不需要施肥。药肥兼有农药与肥料的特性，所以必然也会存在这两者的一些缺点，比如污染、残留等。

（3）产品单一，工艺简单　目前产品种类多集中在除草药肥，其他方面的几乎很少。大部分产品只是简单的混合，技术创新少。

（4）质量不稳定　比如除草药肥的除草效果不够优秀，除草剂复配的组合都只是一般的、常规的，他们对于一些常见的、非顽固杂草的防治效果还可以，但是对于大面积暴发的草害、顽固杂草却显得无能为力。对于某些存在恶性杂草的地方，不可避免地要额外使用除草剂，这样除草药肥的竞争能力就相对低下。

（5）成本增加 目前市场上药肥的价格偏高，但是性价比偏低。只使用药肥，平均每 $667m^2$ 就要花费 $30\sim35$ 元，与传统的施肥和喷药相比，每 $667m^2$ 足足多了 10 元左右。对于一些种植面积少的农户来说，除了能节省人工以外，没有特别能吸引人之处。然而对于种植面积大的农户来说，节省的人工、时间就是一个特别吸引人的方面。

（6）管理欠缺

① 市场管理混乱，假货次货横行。我国药肥产业还处于初级阶段，药肥生产行业缺少行业标准，市场管理混乱，导致假货、次货横行，对市场造成了不小的冲击，更是加剧了药肥市场的混乱度。

② 耗资大成本高。目前药肥的登记部门是农业部农药检定所。正规从事药肥生产，对企业来说门槛很高，一个新农药制剂的注册登记，需要经过毒理、环境、药效、残留等方面的试验，通常要花费 3 年以上的时间，耗资几十万元，很多小企业根本耗费不起这么长的时间，也承担不起高昂的成本支出。

③ 以假乱真违法经营。目前，市场已发现仿、假、冒类型的药肥违法产品，在肥料中随意添加农药，就称作药肥。有些厂家唯利是图，没有充分了解产品的合法性，在产品利润的诱惑下贸然经销，严重侵害了消费者的合法权益。

（7）国内药肥产品缺少国家标准和行业标准 部分药肥产品有效成分含量较低，加上市场管理交叉，很难对产品进行分类和检测，给假劣产品一定的生存空间。最近几年，药肥在我国的一些地方出现，可生产技术很不成熟，只是在试验、示范阶段。目前我国药肥产品无国家标准和行业标准，均注册为企业标准。药肥的生产，需要制定严格的规程和相应的技术标准。

由于药肥混剂在产品稳定性、使用同步性及作物安全性等方面可能存在某些缺陷，建议加强管理、慎重开发、严格产品质量，确保效果和安全。加强对药肥混剂产品的科学性、合理性及农业生产实际需求的审查，根据实际需要，对使用风险小、农业生产和农民确实需要的方可允许登记。进一步完善登记和标签标示要求，严格限定药肥混剂登记的农药种类和使用范围，防止出现药肥混剂过多、过滥等不良倾向。

第四节　稀　土　肥　料

我国稀土资源丰富。稀土元素是化学元素周期表中的镧系元素及与其化学性质极为相似的钪（Sc）和钇（Y）共 17 种元素的总称，又简称稀土。稀土元素是典型的金属元素，一般以正三价化合物形态存在，具有稀土标明量的农用化学品称为稀土肥料，也有的称为稀土微肥。

一、定义

稀土肥料是一种以稀土元素的盐类为成分的植物生长调节剂，稀土肥料主要采用稀土元素较易溶解于水的硝酸盐类化合物，是属于化肥中的无机微量元素肥料。

二、分类

我国稀土肥料多数是用稀土精矿或含稀土元素的矿渣制成，主要产品有：氯化稀土、硝酸稀土、稀土复盐、氢氧化稀土和硫酸稀土等，农业生产中常用的品种主要是硝酸稀土，如商品名称叫做"常乐"或"常乐益植素"的稀土肥料就是这种形式，它是低毒的水溶性稀土盐类，有固体和液体两种。

三、功能

稀土不是生命必需元素，但其在低剂量条件下对生物生长具有一定的促进作用。稀土微肥可提高水稻、小麦、油菜、玉米、大豆、花生等农作物，菠菜、西瓜、番茄、香菇等蔬菜，无核蜜橘、甘蔗等经济作物和锥栗、白桦等林木的产量并改善其品质，提高经济效益。研究结果表明，稀土元素对粮食作物能增产15％，油料作物增产10％，蔬菜作物、水果增产50％。因此，稀土肥料从单一在粮食作物田间试验发展到粮食作物、蔬菜、水果和林业，并且作为添加剂在畜牧业和渔业方面也有较大的应用。许多研究表明，稀土元素能促进种子萌发和生根发芽；能促进植物对氮、磷、钾等元素的吸收；能促进植物主根及侧根的生长与发育；能增强植物的光合作用；能增强植物矿物质营养代谢；能增强植物抗逆性及抗病害性；能增加植物体内叶绿素含量；能提高产量并改善其品质；稀土元素还能有效抑制各类土传病（即土壤中含有大量的有害病原体，在条件适宜时就会发病，造成作物根腐、枯黄、黄萎、立枯、猝倒、黑根、茎腐等）、重茬病、病毒病、疫病、根线结虫病及各类虫卵。同时对植物各类生理性病害及稻瘟病、立枯病等有极好的预防效果。

1. 稀土可提高种子的发芽率

植物的种子结构基本上一致，外面有种皮，种皮内有胚。胚是构成种子的主要成分，由胚芽、胚根、胚轴和子叶四部分组成。胚乳是种子内贮藏养分物质的组织，种子在适宜的温度、充足的水分和空气条件下就可以膨大、萌发、生根形成幼苗。用稀土拌种或浸种可增强种子中淀粉酶的活性，加速胚乳淀粉等养分的转化，促进萌发过程。中国科学院植物研究所的研究表明，用稀土溶液浸泡过的种子，一般可提高发芽率10％左右。稀土溶液的浓度因作物种类不同而有所差异。小麦和大麦用0.01％～0.05％稀土溶液浸种，可提高发芽率10％左右；白菜、油菜和萝卜用0.001％～0.01％的稀土溶液浸种，可提高发芽率10％以上；辣椒用0.05％的稀土溶液浸种，可提高发芽率13％；番茄用0.004％的稀土溶液浸种，可提高发芽率15％；甜菜用0.01％～0.1％的稀土溶液浸种，提高发芽率20％。

2. 稀土能促进作物根系的发育

植物根系有两个作用，一是固定作用，二是吸收作用，植物根系的发达与否对其吸收各种营养元素起着十分重要的作用。试验表明，用稀土拌种的小麦、玉米以及用低浓度稀土蘸秧的水稻的根系都比较发达。

3. 稀土可促进叶绿素的增加

叶绿素是植物进行光合作的基础物质，一般来讲，叶绿素含量越高，光合作用的强度越大。根据多年试验结果，李塞君、高小霞等认为稀土可以和叶绿素结合提高叶绿素含量。许多作物应用稀土后，叶绿素含量都有所提高。如水稻，在苗期和初花期喷施万分之三的稀土，经过一段时间后，可以目测到叶色逐渐加深，经测定剑叶中叶绿素含量比对照增加 11.8％。又如黄花菜，在同一块地，一半喷施稀土，一半喷清水作为对照，可以看出，喷过稀土的田块，不但长势好，而且叶色更绿。经测定，喷稀土的叶绿素含量为 3.1mg/g 鲜重，没喷的为 2.9mg/g 鲜重，增加了 7.7％。再如黄瓜，用稀土拌种后播种，瓜秧长势好，叶色更深，叶绿素含量增加，叶片衰老延缓。在生长后期可以明显看出，当未用稀土处理的黄瓜支架已出现黄叶时，经稀土处理的黄瓜支架仍然是一片碧绿，这种延缓叶片衰老的作用在香蕉树上也表现得很明显。香蕉施用稀土后，叶色更绿，褐斑减少，叶绿素含量增加约 15％，叶片寿命延长 2～5 天。

4. 稀土可提高酶的活性

植物体内存在多种酶。酶是一些特殊的蛋白质，能促进生物体内的化学反应进程，因此一般称为生物催化剂。实践证明，稀土元素影响一些酶的活性。

（1）硝酸还原酶　除碳、氢、氧外，氮是植物需要量最大的一种元素，植物从外界环境中吸收的氮，大多为硝态氮。而硝态氮在植物体内不能直接合成蛋白质。硝酸还原酶是这个还原过程中的一个关键酶。稀土元素对硝酸还原酶的活性有促进作用，在花生苗期喷施稀土，酶的活性比对照提高 50％，氨态氮增加 19％，硝态氮减少 20％。

（2）过氧化物同工酶　植物体内普遍存在过氧化物酶。同工酶是指催化反应相同而分子结构不同的酶。过氧化物同工酶的活性与植物生长率呈负相关，也就是说生长受抑制时，过氧化物同工酶活性增加。实验证明，将玉米、小麦、绿豆、黄瓜或白菜种子，放在不同浓度的氯化铈溶液中萌发，3 天后，测定根内过氧化物同工酶的结果表明，高浓度氯化铈使 1～2 种同工酶的活性增强，作物生长受到抑制；低浓度时则可促进作物的生长。

（3）淀粉酶　种子萌发过程是一个复杂的生理过程。许多种子中贮藏的淀粉分解为麦芽糖，麦芽糖又靠麦芽糖酶的作用进一步分解为葡萄糖，以供种胚生长之用。因此，淀粉酶的活性直接影响种子的萌发。将冬小麦种子用稀土拌种后进行萌发，测定结果表明：用稀土处理的其 β-淀粉酶活性比对照提高了 11.7%。

5. 稀土能提高植物的抗逆性

在植物生长过程中，常会遇到高温、倒春寒、霜冻、干旱、水涝、盐碱以及病害等不良环境，统称遇到"逆境"。因此，提高抗逆性是农用物增产的重要保证。植物的抗逆性是植物体内的一种生理反应，一般用电解质渗出量作为衡量植物抗逆性的指标。植物细胞遇到逆境，通过细肥膜而外渗的电解质的多少可说明细胞受到伤害的程度。实验证明，稀土能增强植物在逆境条件中细胞膜的稳定性，因而可提高其抵抗各种逆境的能力。例如，在花生苗期喷施稀土 2 周后，将叶片置于低温（50℃）条件下处理 1h，测定其外渗溶液的电导率，结果表明，施用稀土的叶片，外渗仅为对照的 21.5%。稀土能提高农作物抗病害能力的报道很多。如施用稀土后，黄化菜叶斑病的发病率能降低 34%；叶枯病降低 55%；锈病降低最多，达 70%。柑橘容易得"黄化病"，得病后叶片失绿、易脱落，尤其老叶表现更为严重，致使开花结果少、产量低，施用稀土后，此病症减轻，黄叶率从 56%～62%降低 5%～9%。

四、使用技术

稀土肥料用量较小，正确的使用方法是将稀土肥料拌种或用于叶面喷施。作物的种类不同，生育期不同，使用稀土的剂量和浓度不同。通常叶面喷施的使用浓度变幅在 0.001%～0.01%。叶面喷施稀土的时间一般都在作物的生理转折期,如缓秧期、团棵期、拔节期、初花期、初果期和分蘖期等,叶面喷施的次数一般为 2 次增产效果明显,两次相隔的时间一般为 1~2 周。稀土肥料对玉米、大豆、水稻效果极佳,主要对粮食作物有明显的刺激生长作用。同时,稀土复合肥有抑制氮元素挥发的特点,它可以浸种拌种,并可以叶面喷施玉米、水稻、大豆,使用浓度均为 0.3%;可与多种酸性农药及生理酸性肥料混合施用,如波尔多液、敌杀死、二甲四氯(除草剂)、硫酸铵、氯化钾等,一般喷 1~2 次,2 次间隔 20~25 天。喷施浓度为微酸性,即 pH5~5.5,使用量 10kg/667m²,加 25g 食醋效果最好。可与酸性农药混喷,如多菌灵、井冈霉素、甲胺磷和乐果等。不能与碱性农药和化肥混喷,也不能与磷酸二氢钾、过磷酸钙混喷,易产生沉淀和降低肥效。一般作浸种、拌种和根外喷施。每 667m² 用量几克至几十克,目前普遍采用根外喷施法。喷施的浓度一般为 0.05%~0.4%(含稀土氧化物 38%),浓度太小没有作用,太大产生药害。

注意事项如下。

① 由于稀土易溶于微酸性水中,在中性或偏碱性水中不易溶解充分,所以在稀土溶解前,应先在水中加入食醋(10kg 水中加 0.1kg 食醋),将水调至微酸性。

② 配制稀土溶液时,使用的容器应是塑料或搪瓷的,不可用铁、铝制品,因为稀土会与金属反应而降低使用效果。

③ 选择适宜的气候条件。喷施时,应尽量选择无风、无雨、无露水、无强光照射的下午或阴天进行,不可在早晨露水大或中午强光时段喷施。喷后 8h 遇雨,应补喷一次。喷雾雾滴要均匀,重点喷于叶片正反面,力求使喷洒的液滴以在叶尖欲滴不滴为宜。

④ 稀土是一种生理活性物质,能促进植物对氮、磷、钾的吸收,但不能代替必要元素的营养作用。如果植株生长营养不足,单用稀土是不能产生效果的,只有在各种肥料供应充分合理的情况下,才能充分发挥出稀土的作用。

五、存在问题

随着农用稀土持续大规模的推广和应用，残留在环境中的稀土对生态可能带来的负面效应已引起广泛关注。尤其是近年来出现与大量营养元素（如氮、磷等）混合土施用现象，造成更多的稀土元素进入土壤，稀土元素本身具有纵向淋溶与侧向迁移流动的双向性，加之雨水的径流和淋溶作用，加速了水体中稀土含量的提高。2013 年 1 月 23 日国务院办公厅发布关于印发《近期土壤环境保护和综合治理工作安排》的通知，通知中明确指出要严格控制稀土农用。所以应避免盲目施用稀土肥料，防止土壤污染和农产品污染。

第十章　肥料施用新技术

第一节　平衡施肥技术

一、平衡施肥的概念与内容

（一）平衡施肥的概念

平衡施肥，就是测土配方施肥，是依据作物需肥规律、土壤供肥特性与肥料效应，在施用有机肥的基础上，合理确定氮、磷、钾和中、微量元素的适宜用量和比例，并采用相应科学施用方法的施肥技术。

（二）平衡施肥产生的原因

化肥施用技术的发展，经历了由施用单一元素肥料到多元素肥料配合施用、由经验配方施肥到测土配方施肥的技术进步过程。实践使人们认识到，化肥施用要讲究科学，做到配比合理。施用量过少，达不到应有的增产效果；施肥过量，不仅是浪费，还污染土壤。肥料元素之间也互相影响，如磷肥不足，影响氮的肥效；钾肥施用过量，容易导致缺锌。那么，科学施肥要求这么高，到底怎样才能掌握好呢？这就要求依靠现代先进的平衡施肥技术。

（三）平衡施肥在我国的发展

我国为适应农业生产发展的需要，各地在土壤普查的基础上，开展了施肥技术的研究。为了提高我国农业生产中施肥的技术水平，扩大合理施肥技术的应用面积，20世纪80年代初期农业部总结归纳全国各地施肥经验，在全国范围开展了配方施肥试验、示范与推广，推动施肥技术的革新。为了提高施肥的准确度和精确度，

1989 年农业部又提出优化配方施肥概念，对施肥技术提出量的要求，提高了施肥的经济效益。进入 20 世纪 90 年代，肥料品种极大丰富，肥料供应量充足，以往仅靠单项施肥措施增产的潜力有限，所以施肥技术系统化，加强施肥与其他农业生产措施配合成为新的课题。为了充分发挥肥料效益，1996 年农业部又在农业生产中推广了平衡配套施肥技术，开发筛选施用效果好的肥料品种，总结土壤测试和平衡施肥方面的经验，采用"测土、配方、加工、供肥、指导施肥"一体化的模式，并运用计算机专家系统为农民进行广泛服务。2000 年在全国组织实施了"百县千村"测土配方施肥项目。到 20 世纪末，我国初步建立了适合本国农业状况和特点的土壤测试推荐施肥体系。

　　2005 年中央一号文件提出："搞好沃土工程建设，推广测土配方施肥。"农业部认真贯彻落实中央精神，组织实施了测土配方施肥春季行动和秋季行动，并投入资金 5.4 亿元，落实了 200 个测土配方施肥项目县。2006 年的中央一号文件指出："要大力加强耕地质量建设，实施新一轮沃土工程，科学施用化肥，引导增施有机肥，全面提升地力，增加测土配方施肥补贴。"这一年在全国范围内全面开展测土配方施肥工作，共安排项目补贴资金 5 亿元，新增项目试点县 400 个，总数达 600 个。2007 年，国家又进一步加大投资力度，项目的补贴资金规模增加到 9 亿元，新增项目县 600 个，总数达 1200 个。围绕"测土、配方、配肥、供肥、施肥指导"五个环节开展十一项工作，至 2008 年项目实施县达 1861 个，覆盖了全国 2/3 以上的农业县。福建省实施的项目县达 40 个，覆盖耕地面积 80.07 万公顷，占全省耕地面积的 70%，覆盖园地面积达 50 万公顷，占全省的 71%。南平市十个县（市、区）有 7 个项目县。项目实施以来，测土配方施肥技术的推广应用已从粮油作物逐步拓展到蔬菜、果树和茶树等经济作物。按照"增加产量、提高效益、保护环境"的目标和要求，来扩大测土配方施肥的实施面积，扩展测土配方施肥覆盖的作物，做到"科学、经济、环保"用肥。通过施肥的指标体系的建立，开展技术培训、技术咨询，建立测土配方施肥的展示片、示范区，引导和帮助农民应用测土配方施肥技术。并对种粮大户、农民专业合作组织、科技示范户开展一对一的测土配方施肥技术服务。

测土配方施肥补贴项目开展以来，取得了多方面的效益，促进了粮食增产、农民增收，推动了肥料施用结构的优化、肥料生产营销体系的创新，也促进了广大农民传统施肥观念的转变。据农业部统计，2005年，通过项目的实施，全国共向农户发放施肥建议卡8800万份，施用配方肥1060万吨（实物量），减少不合理施肥240万吨（实物量），总节本增效120多亿元。2006年，通过项目的实施，又免费为4000多万农户提供测土配方施肥服务，推广测土配方施肥面积2.6亿亩，减少不合理用肥50万吨（折纯）左右，亩均节约25元以上。2007年推广测土配方施肥面积达6.4亿亩，配方施肥建议卡和施肥技术指导入户率达到90%以上，肥料利用率提高3%以上，取得巨大的经济效益和社会效益。但是总体上与发达国家相比，我国农民施用配方肥的范围及水平还很低。目前，测土配方施肥还是以粮食作物为主，测土配方施肥覆盖的作物还不够全面。同时，由于各地农业生产实际情况不同及工作开展不平衡，对不同区域、不同作物的施肥指标体系还有待建立和完善。

随着种植业结构的调整，关于合理的种植制度安排及施肥已引起许多农业科技工作者的高度重视。如在蔬菜生产中，复合肥的应用目前已引起人们的普遍关注。但是，以往平衡施肥技术研究大都是针对一季作物的，很少涉及轮作制，仅有的一些研究也都停留在定性水平。测土配方施肥技术在周年肥料运筹中的应用研究鲜见报道，尤其是对农业生产实践中周年种植几茬不同蔬菜，或者是稻-菜轮作等种植模式的施肥研究则更少，导致目前农户采用施单一化肥或者"一刀切"的通用型复混肥的情况还较普遍，而不同土壤所含化学元素千差万别，不同作物不同生长期所需营养元素的数量和种类也各不相同，不合理的施肥会造成一些元素的过量而污染土壤环境；或者一些元素短缺，造成作物生长发育严重受阻而减产。因此，测土配方施肥技术推广应用的前景广阔。

（四）平衡施肥的内容

平衡施肥技术，是一项科学性、实用性很强的技术。过去把这项技术叫做测土配方施肥，是从技术方法上命名的。简单概括，一是测土，取土样测定土壤养分含量；二是配方，经过对土壤的养分诊断，按照庄稼需要的营养"开出药方、按方配药"；三是合理施肥，就是在农业科技人员的指导下科学施用配方肥。具体运用过程包括以下内容。

① 根据土壤供肥能力、植物营养需求，确定需要通过施肥补充的元素种类。

② 确定施肥量。

③ 根据作物营养特点，确定施肥时期，分配各期肥料用量。

④ 选择切实可行的施肥方法。

⑤ 制定与施肥相配套的农艺措施，实施施肥。

平衡施肥的核心是确定施肥量。施肥量的确定应有一定的预见性，即在作物播种前定量确定作物施多少肥，但也应有一定的灵活性，在作物生长过程中可根据其生长状况和天气变化调整施肥量。平衡施肥就是要考虑农田系统中养分循环的输出和输入因子，使系统中的养分收支平衡，通过配套措施尽量减少对环境不利的支出，提高收获物的产量和品质，参见图10-1。

平衡施肥是在植物营养理论控制的指导下，在土壤科学发展的基础上，总结土壤肥料试验资料和土壤调查成果而建立的。平衡施肥技术发展到今天，并不是简单的施多少肥的问题，而是综合运用各项新技术、新成果，最大限度地发挥肥料的增产潜力。平衡施肥离不开肥料的田间试验和土壤、植株的化学分析。现代化分析、试验手段不仅采用了新的设计方法，而且采用现代化仪器，并运用计算机技术进行数据的采集与处理；为了保证平衡施肥技术及时准确地运用到生产中，也离不开现代化的通讯手段。

在平衡施肥中应充分考虑土壤、肥料和植物三者之间的关系。土壤是作物生长的基础，土壤有别于母质的特性就是其具有肥力。土壤肥力是土壤供给作物不同数量、不同比例的养分，适应作物生

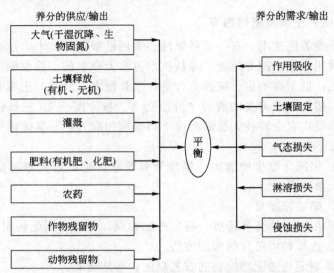

图 10-1　农田系统中的养分循环平衡控制示意图

长的能力。它包括土壤有效养分供应量、土壤通气状况、土壤保水保肥能力、土壤微生物数量等。土壤肥力的高低直接决定作物产量的高低，作物所吸收的养分约 60％来自于土壤。肥料是作物的粮食，肥料主要是靠施入土壤改善土壤有效养分供给状况来增加作物产量的，因此应充分考虑不同品种肥料在不同土壤中的反应，采取相应施肥措施，提高作物对肥料的利用率。不同作物种类、同一种类的不同品种对土壤理化性状的要求不同，对肥料的忍耐程度也不同。总之，土壤、植物和肥料三者之间，既是相互关联，又是相互影响、相互制约的。平衡施肥就是通过施肥改善土壤理化性状，最大限度地协调作物生长环境条件，充分发挥肥料增产作用。

　　平衡施肥不仅要协调和满足当季作物增产对养分的要求，获得较高产量和最大经济效益。从长远的目标出发，还应考虑通过施肥来改善土壤结构，培肥地力，为农业持续稳定发展奠定基础。历史上曾出现农场主进行掠夺式经营，只从土壤带走大量农产品，而不重视施肥来维持土壤养分平衡，致使土壤严重退化的情况，而我国大寨在 20 世纪 50～60 年代大兴农田基。

二、确定作物最佳施肥量的主要手段

确定肥料合理用量的方法多种多样，从便于生产应用角度出发，可分为几类，具体介绍如下。

(一) 目标产量法

1. 养分平衡法

作物生长所需要的养分来源于土壤和肥料。目标产量所吸收的养分量减去土壤所能供应的养分量，其余部分就是需要通过施肥来补充的养分量。具体计算公式如下。

$$施肥用量 = \frac{单位产量养分吸收量 \times 目标产量 - 土壤速效养分测定量 \times 0.15 \times 校正系数}{肥料养分含量 \times 当季肥料利用率}$$

说明：①"目标产量"一般以当地前 3 年在正常气候条件下的平均产量为基数，再增加 5% ～ 15% 来确定。

②"单位产量养分吸收量"指作物每生产一个单位（如 100kg）经济产量所吸收的养分数量，也就是说它一般是一个百分数，在计算中注意单位换算，读者可详细分析稍后的计算实例，从而可以更准确地理解各个计算项的单位。常见作物单位产量的养分吸收量见表 10-1。

表 10-1 常见作物单位产量的养分吸收量

（形成 100kg 经济产量所吸收的养分数量/kg）

作物	收获物	氮（N）	磷（P_2O_5）	钾（K_2O）
水稻	籽粒	2.20	1.10	2.60
冬小麦	籽粒	3.00	1.25	2.50
玉米	籽粒	2.57	0.86	2.14
大豆	豆粒	7.20	1.80	4.00
棉花	籽棉	5.00	1.80	4.00
花生	荚果	6.80	1.30	3.80

③"土壤速效养分测定量"指用化学分析方法所测定的土壤中

可以被作物吸收利用形态的养分含量，氮一般常用碱解氮，磷为有效磷（Olsen-P），钾指速效钾。

④"校正系数"用化学方法测定土壤速效养分，当季不可能被作物完全吸收，测定值必须加以校正，其测定公式为：

$$校正系数 = \frac{空白田产量 \times 作物单位产量养分吸收值}{养分测定值(mg/kg) \times 0.15}$$

⑤"肥料养分含量"指肥料所含的纯养分量。常见肥料有效养分含量见表 10-2。

表 10-2　常见肥料有效养分含量

化肥名称	有效养分含量/%	化肥名称	有效养分含量/%
硫酸铵	N 20.8	钙镁磷肥(一级)	P_2O_5 18
碳酸氢铵	N17	钙镁磷肥(一级)	P_2O_5 16
尿素	N46	钙镁磷肥(一级)	P_2O_5 14
氯化铵	N25	钙镁磷肥(一级)	P_2O_5 12
液氨	N82	重过磷酸钙	P_2O_5 40~52
过磷酸钙(一级)	P_2O_5 18	磷酸一铵	N11~13,P_2O_5 51~53
过磷酸钙(二级)	P_2O_5 16	磷酸二铵	N18,P_2O_5 46
过磷酸钙(三级)	P_2O_5 14	氯化钾	K_2O 60
过磷酸钙(四级)	P_2O_5 12	硫酸钾	K_2O 50

⑥"当季肥料利用率"指肥料施入土壤后，作物当季吸收利用的养分量占所施养分总量的百分率。它是一个变数，因土壤肥力状况、气候条件、耕作方式、施肥量等的变化而变化。氮肥利用率在旱田为 10%~25%，在水田为 30%~40%；钾肥利用率为 40%~50%。

应用举例：北京市海淀区苏家坨村有一块稻田，计划种植水稻，根据前 3 年产量确定目标产量为每亩 500kg，经区农科所化验土壤碱解氮为 70.0mg/kg，碳铵当季利用率为 40%，校正系数为 0.6，则全生育期需施铵 69.1kg/亩。施肥量计算过程如下：

$$施碳铵量 = \frac{500 \times (2.2/100) - 70 \times 0.15 \times 0.6}{0.17 \times 0.40} = 69.1(kg/亩)$$

2. 地力差减法

作物在不施任何肥料情况下的产量称"空白产量",它所吸收的养分全部来自土壤。"目标产量"减去"空白产量"则为需要通过施肥来获得的产量,其肥料用量计算公式为:

$$肥料用量 = \frac{作物单位产量养分吸收量 \times (目标产量 - 空白产量)}{肥料养分含量 \times 当季肥料利用率}$$

"地力差减法"的优点是不需要测定土壤速效养分含量,就可计算出肥料用量。但"空白产量"不可能预先获得;另外"空白产量"也无法反映各种不同养分的丰缺状况。

(二) 地力分区法

"地力分区法"是将土壤按肥力高低分成若干个等级,根据肥料田间试验成果,结合当地群众的实践经验,估算各肥力等级区的推荐施肥方案。通过以土壤速效养分测定结果或当地常年产量水平作为地力分区的依据。

(三) 养分丰缺指标法

1. 土壤测试法

土壤有效养分含量和作物产量之间有一定的相关性,土壤养分含量高,不施肥时作物产量一般也高。以施足量某种肥料时获得的最高产量为 100,计算不施某种养分时作物产量占最高产量的百分率(也叫相对产量)。相对产量高于 95%,对应的土壤养分测定值为"高";相对产量为 75%~95%,对应的土壤养分测定值为"中等";相对产量为 50%~75%,对应的土壤养分测定值为"低";相对产量低于 50%,对应的土壤养分测定值为"极低"。土壤养分丰缺度指标通过大量田间试验和养分测定获得。田间试验方案可设8 个处理组,分别是 CK(空白)、N(施氮肥)、P(施磷肥)、K(施钾肥)、NP(施用氮、磷肥)、NK(施用氮、钾肥)、PK(施用磷、钾肥)、NPK(施用氮、磷、钾肥)。氮、磷、钾肥的用量以当地最佳施肥量或平均施肥量为标准，试验点数越多所建立的丰缺指标越有代表性。

2. 植株诊断法

正常的植株体内各种养分的含量有一定的范围，脱离了这个范围时，作物就表现出养分缺乏或中毒症状，这就是植株营养诊断的依据。

植株诊断的项目是多种多样的，从营养元素来说可以是作物必需的一种元素，也可是多种营养元素；从所诊断的养分状态来说，可以是植株体内的含量（如植株硝态氮），关键是看哪一种状态的养分能确切地反映出作物体内该元素的丰缺状况。

诊断指标通过田间和室内测试结果来确定，相对产量高于95％时，所对应的植株养分含量测定值为"中等"；相对产量为50％～75％，所对应的植株养分含量测定值定为"低"；相对产量低于50％，所对应的测定值为"极低"。不同作物、不同诊断部位和同一作物的不同生长时期，植株诊断指标是有差别的，不同地区之间同一诊断标准也有差别。

植株营养诊断多采用单元素的含量作为诊断项目，DRIS 法（diagnosis and recommendation integrated system）则是综合考虑几种营养含量及相互平衡情况，建立养分平衡指数，确定施肥次序，以防止营养元素间的比例失调。具体做法是在作物生长期间大量取样分析植株中各养分含量，建立高产状况下植株中各样分及相互间比值的标准值，然后再根据公式计算出"养分平衡指数"并作为施肥参考指标。当指数为 0 时，表示养分平衡，可以不施或少施肥；当负指数越大时，养分需要量较大，应多施肥；当正指数越大时，表示养分需要量较小，可以不施肥。

（四）肥料效应函数法

施肥量和作物产量之间有一定的相关性，表示施肥量与作物产量之间关系的数学函数叫"肥料效应函数"（也叫"肥料效应方程"）。由于施肥量和产量之间的关系极为复杂，表示不同情况的

"肥料效应函数"也分为多种类型。根据试验肥料的元素种类，可把肥料效应方程分为一元二次多项式、二元二次多项式和三元二次多项式三种类型。肥料效应方程通过田间试验取得，具体做法是设计不同用量的施肥处理，通过田间试验获得不同施肥处理的作物产量，回归分析即可获得施肥量与产量之间的函数关系，即肥料效应方程。

试验方案设计要求用较少的处理建立肥料效应方程，但处理数应大于肥料效应方程的系数个数，而且设计要均衡，有利于提高试验成功率。对试验数据进行统计分析，即可建立肥料效应方程，利用肥料效应方程可计算施肥量。

假设用 y 表示作物的产量（kg/亩），用 x 和 z 分别表示两种肥料元素（如 N 和 P）的施用量（kg/亩）。如果是在单因素肥料实验的基础上建立一元二次多项式，则肥料效应方程形式如下：

$$y = b_0 + b_1 x + b_2 x^2 \tag{10-1}$$

式中，b_0、b_1、b_2 为回归系数（此系数能在当地土肥推广系统查到）。

如果是在两因素肥料实验的基础上建立二元二次多项式，则肥料效应方程形式如下：

$$y = b_0 + b_1 x + b_2 x^2 + b_3 z + b_4 z^2 + b_5 xz \tag{10-2}$$

式中，b_0、b_1、b_2、b_3、b_4、b_5 为回归系数。

下面介绍几个基本的概念。

边际产量是指单位肥料投入所产生的作物增产量，若是单因素实验可用微分形式表示，如 dy/dx 和 dy/dz，对于上述的一元二次方程，有如下方程：

$$dy/dx = b_1 + 2b_2 x \tag{10-3}$$

若是两因素实验得出的二元二次多项式，则需用偏微分形式表示，如 $\partial y/\partial x$ 和 $\partial y/\partial z$。对于方程(10-2) 求一阶偏倒数得：

$$\partial y/\partial x = b_1 + 2b_2 x + b_5 z \tag{10-4}$$

$$\partial y/\partial z = b_3 + 2b_4 z + b_5 x \tag{10-5}$$

最高施肥量是指最高产量对应的施肥量，根据微积分理论，最高施肥量是边际产量等于零时的施肥量，即上面式（10-3）为零或者式（10-4）和式（10-5）为零时的施肥量，效应函数为极大值。最高施肥量是肥料用量的极限值，超过该值施肥不增长甚至减产，生产中应注意不要使施肥量超过该数值。对于单因素实验产生的方程（10-1）而言，最大施肥量为：

$$x = b_1 / 2b_2 \qquad (10\text{-}6)$$

对于两因素实验产生的方程式（10-2）而言，最大施肥量应该是求解以下二元一次方程组：

$$b_1 + 2b_2 x + b_5 z = 0 \qquad (10\text{-}7)$$

$$b_3 + 2b_4 z + b_5 x = 0 \qquad (10\text{-}8)$$

通过求解可以得到，最大施肥量分别为：

$$x = \frac{b_2 b_5 - 2b_1 b_4}{4b_2 b_4 - b_5^2} \qquad (10\text{-}9)$$

$$z = \frac{b_1 b_5 - 2b_2 b_3}{4b_2 b_4 - b_5^2} \qquad (10\text{-}10)$$

最佳施肥量也称经济最佳施肥量，是指单位面积获得最大利润的施肥量。根据肥料报酬递减率，随着肥料用量的增加，单位肥料用量所增产的粮食量是不断下降的，即肥料报酬递减，经济效应将随着施肥量的增加而递减。假设作物产品，x 肥料、z 肥料的价格（元/kg）分别为 py、px 和 pz，对于单因素实验产生的方程式（10-1）而言，最佳施肥量就是当式（10-3）等于 px/py 时的施肥量，即：

$$z = \frac{b_1 b_5 - 2b_2 b_3}{4b_2 b_4 - b_5^2} \qquad (10\text{-}11)$$

$$x = \frac{px - b_1 py}{2b_2 py} \qquad (10\text{-}12)$$

对于两因素实验产生的方程式（10-2）而言，最佳施肥量应该是求解以下二元一次方程组：

$$b_1 + 2b_2 x + b_5 z = px/py$$

$$b_3 + 2b_4 z + b_5 x = pz/py \qquad (10\text{-}13)$$

通过求解可以得到，最佳施肥量分别是：

$$x = \frac{2b_4 px - b_5 pz + b_3 b_5 py - 2b_1 b_4 py}{(4b_2 b_4 - b_5^2)py} \qquad (10\text{-}14)$$

$$z = \frac{2b_2 pz - b_5 px + b_1 b_5 py - 2b_2 b_3 py}{(4b_2 b_4 - b_5^2)py} \qquad (10\text{-}15)$$

综上所述，如果在单因素的肥料实验基础上建立肥料效应方程，则其形式为方程式(10-1)，可以分别用式(10-6)和式(10-11)计算最大施肥量和最佳施肥量；如果在两因素的肥料实验基础上建立肥料效应方程，则其形式为方程式(10-2)，可以分别用式(10-9)和式(10-10)计算最大施肥量和最佳施肥量。

三、平衡施肥技术应用规范

(一)范围

本规范规定了全国平衡施肥工作中肥料效应田间试验、样品采集与制备、田间基本情况调查、土壤与植株测试、肥料配方设计、配方肥料合理使用、效果反馈与评价、数据汇报、报告撰写等内容、方法与操作规程及耕地地力评价方法。

本规范适用于指导全国不同区域、不同土壤和不同作物的测土配方施肥工作。

(二)引用标准

略。

(三)术语和定义

下列术语和定义适用于本规范。

1. 平衡施肥

平衡施肥是以肥料田间试验和土壤测试为基础，根据作物需肥规律、土壤供肥特性和肥料效应，在合理施用有机肥的基础上，提出氮、磷、钾及中量、微量元素等肥料的施用品种、数量、施肥时期和施用方法。

2. 配方肥料

以土壤测试和肥料田间试验为基础，根据作物需肥规律、土壤供肥性能和肥料效应，用各种单质肥料和（或）复混肥料为原料，配制成的适合于特定区域、特定作物品种的肥料。

3. 常规施肥

常规施肥亦称习惯施肥，指当地前三年平均施肥量（主要指氮、磷、钾肥）、施肥品种和施肥方法。

4. 空白对照

无肥处理，用于确定肥料效应的绝对值，评价土壤自然力和计算肥料利用率等。

5. 耕地地力评价

耕地地力评价是指根据耕地所在地的气候、地形地貌、成土母质、土壤理化性状、农田基础设施等要素相互作用表现出来的综合特征，对农田生态环境优劣、农作物种植适宜性、耕地潜在生物生产力高低进行评价。

（四）肥料效应田间试验

1. 试验目的

肥料效应田间试验是获得各种作物最佳施肥品种、施肥比例、施肥数量、施肥时期、施肥方法的根本途径，也是筛选、验证土壤养分测试方法、建立施肥指标体系的基本环节。通过田间试验，掌握各个施肥单元不同作物优化施肥数量，基肥、追肥分配比例，施肥时期和施肥方法；摸清土壤养分校正系数、土壤供肥能力、不同作物养分吸收量和肥料利用率等基本参数；构建作物施肥模型，为施肥分区和肥料配方设计提供依据。

2. 试验设计

肥料效应田间试验设计，取决于试验目的。本规范推荐采用"3414"方案设计，在具体实施过程中可根据研究目的选用"3414"完全实施方案或部分实施方案。对于蔬菜、果树等经济作物，可根据作物特点设计试验方案。

"3414"方案设计吸收了回归最优设计处理少、效率高的优点，是目前应用较为广泛的肥料效应田间试验方案。"3414"是指氮、磷、钾3因素、4水平、14处理。4个水平的含义：0水平指不施肥，2水平指当地推荐施肥量，1水平（指施肥不足）＝2水平×0.5，3水平（指过量施肥）＝2水平×1.5。为了便于汇总，同一作物、同一区域内施肥量要保持一致。如果需要研究有机肥料和中微量元素肥料效应，可在此基础上增加处理。

该方案可应用14个处理进行氮、磷、钾三元二次效应方程拟合，还可分别进行氮、磷、钾中任意二元或一元效应方程拟合。

例如：进行氮、磷二元效应方程拟合时，可选用处理2～7、11、12，求得以K2水平为基础的氮、磷二元二次效应方程；选用处理2、3、6、11可求得以P2K2水平为基础的氮肥效应方程；选用处理4、5、6、7，可求得以N2K2水平为基础的磷肥效应方程；选用处理6、8、9、10可求得以N2P2水平为基础的钾肥效应方程。此外，通过处理1，可以获得基础地力产量，即空白区产量。其具体操作参照有关试验设计与统计技术资料。

3. 试验实施

（1）试验地选择　试验地应选择平坦、整齐、肥力均匀、具有代表性的不同肥力水平的地块；坡地应选择坡度平缓、肥力差异较小的田块；试验地应避开道路、堆肥场所等特殊地块。

（2）试验作物品种选择　田间试验应选择当地主栽作物品种或拟推广品种。

（3）试验准备　整地、设置保护行、试验地区划；小区应单灌单排，避免串灌串排；试验前采集土壤样品；依测试项目不同，分别制备新鲜或风干土样。

（4）试验重复与小区排列　为保证试验精度，减少人为因素、土壤肥力和气候因素的影响，田间试验一般设3～4个重复（或区组）。采用随机区组排列，区组内土壤、地形等条件应相对一致，区组间允许有差异。同一生长季、同一作物、同类试验在10个以上时可采用多点无重复设计。

小区面积：大田作物和露地蔬菜作物小区面积一般为20～50m²，密植作物可小些，中耕作物可大些；设施蔬菜面积为20～30m²，至少5行以上。

小区宽度：密植作物不小于3m，中耕作物不小于4m。多年生果树类选择土壤肥力差异小的地块和树龄相同、株型和产量相对一致的成年果树进行试验，每个处理不少于4株，以树冠投影区计算小区面积。

(5) 试验记载与测试　参照《肥料效应鉴定田间试验技术规程》(NY/T 497—2002)，试验前采集基础土壤进行测定，收获期采集植株样品，进行考种和生物与经济产量测定。必要时进行植株分析，每个县每种作物应按高、中、低肥力分别取不少于一组3414试验中1、2、4、6、8处理的植株样品；有条件的地区，采集3414试验中所有处理的植株样品。

4. 试验统计分析

常规试验和回归试验的统计分析方法参见《肥料效应鉴定试验技术规程》(NY/T 497—2002)或其他专业书籍，相关统计程序可在中国肥料信息网下载或应用。

(五) 样品采集与制备

采集人员要具有一定的采样经验，熟悉采样方法和要求，了解采样区域农业生产情况。采集前，要收集采样区域土壤图、土地利用现状图、行政区划图等资料，绘制样点分布图，制订采样工作计划。准备GPS、采样工具、采样袋（布袋、纸袋或塑料网带）、采样标签等。

1. 土壤样品采集

土壤样品采集应具有代表性和可比性，并根据不同分析项目采取相应的采样和处理方法。

(1) 采样规划　采样点的确定应在全县范围内统筹规划。在采样前，综合土壤图、土地利用现状图和行政区划图，并参考第二次土壤普查采样点图确定采样点位，形成采样点图。实际采样时严禁随意变更采样点，若有变更需注明理由。其中，用于耕地地力评价的土样样品采样点在全县范围内布设，采样数量应为总采样数量的10%～15%，但不得少于400个，并在第一年全部完成耕地地力评价的土壤采样工作。

（2）采样单元　根据土壤类型、土地利用、耕作制度、产量水平等因素，将采样区域划分为若干个采样单元每个采样单元的土壤性状尽可能均匀一致。

平均每个采样单元为100～200亩（平原区、大田区作物每100～500亩采一个样，丘陵区、大田园艺作物每30～80亩采一个样，温室大棚作物每30～40个棚室或20～40亩采一个样）。为便于田间示范跟踪和施肥分区，采样集中在位于每个采样单元相对中心位置的典型地块（同一农户的地块），采样地块面积为1～10亩。有条件的地区，可以农户地块为土壤采样单元。采用GPS定位，记录经纬度，精确到0.1″。

（3）采样时间　在作物收获后或播种施肥前采集，一般在秋后。设施蔬菜在晾棚期采集。果园在果品采摘后的第一次施肥前采集，幼树及未挂果果园，应在清园扩穴施肥前采集。进行氮肥追肥推荐时，应在追肥前或作物生长的关键时期采集。

（4）采样周期　同一采样单元，无机氮及植株氮营养快速诊断每季或每年采集一次；土壤有效磷、速效钾等的诊断一般为2～3年采集一次；中、微量元素的诊断一般3～5年采集一次。

（5）采样深度　大田采样深度为0～20cm，果园采样深度一般为0～20cm、20～40cm两层分别采集。用于土壤无机氮含量测定的采样深度应根据不同作物、不同生育期的主要根系分布深度来确定。

（6）采样点数量　要保证足够的采样点，使之能代表采样单元的土壤特性。采样必须多点混合，每个样品取15～20个样点。

（余略）

2. 土壤样品制备

略。

3. 植株样品的采集与制备

（1）采样要求　植株样品分析的可靠性受样品数量、采集方法及植株部位影响，因此，采样应具有以下特点。

① 代表性：采集样品能符合群体情况，采样量一般为 1kg。

② 典型性：采样的部位能反映所要了解的情况。

③ 适时性：根据研究目的，在不同生长发育阶段，定期采样。

④ 粮食作物一般在成熟后收获前采集子实部分及秸秆；发生偶然污染事故时，在田间完整地采集整株植株样品；水果及其他植株样品根据研究目的确定采样要求。

（2）样品采集　略。

（3）采样点调查内容　包括作物品种、土壤名称（或当地俗称）、成土本质、地形地貌、耕作制度、前茬作物及产量、化肥农药施用情况、灌溉水源、采样点地理位置简图。果树要记载树龄、长势、载果数量等。

（4）植株样品处理及保存　粮食子实样品应及时晒干脱粒，充分混匀后用四分法缩分至所需量。需要洗涤时，注意时间不宜过长并及时风干。为了防止样品变质、虫咬，需要定期进行风干处理。使用不污染样品的工具将子实粉碎，用 0.5mm 筛子过筛制成待测样品。带壳类粮食如稻谷应去壳制成糙米，再进行粉碎过筛。测定重金属元素含量时，不要使用能造成污染的器械。

完整的植株样品先洗干净，根据作物生物学特性差异，采用能反映特征的植株部位，用不污染待测元素的工具剪碎样品，充分混匀后用四分法缩分至所需的量，制成鲜样或于 60℃烘箱中烘干后粉碎备用。

田间（或市场）所采集的新鲜水果、蔬菜、烟叶和茶叶样品若不能马上进行分析测定，应暂时放入冰箱保存。

（六）土壤与植株测试

测土配方施肥和耕地地力评价样品测试项目汇总表参见表 10-3。

表 10-3 测土配方施肥和耕地地力评价样品测试项目汇总表

序号	测试项目	测土配方施肥	耕地地力评价
1	土壤质地,指测法	必测	
2	土壤质地,比重测法	选测	
3	土壤容重	选测	
4	土壤含水量	选测	
5	土壤田间持水量	选测	
6	土壤 pH	必测	必测
7	土壤交换酸	选测	
8	石灰需要量	pH 值＜6 的样品必测	
9	土壤阳离子交换量	选测	
10	土壤水溶性盐分	选测	
11	土壤氧化还原电位	选测	
12	土壤有机质	必测	必测
13	土壤全氮	选测	必测
14	土壤水解性氮		
15	土壤铵态氮	至少测试 1 项	
16	土壤硝态氮		
17	土壤有效磷	必测	必测
18	土壤缓效钾	必测	必测
19	土壤速效钾	必测	必测
20	土壤交换性钙镁	pH 值＜6.5 的样品必测	
21	土壤有效硫	必测	
22	土壤有效硅	选测	
23	土壤有效铁、锰、铜、锌、硼	必测	
24	土壤有效钼	选测,豆科作物产区必测	

注：用于耕地地力评价的土壤样品，除以上养分指标外，项目如果选择其他养分指标作为评价因子，也应当进行分析测试。

植物测试（略）。

(七) 田间基本情况调查

1. 调查内容

在土壤取样的同时，调查田间基本情况，填写测土配方施肥采样地块基本情况调查表时开展农户施肥情况调查，填写农户施肥情况调查表。

2. 调查对象

调查对象是采样点所属村组人员和地块所属农户。

(八) 基础数据库的建立

1. 数据库建立标准

（1）属性数据采集标准　按照国家规定的数据库结构，采用规范化的测土配方施肥数据字典，录入野外调查、田间试验和分析化验数据，建立属性数据库。采集标准包含对每个指标完成命名、格式、类型、取值区间等定义。在建立属性数据库时要按数据字典要求，制订统一的数据编码规则，进行属性数据录入。

（2）空间数据采集标准　县级地图采用 1：50000 地形图为空间数学框架基础。

① 投影方式：高斯-克吕格投影，6 度分带。

② 坐标系及椭球参数：西安 80/科拉索夫斯基。

③ 高程系统：1980 年国家高程基准。

④ 野外调查 GPS 定位数据：初始数据采用经纬度，统一采用 GW84 坐标系，并在调查中记载；装入 GIS 系统与图件匹配时，再投影转换为上述直角坐标系坐标。

2. 数据库建立方法

（1）属性数据库建立　属性数据库的内容包括田间试验示范数据、土壤与植物测试数据、田间基本情况调查数据等。属性数据库的建立应独立于空间数据，按照数据字典要求在 SQL 或 Access 等数据库中建立。

（2）空间数据库建立　空间数据库的内容包括土壤图、土地利用现状图、行政规划图、采样点位图等。应用 GIS 软件，采用数字化仪或扫描后屏幕数字化的方式录入。图件比例尺为1∶50000。

（3）施肥指导单元属性数据获取　可由土壤图、土地利用现状图和行政区划图叠加求交生成施肥指导单元图。在指导单元图内统计采样点，如果一个单元内有一个采样点，则该单元的数值就用该点的数值，如果一个单元内有多个采样点，则该单元的数值可采用多个采样点的平均值（数值型取平均值，文本型取大样本值，下同）；如果某一单元内没有采样点，则该单元的值可用与该单元相邻同土种的单元的值代替；如果没有同土种单元相邻，或相邻同土种单元也没有数据，则可用与之相邻的所有单元（有数据）的平均值代替。

3. 数据库的质量控制

（1）属性数据质量控制　数据录入前应仔细审核，数值型资料应注意量纲、上下限，地名应注意汉子多音字、繁简体、简全称等问题，审核定稿后再录入。为保证数据录入准确无误，录入后还应逐条检查。

（2）图件数据质量控制

① 扫描影像能够区分图中各要素，若有线条不清楚现象，需重新扫描。

② 扫描影像数据经过角度纠正，纠正后的图幅下方两个内图廓点的连线与水平线的角度误差不超过 0.2°。

③ 公里网格线交叉点为图形纠正控制点，每幅图应选取不少于 20 个控制点，纠正后控制点的电位绝对误差不超过 0.2mm（图面值）。

④ 矢量化：要求图内各要素的采集无错漏显现，图层分类和命名符合统一的规范，各要素的采集与扫描数据相吻合，线划（点位）整体或部分偏移的距离不超过 0.3mm（图面值）。

⑤ 所有数据层具有严格的拓扑结构。面状图形数据中没有碎片多边形，图形数据及属性数据的输入正确。

（3）图件输出质量要求

① 图须覆盖整个辖区，不得丢漏。

② 图中要素必有项目包括评价单元图斑、各评价要素图斑和调查点位数据、线状地物、注记。要素的颜色、图案、线型等标示符合规范要求。

③ 图外要素必有项目包括图名、图例、坐标系及高程系说明、成图比例尺、制图单位名称、制图时间等。

（4）面积数据要求　耕地面积数据以当地政府公布的数据（土地详查面积）为控制面积。

（5）统一的系统操作和数据管理　设置统一的系统操作和数据管理，各级用户通过规范的操作，来实现数据的采集、分析、利用和传输等功能。

（九）肥料配方设计

1. 基于田块的肥料配方设计

基于田块的肥料配方设计首先确定氮、磷、钾养分的用量，然后确定相应的肥料组合，通过提供配方肥料或发放配肥通知单，指导农民使用。肥料用量的确定方法主要包括土壤与植物测试推荐施肥方法、肥料效应函数法、土壤养分丰缺指标法和养分平衡施肥法。

（1）土壤与植物测试推荐施肥方法　该技术综合了目标产量法、养分丰缺指标法和作物营养诊断法的优点。对于大田作物，在综合考虑有机肥、作物秸秆应用和管理措施的基础上，根据氮、磷、钾和中量、微量元素养分的不同特征，采取不同的养分优化调控与管理策略。其中，氮肥推荐根据土壤供氮状况和作物需氮量，进行实时动态监测和精确调控，包括基肥和追肥的调控；磷、钾肥通过土壤测试和养分平衡进行监控；中量、微量元素采用因缺补缺的矫正施肥策略。该技术包括氮素实时监控、磷钾养分含量监控和中量、微量元素养分矫正施肥技术。

① 氮素实时监控施肥技术。根据不同土壤、不同作物、不同目标产量确定作物需肥量，以需氮量的 $30\% \sim 60\%$ 作为基肥用量。

具体基施比例根据土壤全氮含量，同时参照当地丰缺指标来确定。一般在全氮含量偏低时，采用需氮量的 50%～60% 作为基肥；在全氮含量居中时，采用需氮量的 40%～50% 作为基肥；在全氮含量偏高时，采用需氮量的 30%～40% 作为基肥。30%～60% 基肥比例可根据上述方法确定，并通过 "3414" 田间试验进行校验，建立当地不同作物的施肥指标体系。有条件的地区可在播种前对 0～20cm 土壤无机氮（或硝态氮）进行监测，调节基肥用量。

土壤无机氮(kg/亩)＝土壤无机氮测试值(mg/kg)×0.15×校正系数

氮肥追肥用量推荐以作物关键生育期的营养状况诊断或土壤硝态氮的测试为依据，这是实现氮肥准确推荐的关键环节，也是控制过量施氮或施氮不足、提高氮肥利用率和减少损失的重要措施。测试项目主要是土壤全氮含量、土壤硝态氮含量或小麦拔节期茎基部硝酸盐浓度、玉米最新展开叶叶脉中部硝酸盐浓度，水稻采用叶色卡或叶绿素仪进行叶色诊断。

② 磷钾养分恒量监控施肥技术。根据土壤有（速）效磷、钾含量水平，以土壤有（速）效磷、钾养分不成为实现目标产量的限制因子为前提，通过土壤测试和养分平衡监控，使土壤有（速）效磷、钾含量保持在一定范围内。对于磷肥，基本思路是根据土壤有效磷测试结果和养分丰缺指标进行分级，当有效磷水平处在中等偏上时，可以将目标产量需要量（只包括带出田块的收获物）的 100%～110% 作为当季磷肥施用量，在极缺磷的土壤上，可以施到需要量的 150%～200%。在 2～3 年后再次测土时，根据土壤有效磷和产量的变化再对磷肥用量进行调整。钾肥首先需要确定施用钾肥是否有效，再参照上面的方法确定钾肥用量，但需要考虑有机肥和秸秆还田带入的钾量。一般大田作物磷、钾肥料全部做基肥。

③ 中量微量元素养分矫正施肥技术。中量、微量元素养分含量变幅大，作物对其需要量也各不相同，主要与土壤特性（尤其是母质）、作物种类和产量水平等有关。矫正施肥就是通过土壤测试，评价土壤中量、微量元素养分的丰缺状况，进行有针对性的施肥。

（2）肥料效应函数法　根据"3414"方案田间试验结果建立当地主要作物的肥料效应函数，直接获得某一区域、某种作物的氮、磷、钾肥料的最佳使用量，为肥料配方和施肥推荐提供依据。

（3）土壤养分丰缺指标法　通过土壤养分测试结果和田间肥效试验结果，建立不同作物、不同区域的土壤养分丰缺指标，提供肥料配方。

土壤养分丰缺指标田间试验也可采用"3414"部分实施方案。"3414"方案中的处理 1 为空白对照（CK），处理 6 为全肥区（NPK），处理 2、4、8 为缺素区（即 PK、NK 和 NP）。收获后计算产量，用缺素区产量占全肥区产量百分数即相对产量的高低来表达土壤养分的丰缺情况。相对产量低于 50% 的土壤养分为极低；相对产量 50%～60%（不含）的土壤养分为低，60%～70%（不含）为较低，70%～80%（不含）为中，80%～90%（不含）为较高，90%（含）以上为高，从而确定适用于某一区域、某种作物的土壤养分丰缺指标及对应的肥料施用数量。对该区域其他田块，通过土壤养分测试，就可以了解土壤养分的丰缺状况，提出相应的推荐施肥量。

（4）养分平衡施肥法　略。

2. 县域施肥分区与肥料配方设计

在 GPS 定位土壤采样与土壤测试的基础上，综合考虑行政区划、土壤类型、土壤质地、气象资料、种植结构、作物需肥规律等因素，借助信息技术生成区域性土壤养分空间变异图和县域施肥分区图，优化设计不同分区的肥料配方。主要工作步骤如下。

（1）确定研究区域　一般以县级行政区域为施肥分区和肥料配方设计的研究单元。

（2）GPS 定位指导下的土壤样品采集　土壤样品采集要求使用 GPS 定位，采样点的空间分布应相对均匀，如每 100 亩采集一个土壤样品，先在土壤图上大致确定采样位置，然后在标记位置附近的一个采集地块上采集多点混合土样。

（3）土壤测试与土壤养分空间数据库的建立　将土壤测试数据和空间位置建立对应关系，形成空间数据库，以便能在 GIS 中进行分析。

（4）土壤养分分区图的制作　基于区域土壤养分分级指标，以 GIS 为操作平台，使用 Kriging 等方法进行土壤养分空间插值，制作土壤养分分区图。

（5）施肥分区和肥料配方的生成　针对土壤养分的空间分布特征，结合作物养分需要规律和施肥决策系统，生成县域施肥分区图和分区肥料配方。

（6）肥料配方的校验　在肥料配方区域内针对特定作物，进行肥料配方验证。

3. 测土配方施肥建议卡

略。

（十）配方肥料合理施用

在养分需求与供应平衡的基础上，坚持有机肥料与无机肥料相结合；坚持大量元素与中量元素、微量元素相结合；坚持基肥与追肥相结合；坚持施肥与其他措施相结合。在确定肥料用量和肥料配方后，合理施肥的重点是选择肥料种类、确定施肥时期和施肥方法等。

1. 配方肥料种类

根据土壤性状、肥料特性、作物营养特性、肥料资源等综合因素确定肥料种类，可选用单质或复混肥料自行配制配方肥料，也可直接购买配方肥料。

2. 施肥时期

根据肥料性质和植物营养特性，适时施肥。植物生长旺盛和吸收养分的关键时期应重点施肥，有灌溉条件的地区应分期施肥。对作物不同时期的氮肥推荐量的确定，有条件区域应建立并采用实时监控技术。

3. 施肥方法

常用的施肥方法有撒施后翻耕、条施、穴施等。应根据作物种类、栽培方式、肥料性质等选择适宜施肥方法。例如，氮肥应深施覆土，施肥后灌水量不能过大，否则造成氮肥淋洗损失；水溶性磷肥应集中施用，难溶性磷肥应分层施用或有机肥料堆沤后施用；有机肥料要经腐熟后施用，并深翻入土。

（十一）示范效果评价

1. 示范方案

每县在主要作物上设 20～30 个测土配方施肥示范点，进行田间对比示范。示范设置常规施肥对照区和测土配方施肥区两个处理，另外加设一个不施肥的空白处理，其中测土配方施肥、农民常规施肥处理面积不少于 200m^2，空白对照（不施肥）处理不少于 30m^2。其他参照一般肥料试验要求。通过田间示范，综合比较肥料投入、作物产量、经济效益、肥料利用率等指标，客观评价测土配方施肥效益，为测土配方施肥技术参数的校正及进一步优化肥料配方提供依据，田间示范应包括规范的田间记录档案和示范报告（图 10-2）。

2. 结果分析和数据汇总

对于每一个示范点，可以利用 3 个处理之间产量、肥料成本、产值等方面的比较，从增产和增收角度进行分析，同时也可以通过测土配方施肥产量结果与计划产量之间的比较，进行参数校验。有关增产增收的分析指标如下。

（1）增产率　指土配方施肥产量与对照（常规施肥或不施肥处理）产量的差值相对于对照产量的百分数。

$$增产率 = \frac{测土配方施肥产量 - 对照产量}{对照产量} \times 100\%$$

（2）增收　指测土配方施肥产量比对照产量（常规施肥或不施肥处理）增加的纯收益。

增收(元/亩)=(测土配方施肥产量－对照产量)×产品单价－(测土配方施肥肥料成本－对照肥料成本)

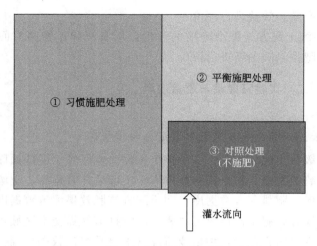

图 10-2 测土配方施肥田间示范规划图

注：习惯施肥处理完全由农民按照当地习惯进行施肥管理；平衡施肥处理只是按照试验要求改变施肥数量和方式，对照处理则不施任何化学肥料，其他管理与习惯处理相同。处理间要筑田埂及排、灌沟，单灌单排，禁止串排串灌

3. 农户调查反馈

（1）农户施肥情况调查

① 测土样点农户的调查与跟踪。每县选择 100～200 个有代表性的农户进行跟踪监测，调查填写《农户施肥情况调查表》（略）。

② 农户施肥调查。每县选择 100 个以上有代表性的农户，开展农户施肥调查，以权重按比例选择测土配方施肥农户、常规施肥农户及不同生产水平的农户，再作汇总分析，以县为单位完成《农户测土配方施肥准确度的评价统计表》（略）。

（2）测土配方施肥的效果评价方法

① 测土配方施肥农户与常规施肥农户比较：从作物产量、效益、地力变化等方面进行评价。

② 农户测土配方施肥前后的比较：从农户实施测土配方施肥

前后的产量、效益进行评价。

③ 测土配方施肥准确度的评价：从农户和作物两方面对测土配方施肥技术准确度进行评价。

（十二）实验室建设与质量控制

略。

（十三）测土配方施肥数据汇总与报告撰写

各级测土配方施肥工作承担单位提交本区域年度数据库，包括田间试验数据库、农户调查数据库、土壤采样数据库、土壤样品测试数据库、肥料配方数据库、测土配方施肥效果评价数据库等，填写测土配方施肥工作情况汇总表。同时撰写并提交本区域年度技术报告，主要内容包括：种植业概况（来自县统计数据）、测土情况、田间试验情况、配方推荐情况、配方校验与示范结果、农民测土配方施肥反馈结果、测土配方施肥总体效果、经验与问题、改进办法。

（十四）耕地地力评价

1. 资料准备

（1）图件资料（比例尺 1：50000）　地形图（采用中国人民解放军参谋部测绘局测绘的地形图）、第二次土壤普查成果图（最新的土壤图、土壤养分图等）、土地利用现状图、农田水利分布图、行政区划图及其他相关图件。

（2）数据及文本资料　第二次土壤普查成果资料，基本农田保护区划定统计资料，近三年种植面积，粮食单产、总产、肥料使用等统计资料，历年土壤、植物测试资料。

2. 技术准备

（1）确定耕地地力评价因子　根据全国耕地地力评价因子总集（表 10-4），结合当地实际情况，从六大方面的因子中选取本县耕地地力评价因子。选取的因子应当对当地耕地地力有较大的影响，在评价区域内的变异较大，在时间序列上具有相对的稳定性，因子之间独立性较强。

表 10-4　全国耕地地力评价因子总集

气象	≥0℃积温	耕层理化性质	质地
	≥10℃积温		容重
	年降水量		pH
	全年日照时数		CEC
	光照辐射总量		有机质
	无霜期		全氮
	干燥度		有效磷
立地条件	经度		速效钾
	纬度		缓效钾
	海拔		有效锌
	地貌类型		有效硼
	地形部位		有效钼
	坡度		有效铜
	坡向		有效硅
	成土母质		有效锰
	土壤侵蚀类型		有效铁
	土壤侵蚀程度		有效硫
	林地覆盖率		交换性钙
	地面破碎程度		交换性镁
	地表岩石露头状况	障碍因素	障碍层类型
	地表砾石度		障碍层出现位置
	田面坡度		障碍层厚度
剖面性能	剖面构型		耕层含盐量
	质地构型		1m土层含盐量
	有效土壤厚度		盐化类型
	耕层厚度		地下水矿化度
	腐殖质厚度	土壤管理	灌溉保证率
	田间持水量		灌溉模数
	冬季地下水位		抗旱能力
	潜水埋深		排涝能力
	水型		排涝模数
			轮作制度
			梯田类型
			梯田熟化年限

（2）确定评价单元　用土地利用现状图（比例尺为1：50000）、土壤图（比例尺为1：50000）叠加形成的图斑作为评价单元。评价区域内的耕地面积要与政府发布的耕地面积一致。

3. 耕地地力评价

（1）评价单元赋值　根据各评价因子的空间分布图或属性数据库，将各评价因子数据赋值给评价单元。对点位分布图，采用插值的方法将其转换为栅格图，再与评价单元图叠加，通过加权统计给评价单元赋值；对矢量分布图（如土壤质地分布图），将其直接与评价单元图叠加，通过加权统计、属性提取，给评价单元赋值；对线形图（如等高线图），使用数字高程模型，形成坡度图、坡向图等，再与评价单元图叠加，通过加权统计给评价单元赋值。

（2）确定各评价因子的权重　采用特尔斐法与层次分析法相结合的方法确定各评价因子权重。

（3）确定各评价因子的隶属度　对定性数据采用德尔斐法直接给出相应的隶属度；对定量数据采用德尔斐法与隶属函数法结合的方法确定各评价因子的隶属函数，将各评价因子的值带入隶属函数，计算相应的隶属度。

（4）计算耕地地力综合指数　采用累加法计算每个评价单元的地力综合指数。

$$IFI = \sum (F_i \times C_i)$$

式中，IFI为耕地地力综合指数（integrated fertility index）；F_i为第i个评价因子的隶属度；C_i为第i个评价因子的组合权重。

（5）地力等级划分与成果图件输出　根据地力综合指数分布，采用累积曲线法或等距离法确定分级方案，划分地力等级，绘制耕地地力等级图。

（6）归入全国耕地地力等级体系　依据《全国耕地类型区、耕地地力等级划分》（NY/T 309—1996），归纳整理各级耕地地力要素主要指标，形成与粮食生产能力相对应的地力等级，并将各等级耕地归入全国耕地地力等级体系。

（7）划分中低产田类型　依据《全国中低产田类型划分与改良

技术规范》（NY/T 310—1996），分析评价单元耕地土壤主导障碍因素，划分并确定中低产田类型、面积和主要分布区域。

4. 耕地地力评价数据汇总与报告撰写

各级耕地地力评价工作承担单位提交本区域年度数据，包括农户调查数据库、采样地基本情况调查数据库、土壤采样数据库、土壤样品测试数据库等。同时撰写并提交本区域年度技术报告、耕地地力评价与改良利用报告、耕地地力评价与测土配方施肥报告、耕地地力评价与种植业布局区划报告等。

四、平衡施肥技术国内外案例

（一）德国

德国于 1996 年 1 月 26 日颁布施肥条例来规范农业生产中肥料的正确施用。该条例共有 9 条，现将主要内容概述如下。

（1）适用范围　本条例仅适用于农业、园艺作物生产用地的施肥。

（2）施肥的基本原则和规定　使所施用的肥料养分尽可能地被作物利用，最大限度地避免养分的流失。因此，施肥时要按照经验或专家的建议，适时、适量平衡施肥。每次施用量和时间的确定，应根据当地的耕作条件而定，使肥料所含氮素大部分能在作物生长期被利用；速效氮肥应根据作物的需求，必要时分次施用。收获后的秋天或冬天休耕期间不得施肥。施肥地区应与河力（地表水资源）保持一定的距离，以避免直接流入或因冲刷而流入水资源。可依当地的情况如地形、土壤条件、植物生长状况、肥料种类、施肥器具等而定，也应不影响相邻农田以及有关部门制定的相关规定。氮肥只在土壤具有吸收和保存能力的地方施用。淹没的土壤、深度冻结或覆盖雪太厚时，不准施肥以免引起养分流失，污染水资源。

（3）施用动物粪尿的特殊要求　动物粪尿肥料含有多元营养元素，施用时应注意其含有氮、磷、钾的量，避免某种元素可能会超量施用，必要时补充其他肥料使其营养成分的比例达到最佳。当采用地表施用液体牲畜和家禽粪尿含氮的次级肥料时，应尽量避免氮损失，同时要考虑植物生长和气候（气温和光强度）状况。在种植前施用此肥料时，应迅速把动物粪尿埋入土壤中。农田在主要农作物收获后，如种植草类绿肥时每公顷最多只能施 40kg 氨态氮或总的氮肥不超过 80kg。在当年的 11 月 15 日至第 2 年的 1 月 15 日，原则上不允许施肥，如需施肥应得到特殊的许可。沼泽地养分易于流失，施用动物有机肥应特别注意，以防止肥料进入土壤中污染地下水。对确认含磷、钾较高的土壤，只有在不影响水资源时，才允许施用动物粪尿，但施肥量不能超过作物在当地环境条件下预期产量和品质所需的肥料量。动物性有机肥的施用量，以整个农场的平均量计算，包括有机肥在内的氮素的总量，每公顷牧草地不得超过 210kg，作物耕地不得超过 170kg，放牧牲畜所排放的营养成分也应考虑在内，休耕面积若用于生产非粮食或非饲料作物时，不必扣除。

（4）肥料需求量确定准则　肥料需求量的确定通常需对每一块田地进行调查。在自然环境条件相似、种植相似植物的田地相连面积不超过 5hm² 时，可合并作为氮肥需求的 1 个调查单位。在农田耕作条件下，对影响作物产量与品质的养分需求相关因子均作调查。各农场应调查其土地可供养分的数量：氮素量的测定以每块地或每一经营单位为准，至少每年 1 次；磷、钾、镁、硫、pH 值或石灰需要量，从具有代表性的土壤中取样，1hm² 以上的田块均需测量，每 1 轮作周期 1 次，至少每 6 年 1 次，粗放型牧草地每 9 年 1 次。各农场应在施用有机肥前进行土壤有机氮、磷、钾的含量分析。

（5）养分平衡对照表　农场耕地面积在 10hm² 以上，或种植蔬菜、啤酒花等 1hm² 以上，每年应制作氮肥施用与产出平衡对照表。磷、钾肥 3 年 1 次，并于最后一经营年结束后 6 个月内完成。苗圃及尚无收获的果园，因消耗的养分量不易测量，可不予考虑。农场全年平均每公顷地施用有机肥的总氮量不超过 80kg，或其他氮肥不超过 40kg 者，属于粗放农场，不需要养分平衡对照表。养分平衡对照表应包括如下内容：所施氮素、磷、钾量（kg/hm²），还需要进一步说明这些养分的来源，如化学肥料、有机肥、豆科固氮等，农作物收获后所携带出的和畜牧产品中的氮素、磷、钾量。

（6）农场有记录和保存记录的义务　记录的保存期至少 9 年。

（7）违反下面 10 条之一者，应得到处罚：①直接往水资源中施肥；②在没有种植任何植物的田中施肥；③未能适时施肥；④超过施肥上限；⑤没有在规定的期限施用动物粪尿；⑥在限制施用 P 或 K 肥的土壤中施 P 或 K 肥；⑦没有按规定作土壤养分调查；⑧未能分析所用肥料的养分含量；⑨未做养分平衡记录；⑩保存记录 9 年以下者。

（8）（9）最后 2 条为条例适用期限和生效日期。

从德国施肥法条例的内容不难看出，除了适时、适量、适地施肥的基本特点外，条例中还用了大量篇幅规定如何施用动物粪尿的细则。这是因为德国目前肥料养分的 50% 来自动物粪尿，然而动物粪尿的氮利用率不足 20%。化肥的氮利用率多年来始终保持在 70%～80%，因此，目前在德国造成氮素在农业总产品中利用率低的原因是禽畜生产中低氮利用率所致。

（二）山东寿光

山东寿光被列为全国平衡施肥试点补贴资金项目示范县（市）之一，寿光市委、市政府高度重视，将其作为一项重要的支农惠农措施开展了平衡施肥工作。

（1）加强领导，全面动员　成立了由分管农业的副市长任组长的领导小组，具体负责项目实施。各镇（街道）政府主要负责人为第一责任人，分管领导为直接责任人，共同实施项目建设任务。同时成立了技术小组，在平衡施肥工作领导小组的具体领导下，具体负责平衡施肥技术规范的编制、技术方案的制订、技术指导、人员培训以及针对性的技术专题研究以及土壤检测工作。

（2）制定政策，政府推动　为切实搞好测土施肥工作，市政府以寿政发第 68 号文批转下发了《寿光市 2005 年平衡施肥实施方案》，明确了平衡施肥工作目标和任务，确定了重点内容和时间进度，分配了平衡施肥面积和配方肥数量，并把平衡施肥工作列入农业和农村工作的百分考核。2006 年 3 月份，市政府又以寿政办明电（2006）48 号文专门下发了《寿光市人民政府办公室关于搞好春季平衡施肥工作的通知》，对继续搞好施肥情况调查和土壤样品采集工作，层层抓好示范带动和深入进行技术培训及宣传工作，大力推广配方肥。依靠政府的政策支持，推动了平衡施肥工作的开展。

（3）扩大宣传，提高认识 一是利用电视、报纸等媒体进行宣传。寿光市电视台录制了两期平衡施肥讲座，该片每期在市电视台《田园采风》栏目连续播放 7 次，有力地宣传了测土施肥工作。同时，利用《寿光日报》《寿光蔬菜报》多次大篇幅介绍平衡施肥技术，深受农民欢迎。二是利用宣传车等多种形式进行广泛宣传。出动宣传车 80 余车次，组织技术人员，采取走村入户、赶大集、发明白纸等形式向广大农民宣传测土施肥技术，面对面、手把手指导农民进行测土施肥，使测土施肥工作家喻户晓。三是与中国农业大学和莱阳农学院的专家教授组成送科技下乡服务队，为广大农民举办测土施肥技术讲座 12 场次，在全市上下形成一种测土配方、科学施肥的社会舆论氛围。

（4）实施调度，确保质量 2006 年 3 月份，有关领导召集市直有关部门负责人、各镇镇长、街办主任和有关技术人员 80 余人参加工作调度会，总结了前段工作情况，指出存在的问题和不足，安排了今后任务。随后，市农业局又专门召开了市技术领导小组、镇（街办）农技站长参加的全市测土施肥技术小组座谈会，部署新一轮的土壤取样和调查，安排夏玉米配方肥的推广和应用。经常不断的调度，使平衡施肥工作始终保持了良好的发展势头和工作质量。

（5）加强培训，服务到村 全市在平衡施肥技术培训方面，分三个层次开展工作：一是市级培训全市骨干技术人员；二是镇街道培训村级技术骨干；三是直接培训到农民。共举办市级培训班 24 期，培训 492 人次，村级培训班 38 期，培训农民 8930 余人次，通过培训使市、镇技术人员明确了小麦平衡施肥田间肥效小区试验与大田推荐施肥模式校验示范方案等，使农民群众懂得了测土配方、科学施肥的重要性和好处，在粮食生产上自发进行平衡施肥。

（6）试验示范，辐射带动 按照"政府推动、科技带动、分类指导、以点带面、整体推进"的原则，根据《实施方案》要求，制订了适合全市实际情况的试验方案。为确保各试验、示范准确进行，寿光市农业局与各镇农技站及试验户签订了协议书，确定了试验、示范责任人和技术负责人，在关键试验环节，市土肥站技术人员分片包干，进行现场指导，每人负责的试验从试验的布置、考察、收获一包到底，保证了各试验示范点严格按照试验方案操作，提高了试验示范的精准度。

（7）认真采样，搞好化验 寿光市成立了土壤采样组。农业局抽调 20 名专业技术人员，在采样开始前集中进行了专业技术培训，学习了《平衡施肥土壤样品采集技术规范（试行）》以及省土肥总站在项目培训班发放的有关土样采集的技术资料，然后分成 10 个取样小组，每镇抽调技术人员 10 名，调度车辆 3～5 台，配合采样组的工作，进行平衡施肥基础调查、布点、采样，并进行土壤样品检测化验。根据化验结果将填写的施肥建议卡及时发放到农民手中。

（8）大力推广，配方施肥 根据省土壤肥料总站的统一安排，寿光市充分抓住 2005 年秋种和 2006 年春季用肥关键季节，不失时机地推广配方施肥。选择有仓储能力、资金实力、诚实守信的优秀农资配送企业，根据农民所需的配方肥及早安排订单生产，足量送货到村，让利于民。并做到随时抽检，加强对配方肥质量的监督管理。

（9）严格执法，净化市场 为了确保农民用上放心肥料，按照农业部、省、市农资打假专项治理行动的要求，寿光市农业、工商、质监等部门经常对肥料生产企业和经营单位进行检查。2005年秋季以来，农业行政执法大队牵头，土肥站抽调人员参与，组成三个工作组，对农资市场的肥料产品按照农业部《肥料登记管理办法》，重点检查了复混肥、有机肥、微生物肥、叶面肥等品种是否进行登记，标识是否符合国家标准，质量是否合格。

（10）多方协作，创新管理　寿光市与山东农业大学合作，制定了地理信息系统，利用以往土壤普查数据，把每地块的土壤信息都输入系统，并把这次平衡施肥的化验数据和调查内容全部输入信息系统，实行数字化管理。信息化管理使平衡施肥技术数据更准确，储存更精密，运用更便捷。

第二节　有机无机肥配施技术

一、有机无机肥配施的意义

自化肥问世以来，就以其营养元素含量高、肥效快、增产效应明显、用量少、使用方便、经济效益高等优点而迅速得到大量应用；同时，消耗能源、易造成污染、长期使用易恶化土壤理化性状及结构等缺点，也使其常常遭到非议。有机肥能改善土壤理化性状和结构，特别是土壤的物理性状，培肥地力，利用农作物、人畜粪便及城市废料，成本低，对铬、镉等重金属有减毒效果，不易造成污染；缺点是养分含量低、用量大、远距离运输成本高，增加品质的效应较明显，但增产效应不够显著等。无疑，将有机肥与化肥结合使用，在改良土壤、培肥地力、使作物增产、优质、进而达到高效等方面有显著的效果。

近年来，随着我国经济的高速发展，资源与环境之间的问题、环境与人口增长之间的矛盾越来越严重，预计在未来的20年里，全世界的人口将增长到90亿，需要粮食55亿吨，为了满足人口对粮食的需求，人们只将目光停留在产量上，却忽视了资源与环境，这违背了我国的可持续发展战略，为此人们纷纷将目光转向寻求可持续发展的道路。而我国是以农业生产为支柱产业的大国，目前我国耕作的土地面积大约为16.5亿亩，粮食生产总量约为4.67亿吨，随着人口对粮食需求的日益增加，如何提高单产、如何在保证产量的前提下减少化肥施用量、如何提高土壤肥力等已成为科学家关注的问题。

农业想要高产稳产，那么良好的土壤物理环境是必不可少的。许多研究指出，无机肥的长期施用特别是偏施，不仅破坏土壤的结构性，使土壤的容重增值、降低孔隙度等，而且导致土壤肥力严重下降。因此，如何提高土地生产力以及土壤肥力，已成为当前亟需解决的问题。然而随着我国农业产业结构的调整，现代化畜牧业的加速发展使得畜禽粪便等有机废弃物数量大幅度增加。目前，各种畜禽粪便中含有的氮、磷、钾总量约为6330万吨，含氮量相当于4930万吨尿素、含磷量相当于11940万吨过磷酸钙和含钾量相当于3380万吨氯化钾，是有机肥源的主要来源之一。

与无机肥比较来说，有机肥的优点如下：①有机肥的养分含量丰富、稳肥性好、肥效时间长等，又称"长效肥料"；②有机肥对作物产量的提高有积极的影响，在改善土壤理化性质方面有一定的积极作用；③施用有机肥能显著提高土壤酶活性；④有机肥能够提高土壤有机质活性，可以降低土壤有机质的氧化稳定系数等，而且效果比无机肥更明显；⑤一般的有机物料，在田间管理过程中，只要经过简单的堆放，充分的沤肥之后便可以使用，有机肥在增强作物抗病虫害、抗旱能力方面有积极的影响，这样农药使用量就会相应减少。因此，从经济和环境综合考虑，有机无机肥配施是最佳选择。

有机无机肥的配合施用在提高作物产量方面有一定的影响，并且可以有效改善土壤物理环境，为建立优化的施肥结构展示了良好前景。大量试验结果证实：长期有机无机肥配施可以明显提高作物单产和品质，并可保持提高地力。西方的一些国家以及日本经过长期的肥料试验研究，其结果可以说明，长期施用有机肥其增产效果并不比无机肥差，而长期施用无机肥的效果与有机肥恰好相反。生物学家和农学家很早就开始注意碳、氮这两种重要的生命元素，农业生态系统作为碳氮循环的重要组成部分，由于人类活动的参与，比森林、草地等自然生态系统更为复杂，农业生态系统受人们农业生产行为的影响也在日益加深。曾骏等的研究认为有机无机肥长期配施，能够使表层土层中的有机碳有所增加，同时，降低了无机碳在土壤中的含量；不过，长时间单施化肥对土壤中有机碳和无机碳的含量影响不明显。英国的农业试验站经过长期的定位试验得出结论，化肥的长期单施，在改善土壤氮素积累方面无显著的效果，而在提高土壤肥力方面有机肥优于无机肥，可见有机肥与无机肥在培肥土壤方面的最大区别在于对土壤氮素的影响，大量施用无机氮肥固然可以提高土壤的供氮力，但要扩大有机碳库在土壤中所占的比例，同时增加土壤中氮素的积累量，提高氮素利用率，提高土壤供氮方面的能力，相信只有长期施用有机肥料能达到这样的效果。

二、有机无机肥配施的作物与土壤效应

（一）有机无机肥配施对作物生长的影响

1. 有机无机肥配施对作物产量的影响

有机无机肥配施能明显促进水稻、小麦、玉米、蔬菜、棉花、果树、烤烟等作物的生长，并提高产量。有机肥料中含有植物生长调节物质和有机质（如腐植酸等），能包裹植物生长必需的各种营养元素，具有调节作物碳氮代谢的功能，防止衰老，增施有机肥可显著促进作物生长，且有机肥的作用效果在作物生长后期更加明显。有机肥料的添加促进土壤中快速形成有益微生物群落，大大促进了土壤中营养元素的有效化。有机无机肥配施能提高作物产量主要是因为有机肥能改善作物生长环境，提高根系活力，提高氮肥利用率，促进光合产物形成，增加结实率和千粒重。

2. 有机无机肥配施有利于改善农作物产品品质

有机无机肥配施可提高各种蔬菜可食部分可溶性糖含量，降低了苋菜与芹菜硝酸盐和粗纤维含量，促进辣椒、菜豆、包菜体内维生素 C 与 β-胡萝卜素含量的提高，并降低其硝酸盐含量。增施沼肥可提高直链淀粉、蛋白质和氨基酸含量。此外，沼肥与化肥配施可有效减少油菜、茄子体内硝酸盐的积累，并且随沼肥用量的增加其体内硝酸盐含量不断降低。但是，不同有机无机肥配施及其不同配比对农产品品质的影响不一，因此，必须采用合理的配施方案才

能取得较好的效果。

3. 有机无机肥配施能抑制病原菌，减少作物土传病害的发生

有机物料堆肥可有效降低小麦白粉病、生姜青枯病、黄瓜连作障碍、棚室瓜果的根结线虫病等的发生。不同的有机无机肥配施对作物土传病害的影响且效果不一。沼肥含有维生素 B_{12}、脱落酸（ABA）、赤霉素等生长调节物质，并能释放甲烷等挥发性物质，可净化稻田环境，增强作物抗逆性，尤其是以沼肥与无机肥配施后效果明显增强。猪粪堆肥可抵抗立枯丝核菌对金盏菊、鱼尾菊的侵染。饼肥（豆饼、花生饼）可抑制小麦胚黑穗病、秆黑穗病和马铃薯枯萎病；长期连续施鸡厩肥对果树根腐病有抑制效应；而纤维含量高的有机肥（叶片、锯末、秸秆等）处理的土壤对玉米茎腐病有明显抑制作用；绿肥施用可防治西瓜枯萎病、草莓黄萎病和马铃薯疮痂病等；牛粪、草炭、食用菌养殖下脚料和蛭石等配成的有机肥做基质可抑制瓜果类（黄瓜、番茄）苗期猝倒病。在有机肥中添加拮抗菌对防治蔬菜土传病害具有更好的防治效果。

（二）有机无机肥配施对土壤肥力的影响

1. 有机无机肥配施对土壤理化性状的影响

有机肥富含农作物生长必需的多种营养元素、有机质、活性物质（核糖核酸、氨基酸、胡敏酸）和土壤活化酶等，有机无机肥配施后可增加土壤腐殖质、有机质与 N、P、K 有效养分。尤其是生物有机肥中含有的有益土壤微生物，可分解有机物质，形成腐殖质并释放出养分，同时促进土壤碳素转化和无机营养元素固定。此外，有机肥料中的有机质和腐殖质，与土壤中的黏土或钙离子结合，促进形成土壤团聚体，有利于协调土壤水、肥、气、热矛盾，改善土壤黏性，提高旱地蓄水与保墒能力，控制盐碱地盐分，防止水田板结。然而，中国在肥料施用方面仍存在氮肥施用不当、钾肥和有机肥利用不足以及长期单施化肥与单一作物连作等不合理耕作与施肥问题，已经影响了农田生态养分有效循环与收支平衡。因此，有机无机肥配施模式及方法的研究已引起高度重视。近年来，

有研究报道认为，施用有机肥有利于促进农田养分循环，缓解土壤养分收支赤字。有机无机肥配施能提高土壤微生物无机氮同化能力，降低黏土矿物对化肥氮的固持，因而增加有机形态氮的残留，而矿质氮和固定态铵残留量明显降低，从而提高氮肥利用率。长期试验显示，秸秆或栏肥与化肥配施可明显降低土壤密度，增加田间持水率。

2. 有机无机肥配施对土壤酶及功能微生物活性的影响

沼渣、沼液混施较单独的沼渣与化肥配施更有利于土壤磷酸酶活性的提高，沼渣、沼液可降低土壤碱化度，改善土壤结构、物理性状功能，改善土壤微生物群落结构。此外，土壤微生物自身就是C、N、P、S等养分的储备库，其"源-库"调控功能可通过新陈代谢促进养分元素的转化。生物有机肥中由于其富含固氮、溶磷、解钾等功能菌和增强抗性的放线菌等；施入土壤后，促进形成功能菌优势群，并激活土壤生物酶系。因此，施用沼肥后土壤有机质（OM）、全氮（TN）、碱解氮含量与土壤酶活性显著提高，土壤有益微生物在生命代谢过程中分泌大量的有机酸与活性物质，有利于土壤中P、Zn、B、Cu、Mn等元素的活化。纤维分解菌可降低土壤中木质素与纤维素含量，可溶性的C、N量明显增加，从而促进土壤N的释放。土壤微生物是土壤中有机质转化的动力源泉，氮素在微生物的作用下一方面可转化为土壤有机氮（SON），也可在其作用下转化为活性物质被植物吸收。此外，微生物可以土壤中的碳源为营养物质，加速土壤氮的转化，是土壤碳、氮转化与循环的重要媒介；所以，土壤微生物量氮（SMBN）对调节土壤氮库有不可替代的作用，是土壤中氮素养分的重要源与库。土壤碳氮通常首先与土壤活性部分相结合，而有机质颗粒是土壤中重要的活性部分，可作为表征外源物质添加后的降解状况。

三、有机无机肥平衡配施技术发展方向

平衡施肥必须走有机和无机相结合的培肥道路，在施用有机肥保持肥力不断增长的前提下，配合使化肥。有机肥与无机肥平衡配

施的方法主要有两种：一是有机肥与化肥直接混合施用；二是以有机肥作基肥，化肥作追肥或种肥施用。

（一）有机无机复混肥

见第四章。

（二）有机肥作基肥，化肥作追肥或种肥施用

1. 有机肥料的最低用量

要保持土壤肥力不下降，必须补充种植一季作物矿化而消耗的土壤有机质，或用有机肥补充作物从土壤中吸收的养分量（以氮素计）。

据研究，土壤有机质的年矿化率约为 3%，若有机质含量为 2% 的土壤，则每年矿化消耗有机质：$150000 \times 2\% \times 3\% = 90$（kg/亩）。再将这个数字用有机肥料的腐殖化系数换算成实物量。

例如，猪厩肥腐殖化系数为 36%，含水量为 80%，则补充土壤消耗有机质应施猪厩肥为：$90 \div (36\% \times 20\%) = 1250$（kg/亩）。这就是保持土壤有机质不下降的有机肥最低用量。或者说，要保持土壤肥力不下降，有机肥料最低施用量应该使有机肥残留的养分量等于土壤供给作物所消耗的养分量（以氮计）。

$$\frac{\text{有机肥最低}}{\text{用量（kg/亩）}} = \frac{\text{土壤有机质含量（\%）} \times \text{有机质矿化率（\%）}}{\text{有机肥腐殖化系数（\%）} \times (1 - \text{有机肥含水量})} \times 150000$$

据研究发现，禾谷类作物的土壤供氮量约为吸收量的 1/2，果树的土壤供氮量约为吸收量的 1/3。

2. 有机肥和无机肥的分配与换算

在确定肥料总量以后，有时需合理分配化肥和有机肥的用量，一般有机肥和无机化肥的换算方法有以下三种。

（1）同效当量法　通过试验，先计算出某种有机肥料所含的养分相当于几个单位的化肥所含养分的肥效，这个系数称为"同效当量"。

以氮素为例，在磷、钾满足的情况下，用等量的有机氮、无机

氮进行试验，以不施氮为对照，得出产量后，用下式计算：

$$有机肥最低用量（kg/亩）= \frac{土壤供给养分量（N）}{有机肥含氮量×（1-有机肥氮素利用率）}$$

$$= \frac{作物目标产量所需养分量（N）×1/2}{有机肥含氮量×（1-有机肥氮素利用率）}$$

如果计算的同效当量为 0.63，那么就是说 1kg 有机氮相当于 0.63kg 无机氮。

（2）产量差减法　先通过试验，取得某一种有机肥料单位施用量能增加多少产量，然后从目标产量中减去有机肥能增产部分，就是应施化肥才能得到的产量。

（3）养分差减法　在掌握各种有机肥料利用率的情况下，可先计算有机肥料中的养分含量，同时计算出当季能利用多少，然后从需肥总量中减去有机肥能利用的部分，剩下的就是无机肥应施的量。

$$无机肥施用量= \frac{总施肥量×养分含量×有机肥当季用量}{化肥养分含量×化肥当季利用率}$$

在配方施肥中，有机肥和无机肥的换算，根据有机肥本身氮素含量的多少来定。一般土杂肥、秸秆、厩肥等含氮量和当季利用率都较低，几经折算可吸收的氮量不多，因此，一般作为补偿地力，不再计算。配方施肥所计算的用氮量，多指化肥的用量。而绿肥中氮素的利用率比厩肥高 1 倍，当绿肥一次施用量在 2000kg 以上时，可按绿肥中含氮量 50％计算，然后再在总用量中减去这一部分。

四、有机无机肥配施应用实例

（1）青岛市农科院采用大棚小区试验法，采用不同配比的有机无机肥栽种黄瓜。分别设置 7 个处理：①不施肥（CK）；②100％有机肥；③80％有机肥＋N、P、K 化肥；④60％有机肥＋N、P、K 化肥；⑤40％有机肥＋N、P、K 化肥；⑥20％有机肥＋N、P、K 化肥；⑦100％N、P、K 化肥。其中，供试有机肥料为经过高温堆肥处理的鸡粪，有机肥的 N、P、K 养分用量以有机肥全 N、P、K 含量计算，有机肥和无机肥 N、P、K 养分量均为质量分数比。

以施氮量 300kg/hm² 为标准施用有机肥处理，其他处理在扣除施用的有机肥 N、P、K 养分后，不足部分用化肥补齐 N、K 含量和 P 含量的 50％。补充的化肥用尿素、磷酸二铵和硫酸钾。全部肥料于黄瓜定植前 1 周作基肥一次性施入试验小区，用旋耕机与土壤混匀。结果表明，在总施氮量相同的条件下，有机肥与无机肥的质量分数比为 1∶4 时对大棚黄瓜营养品质的效应最佳，平均粗蛋白质含量比不施肥、有机肥和无机肥处理分别提高了 4.0％、7.4％ 和 3.1％，维生素 C 的含量分别提高了 13.1％、17.1％ 和 10.2％，但对可溶性糖的影响作用较小。黄瓜产量随无机肥所占比例的增加而提高，无机肥配合施用能够使大棚黄瓜获得较高的产量，比不施肥处理和有机肥处理分别增产 36.0％ 和 19.5％，比其他有机无机肥配施处理平均产量增加 14.3％。

(2) 江西双季稻区进行连续 25 年的田间定位试验，比较不施肥 (CK)、施用化肥 (N、P、K)、等养分条件下 70％化肥配合施用 30％ 有机肥 (70F＋30M)、50％化肥配合施用 50％ 有机肥 (50F＋50M)、30％化肥配合施用 70％ 有机肥 (30F＋70M) 的水稻产量和土壤肥力变化。结果有机无机肥配施，早晚稻平均产量比不施肥 (CK) 增产 65.4％～71.5％ ($P<0.05$)，比施化肥 (N、P、K) 增产 3.9％～7.8％ ($P<0.05$)，其中，以 30F＋70M 处理产量最高，年产量达 12346.90kg/hm²。高量有机肥配施处理与化肥处理、低量有机肥配施处理的产量差均呈逐步增加趋势。对土壤肥力的研究表明，长期不施肥会降低土壤肥力，长期平衡单施化肥 (N、P、K) 具有明显培肥地力的作用，有机无机肥配施培肥地力的作用更明显。结论是红壤稻田系统的增产和稳产性能均以有机无机肥配施最好，高量有机肥更有利于稻田持续增产，有利于红壤稻田土壤培肥。

目前，农民还没有掌握科学施肥技术，为了追求高产而一味大量、不合理施用化肥和有机肥从而造成土壤中硝酸盐含量增加，影响农产品品质；还会造成多余元素流入江河，形成江河的富营养化，造成环境污染。中国适宜的有机肥与化肥施用比例是：一般田

50％∶50％，高产田 40％∶60％，低产田 60％∶40％。有机肥和化肥科学、合理的结合施用，能取长补短，充分发挥肥效。有机肥、化肥配合是中国农田施肥的方向与原则。为此我们应该做好以下工作：①科研部门要测土施肥。对当地土壤进行监测，及时测定土壤中氮、磷、钾、有机质、水分含量及 pH 值等。②在生产足够农产品的同时能保持良好的生态环境，让农民知道过量、不合理施肥的危害，要让广大农民充分掌握有机肥与化肥相结合，合理使用化肥（特别是合理使用氮肥）的科学施肥技术。③发展有机肥料产业化，采用"先处理、后使用、效益好"的现代有机肥投入新途径，实行工厂化生产、无害化处理，即通过就地收集、发酵、脱水、除臭、复混造粒等工序，生产有机肥料，解决有机肥积、制、运输和施用过程中的"脏臭、苦累、效低"等问题。④国家要加大农业技术推广服务的投入，并深入农村做好宣传与解释工作。

第三节　灌溉施肥技术

一、灌溉施肥技术的概念

灌溉施肥是指肥料随同灌溉水进入田间的过程，是施肥技术和灌溉技术相结合的一项新技术，是精确施肥与精确灌溉相结合的产物。

二、灌溉施肥技术的优点

灌溉施肥技术是一种先进的现代农业技术，其优点表现在以下几个方面。

1. 提高肥料利用率，节水增产

与普通施肥相比，灌溉施肥具有供肥及时、养分易被作物吸收、肥料利用率高等优点，一般可节省化肥 30％～40％，并增产10％。灌溉施肥特别是滴灌和喷灌条件下伴随施肥使水缓慢流入根部周围土壤，再借助土壤毛细管作用将水分扩展到整个根系，供作物吸收利用，降低了肥料和土壤的接触面积，减少了土壤对肥料养分的固定，有利于根系吸收养分；由于不破坏土壤结构，保证了根系层内疏松通透的生长环境，且减少了土壤表面的水分蒸发损失，因而有明显的节水节肥增产效益。将肥料直接随水施入，水肥同时供应，可发挥两者协同作用，促进作物生长。

2. 简化田间施肥作业，减少施肥用工

灌溉施肥依靠一些必要的灌溉设备，可做到自动化施肥，使可溶性肥料随水进入土壤，操作用工极少，并可避免作物（特别是大棚内栽培作物）在生长期内因采用常规施肥方法施肥而造成的根、茎、叶的损伤。而且通过对灌溉系统的有效设计和管理，可创造促进作物生长或根据作物需要控制作物生长的土壤水分和肥料条件，使作物的水肥条件始终处在优良的状态下。

3. 适时适量补充养分，防止土壤板结和环境污染

灌溉施肥可以非常精确地在时间和空间上调控土壤水、肥条件，严格控制灌溉用水量和化肥施用量，减少养分向根系分布区以下土层的淋失，防止造成土壤和地下水污染；有效控制施肥量和施肥时间，可避免过量施肥造成的土壤板结等土壤退化问题。

而且将肥料直接随水施入，充分利用水肥同时供应，可发挥两者的协同作用，为促进作物生长、提高作物产量奠定基础。还可根据气候、土壤特性及作物不同生长发育阶段营养特点，灵活地调节供应养分的种类、比例及数量等。

三、灌溉系统中的施肥设备

通过灌溉系统施肥需要一定的施肥设备，常用的施肥设备主要有施肥罐、文丘里施肥器、施肥泵、施肥机等。

1. 施肥罐

施肥罐是田间应用较广泛的施肥设备。在发达国家的果园中随处可见，我国在大棚蔬菜生产中也广泛应用。施肥罐也称为压差式施肥罐，由两根细管（旁通管）与主管道相连接，在主管道上两条细管接点之间设置一个节制阀（球阀或闸阀）以产生一个较小的压力差（1～2m水压），使一部分水流入施肥罐，进水管直达罐底，

水溶解罐中肥料后，肥料溶液由另一根细管进入主管道，将肥料带到作物根区。

旁通施肥罐（图 10-3）是按照数量施肥的方式，开始施肥时流出的肥料浓度高，随着施肥进行，罐中的肥料越来越少，浓度越来越小。罐内养分浓度的变化存在一定的规律，即在相当于 4 倍罐容积的水流过罐体后，90％的肥料已进入灌溉系统（但肥料应在一开始就完全溶解），流入罐内的水量可用罐入口处的流量表来测量。灌溉施肥的时间取决于肥料罐的容积及其流出速率。

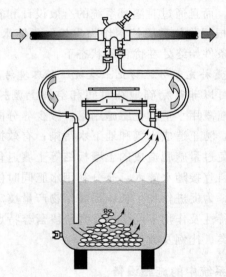

图 10-3　旁通施肥罐示意图

因为施肥罐的容积是固定的，当需要加快施肥速度时，必须使旁通管的流量增大。此时要把节制阀关得更紧一些。在田间情况下很多时候用固体肥料（肥料量不超过罐体的 1/3），此时肥料被缓慢溶解，但不会影响施肥的速度。在流量压力、肥料用量相同的情况下，不管是直接用固体肥料，还是将其溶解后放入施肥罐，施肥的时间基本一致。由于施肥的快慢与经过施肥罐的流量有关，当需要快速施肥时，可以增大施肥罐两端的压差，反之则减小压差。

2. 文丘里施肥器

同施肥罐一样，文丘里施肥器在灌溉施肥中也得到广泛应用，文丘里施肥器可以做到按比例施肥，在灌溉过程中可以保持恒定的养分浓度。水流通过一个由大渐小的管道时（文丘里管喉部），水流经狭窄部分时流速加大，压力下降，使前后形成压力差，当喉部有一更小管径的入口时，形成负压，将肥料溶液从一敞口肥料罐通过小管径细管吸取上来。文丘里施肥器即根据这一原理制成（图10-4）。

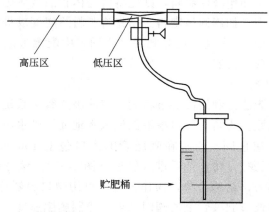

图10-4 文丘里施肥器示意图

文丘里施肥器用抗腐蚀材料制作，如铜、塑料和不锈钢，现绝大部分为塑料制造。文丘里施肥器的注入速度取决于产生负压的大小（即所损耗的压力）。损耗的压力受施肥器类型和操作条件的影响，损耗量为原始压力的10%～75%。选购时要尽量购买压力损耗小的施肥器。由于制造工艺的差异，同样产品不同厂家的压力损耗值相差很大。由于文丘里施肥器会造成较大的压力损耗，通常安装时加装一个小型的增压泵。一般厂家均会告知产品的压力损耗，设计时根据相关参数配置加压泵或不加泵。

吸肥量受入口压力、压力损耗和细管直径的影响，可通过控制阀和调节器来调整。文丘里施肥器可安装在主管道上（串联安装）

或者作为管路的旁通件安装（并联安装）。在温室里，作为旁通件安装的施肥器，其水流由一个辅助水泵加压。

文丘里施肥器具有显著优点，不需要外部能源，从敞口肥料罐吸收肥料的花费少，吸肥量范围大，操作简单，磨损率低，安装简易，方便移动，适于自动化，养分浓度均匀且抗腐蚀性强。其不足之处为压力损失大，吸肥量受压力波动的影响。虽然文丘里施肥器可以按比例施肥，在整个施肥过程中保持恒定浓度供应，但在制订施肥计划时仍然按施肥数量计算。比如一个轮灌区需要多少肥料要事先计算好。如用液体肥料，则先将所需体积的液体肥料加到贮肥罐（或桶）中。如用固体肥料，则先将肥料溶解配成母液，再加入贮肥罐（或桶）。或直接在贮肥罐（或桶）中配置母液。当一个轮灌区施完肥后，再安排下一个轮灌区。

3. 施肥泵

泵吸施肥法是利用离心泵将肥料溶液吸入管道系统，适合于任何面积的施肥。为防止肥料溶液倒流入水池而污染水源，可在吸水管后面安装逆止阀。通常在吸肥管的入口包上 100～120 目滤网（不锈钢或尼龙），防止杂质进入管道（图 10-5）。该方法的优点是不需外加动力，结构简单，操作方便，可用敞口容器盛肥料溶液。施肥时通过调节肥液管上的阀门，可以控制施肥速度。缺点是要求水源位置水位不能低于泵入口 10m。施肥时要有人照看，当肥液快完时立即关闭吸肥管上的阀门，否则会吸入空气，影响泵的运行。

用该方法施肥操作简单，速度快，设备简易。当水压恒定时，可做到按比例施肥。

4. 施肥机

在有压力的管道中施肥（如采用潜水泵无法用泵吸施肥法，或用自来水等压力水源）要采用泵注入法。打农药常用的柱塞泵或一般水泵均可使用。注入口可以在管道任何位置。要求注入肥料溶液的压力要大于管道内水流压力。该法注肥速度容易调节，方法简单，操作方便。

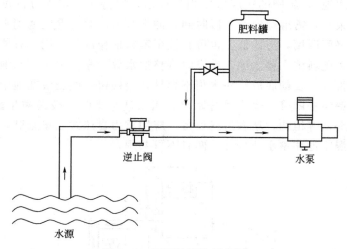

图 10-5　泵吸施肥法示意图

　　（1）移动施肥机　在没有电源的情况下，可以用柴油机水泵或汽油机水泵加压进行管道灌溉。将施肥桶与水泵组装在一起，称为可移动的施肥设备。该设备可负责几亩至百亩的施肥任务。

　　（2）重力自压式施肥法　在应用重力滴灌或喷灌的场合，可以采用重力自压式施肥法。在南方丘陵山地果园或茶园，通常引用高处的山泉水或将山脚水源泵至高处的蓄水池。通常在水池旁边高于水池液面处建立一个敞口式混肥池，池大小在 0.5～2.0m³，可以是方形或圆形，方便搅拌溶解肥料即可（图 10-6），池底安装肥液流出的管道，出口处安装 PVC 球阀，此管道与蓄水池出水管连接。池内用 20～30cm 长大管径管（如 75mm 或 90mm PVC 管），管入口用 100～120 目尼龙网包扎。施肥时先计算好每轮罐区需要的肥料总量，倒入混肥池，加水溶解，或溶解好直接倒入。打开主管道的阀门，开始灌溉。然后打开混肥池的管道，肥液即被主管道的水流稀释带入灌溉系统。通过调节球阀的开关位置，可以控制施肥速度。当蓄水池的液位变化不大时（南方许多情况下一边滴灌一边抽水至水池），施肥的速度可以相当稳定，保持一恒定养分浓度。施肥结束时，需继续灌溉一段时间，冲洗管道。通常混肥池用水泥建造，坚固耐用，造价低。也可直接用塑料桶作混肥池用。有些用户直接将肥料倒入蓄水池，灌溉时将整池水放干净。由于蓄水池通常体积很大，要彻底放干净水很不容易，会残留一些肥液在池中，加上池壁清洗困难，也有养分附着，当重新蓄水时，极易滋生藻类、青苔等低等植物，堵塞过滤设备。应用重力自压式灌溉施肥，一定要将混肥池和蓄水池分开，两者不可共用。

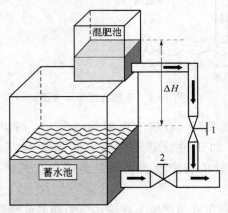

图 10-6　自压灌溉施肥示意图
1—主管道阀门；2—肥料流出管道阀门

　　这种注入方法比较简单，不需要额外的加压设备，而肥液只依靠重力作用进入管道。如在日光温室大棚的进水一侧，在高出地面1m 的高度上修建容积为 $2m^3$ 左右的蓄水池，滴灌用水先贮存于蓄水池内，以利于提高水温，蓄水池与滴灌管道连通，在连接处安装过滤设备。施肥时，将肥料倒入蓄水池进行搅拌，待充分溶解后，即可进行滴灌施肥。又例如在丘陵坡地滴灌系统的高处，选择适宜高度修建化肥池用来制备肥液，化肥池与滴灌系统用管道相连接，肥液可自压进入滴灌管道系统。这种简易方法的缺点是水位变动幅度较大，滴水滴肥流量前后不均一。

四、灌溉施肥中肥料的选用

一般来说，用于灌溉施肥的肥料应满足以下条件：溶液中养分浓度高，田间温度下完全溶于水，溶解迅速，流动性好，不会阻塞过滤器和滴头；能与其他肥料混合，与滴灌水的相互作用小，不会引起滴灌水 pH 值的剧烈变化；对控制中心的滴灌系统的腐蚀性小。但这些条件并不是绝对的，实际上只要在生产实践中切实可行的肥料都可以使用。通常条件下所有的液体肥料和常温下可溶解的固体肥料都适用于灌溉施肥。单一肥料使用时只要考虑水质是否符合要求即可。若两种或两种以上肥料混合时要考虑其相容性，施用时必须保证肥料之间要相容，不能有沉淀生成，且混合后不会降低它们的溶解度。另外，灌溉用水与肥料间的反应也必须考虑，如硬度较高的水与一些磷酸盐化合物很容易产生沉淀。同时温度也是需要考虑的因素，常会出现一种肥料在夏天气温高时可能完全溶解，但冬天气温低时出现盐析现象。

一般常用于灌溉施肥的肥料种类有：氮肥主要有硝酸铵、尿素、氯化铵、硫酸铵以及各种含氮溶液；钾肥主要为氯化钾、硫酸钾、硝酸钾；磷肥主要有磷酸和磷酸二氢钾以及高纯度的磷酸一铵。目前生产上已推出一些适于灌溉施肥的专用复合肥，用于灌溉施肥的微量元素肥料通常是水溶性或螯合态的化合物。

第十一章 肥料的混合与推广应用

　　新型肥料是针对传统肥料而言的，是伴随有机农业、生态农业、可持续发展农业、精准农业的大气候下孕育、生长、发展起来的，选用新材料、新方法或新工艺制备的具有新功能的肥料。我国新型肥料的发展进程见图 11-1。在生产生活中农化服务是新型肥料推广应用的必要途径。以下根据肥料的混合、存放要求以及针对生产销售企业与农技推广部门工作经验，对新型肥料的推广应用模式作简要介绍。

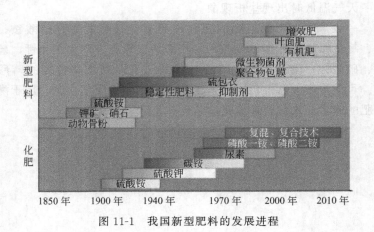

图 11-1　我国新型肥料的发展进程

第一节　肥料的混合

　　作物生长发育需要多种营养元素配合施用，而在生产中购置的化学肥料多为一种或两种元素肥料，如尿素、氨水、碳铵等就是很单一的氮肥，氯化钾也是单一性的钾肥；部分复合肥料虽含有多种营养元素，但其有效养分比例固定，一成不变，不能适应不同作物、不同土壤、不同生育时期的需要。生产上常将两种或两种以上的肥料混合以后施用，这样可以减少施肥次数、灵活调整肥料比例。

在肥料混合过程中，要注意以下几点。

一是肥料混合后，其物理性状良好。有些肥料混合后，虽不会发生化学变化，但会导致物理性状的改变，使混合过程和施肥过程发生困难。如两种吸湿性较强的肥料混合后，其混合物的吸湿性更强。例如，硝酸铵与尿素混合后形成的混合物，其吸湿临界相对湿度仅 18%，吸湿性大大提高了。因此，两者不宜混合。再如尿素与过磷酸钙混合后，虽可延长尿素转化为铵的时间，但过磷酸钙中所含的结晶水会游离出来，使肥料的湿度增加，易于结块，给施用造成困难，应随混随施。

二是肥料混合后，养分应受损失。肥料在混合过程中或混合后的贮存、施用过程中，因各种肥料的组成不同，有些肥料混合后会发生一系列化学反应，造成养分的损失或养分有效性下降，属于此种情况的肥料相互之间不能混合。例如，铵态氮肥不能与碱性肥料如草木灰、窑灰钾肥、石灰等混合，否则会导致氮素损失；水溶性磷肥不能与石灰、草木灰、窑灰钾肥等碱性肥料混合，以免导致水溶性磷转化成难溶性磷，使磷的有效性降低；硝态氮肥不能与酸性肥料如过磷酸钙等混合，以免引起硝态氮分解逸出氧化氮，引起氮素损失。

三是肥料混合后，应有利于提高肥料效果和施肥功效。肥料混合得当既可提高肥料的肥效，又可提高施肥功效，减少施肥次数。如磷肥与堆肥、厩肥等有机肥混合后，由于有机肥在发酵分解过程中产生各种有机酸，能结合钙离子，促进磷的溶解；同时，混合后可有效减少磷与土壤的接触面积，降低土壤对磷的固定，提高磷肥肥效。再如碳酸氢铵或硫酸铵与过磷酸钙混合，也可起到提高肥效的效果。

四是掺混肥料，各原料肥料的合理粒径基本相近。避免运输使用过程中，隔离分层，养分布不均匀。

五是化学肥料不能过多地与微生物肥料混合，以防杀死微生物肥料中的活体有效菌（如细菌、放线菌等）。

一、不同化学肥料间的混合

（1）可以混合的情况　如硫酸铵和过磷酸钙、硫酸铵和磷矿粉、尿素和磷酸盐肥料、硝酸铵和氯化钾。它们混合后，形成氮磷和氮钾复合肥，不但养分没有损失，而且还能减少各种肥料单独施用时的不良作用并提高肥效，如硝酸铵和氯化钾混合后，潮解小，具有良好的物理性状，便于施用。硫酸铵与磷矿粉混合施用，可以增加磷矿粉的溶解度，提高磷矿粉的肥效。

（2）可以暂时混合但不可久置的情况　有些肥料混合后应立即施用，不会使蔬菜作物发生不良影响，但如果混合后长期放置，就会引起有效养分含量降低，物理性状变坏。如过磷酸钙和硝态氮肥（硝酸铵等）混合，更加容易潮解，还能引起硝态氮逐渐分解，造成氮素损失。尿素和氯化钾、石灰氮和氯化钾混合后放置时间长，也会增加吸湿性而使肥料物理性状变坏。

（3）不可混合的情况　这类肥料混合后，会引起养分损失，降低肥效。如铵态氮肥（硝酸铵、硫酸铵等）与碱性肥料（如石灰、钢渣磷肥、石灰氮或草木灰等）混合后会引起氮的损失。如将过磷酸钙等速效磷肥料与碱性肥料石灰氮、石灰、钢渣磷肥、草木灰等混合后，就会引起磷酸退化作用，降低有效磷含量。难溶性磷肥与碱性肥料混合，使得难溶性磷肥中的磷更难为作物吸收利用。

二、有机肥与化学肥料的混合

（1）可以混合的情况　如厩肥、堆肥与钙镁磷肥混合，厩肥、堆肥在发酵中产生的有机酸可以促进难溶性磷的分解。厩肥、堆肥与过磷酸钙混合，可以减少磷肥中的有效磷与土壤接触，防止磷被土壤固定。酸性强的有机肥，如高位草炭与碱性肥料（如石灰、钢渣磷肥、石灰氮或草木灰等）混合时，碱性肥料的碱性可以中和草炭的酸性。人粪尿混入少量过磷酸钙可形成磷酸二铵，减少和防止氨的挥发损失。

（2）不宜混合的情况　某些未腐熟厩肥、堆肥不能与硝酸盐肥料混合，否则容易产生反硝化作用，引起氮的损失。新鲜的、含有大量纤维物质的有机物质，最好不要与矿质肥料混合，应该等到它腐熟后再与矿质肥料混合，不过也有例外，就是即使是腐熟的人粪尿也不要与碱性肥料混合，以免加速氨的挥发。

常用肥料可否混合施用查对表见表 11-1。

表 11-1　常用肥料可否混合施用查对表

名称	碳酸氢铵	氨水	硫酸铵	氯化铵	硝酸铵	尿素	过磷酸钙	钙镁磷肥	磷酸铵	硫酸钾	草木灰	人畜粪尿	新鲜厩肥、堆肥	饼粕
碳酸氢铵	○	×	×	×	×	×	●	×	×	○	×	×	○	○
氨水	×	○	×	×	×	×	×	×	×	●	×	×	×	○
硫酸铵	×	×	○	○	×	×	○	×	×	×	×	×	○	○
氯化铵	×	×	○	○	×	×	○	×	×	×	×	×	○	○
硝酸铵	×	×	×	×	○	×	○	×	×	×	×	●	×	○
尿素	×	×	×	×	×	○	○	×	×	×	×	●	×	○
过磷酸钙	●	×	○	○	○	○	○	×	○	×	×	●	○	○
钙镁磷肥	×	×	×	×	×	×	×	○	×	×	×	×	○	○
磷酸铵	×	×	×	×	×	×	○	×	○	×	×	×	○	○
硫酸钾	○	●	×	×	×	×	×	×	×	○	×	×	○	○
草木灰	×	×	×	×	×	×	×	×	×	×	○	×	○	○
人畜粪尿	×	×	×	×	●	●	●	×	×	×	×	○	○	○
新鲜厩肥、堆肥	○	×	○	○	×	×	○	○	○	○	○	○	○	○
饼粕	○	○	○	○	○	○	○	○	○	○	○	○	○	○

　　注：○可以混合；●可以混合，但必须立即使用；×不宜混用。

第二节　肥料的包装与存储

一、肥料的包装

肥料包装及标识对消费者选择肥料尤为重要。目前市场上销售的肥料包装和标识存在很多问题，消费者购买肥料时应特别注意。印制各式各样图案的肥料包装遮盖了规定的标识，吸引了不了解标识真相的消费者的注意力，夸大的肥料效果成为决定购买行为的重要因素之一。2001年，我国正式出台并发布了 GB 18382—2001《肥料标识内容和要求》的国家标准，开始规范肥料生产企业的肥料销售包装的标识。该标准规定自 2002 年 1 月 1 日起开始实施，自 2002 年 7 月 1 日起，市场上停止销售肥料标识不符合该标准的肥料。

（一）肥料标识存在的问题

（1）夸大总养分含量　按照国家肥料标识标准规定，复混肥料中的养分含量是指氮、磷、钾三元素的总含量，中量元素如钙、镁、硫和微量元素都不能相加到总养分中。但有些厂家却故意将这些中量元素全部加入总养分中，或在一些有机无机复混肥料中将有机质一并写入总养分中，有些二元肥甚至将氯离子记入总养分，使实际总养分含量只有 25%～30% 的复混肥通过虚假标识达到 40% 甚至 50% 以上。

（2）二元肥冒充三元肥销售　有些复混肥明明是二元复混肥，但却标明"氮：15；磷：15；铜锌铁锰等：15"，或者 N-PK-Cl 为 15-15-15。这种标识给消费者造成一种三元复混肥的感觉，使作物因缺乏某些养分而造成减产。

（3）有些企业故意在外包装袋上用拼音打印商品名称、商标名称、企业名称，以此来误导消费者，使其认为是进口产品。

（4）夸大产品作用，在包装袋上冠以欺骗性的名称，如"全元素""多功能""抗旱、抗病"等。

（二）如何识别肥料标识

《肥料标识内容和要求》（GB 18382—2001）对肥料包装标识有明确具体的规定，包装标识内容包括以下几方面。

1. 肥料名称及商标。

（1）应标明国家标准、行业标准已经规定的肥料名称。对商品名称或者特殊用途的肥料名称，可在产品名称下以小 1 号字体予以标注。

（2）国家标准、行业标准对产品名称没有规定的，应使用不会引起用户、消费者误解和混淆的常用名称。

（3）产品名称不允许添加带有不实、夸大性质的词语，如"高效××""××肥王""全元素××肥料"等。

（4）企业可以标注经注册登记的商标。

2. 肥料规格、等级和净含量

（1）肥料产品标准中已规定规格、等级、类别的，应标明相应的规格、等级、类别。若仅标明养分含量，则视为产品质量全项技术指标符合养分含量所对应的产品等级要求。

（2）肥料产品单件包装上应标明净含量。净含量标注应符合《定量包装商品计量监督规定》的要求。

3. 养分含量

（1）单一肥料

① 应标明单一养分的百分含量。

② 若加入中量元素、微量元素，可标明中量元素、微量元素（以元素单质计，下同），应按中量元素、微量元素两种类型分别标明各单养分含量及各自相应的总含量，不得将中量元素、微量元素含量与主要养分相加。微量元素含量低于 0.02% 或（和）中量元素含量低于 2% 的不得标明。

（2）复混肥料（复合肥料）

① 应标明 N、P_2O_5、K_2O 总养分的百分含量，总养分标明值应不低于配合式中单养分标明值之和，不得将其他元素或化合物计入总养分。

② 应以配合式分别标明总氮、有效五氧化二磷、氧化钾的百分含量，如氮磷钾复混肥料 15-15-15。二元肥料应在不含单养分的位置标以"0"，如氮钾复混肥料 15-0-10。

③ 若加入中量元素、微量元素，不在包装容器和质量证明书上标明（有国家标准或行业标准规定的除外）。

（3）中量元素肥料

① 应分别单独标明各中量元素养分含量及中量元素养分含量之和。含量小于 2% 的单一中量元素不得标明。

② 若加入微量元素，可标明微量元素，应分别标明各微量元素的含量及总含量，不得将微量元素含量与中量元素相加。微量元素肥料应分别标出各种微量元素的单一含量及微量元素养分含量之和。

4. 其他添加物含量

（1）若加入其他添加物，可标明其他添加物，应分别标明各添加物的含量及总含量，不得将添加物含量与主要养分相加。

（2）产品标准中规定需要限制并标明的物质或元素等应单独标明。

5. 生产许可证编号

对国家实施生产许可证管理的产品，应标明生产许可证的编号。

6. 生产者或经销者的名称、地址

应标明经依法登记注册并能承担产品质量责任的生产者或经销者名称、地址。

7. 生产日期或批号

应在产品合格证、质量证明书或产品外包装上标明肥料产品的生产日期或批号。

8. 肥料标准

（1）应标明肥料产品所执行的标准编号。

（2）有国家或行业标准的肥料产品，如标明标准中未有规定的其他元素或添加物，应制定企业标准，该企业标准应包括所添加元素或添加物的分析方法，并应同时标明国家标准（或行业标准）和企业标准。

9. 警示说明

运输、贮存、使用不当，易造成财产损坏或危害人体健康和安全的，应有警示说明。

（三）选购肥料时应注意的问题

肥料市场上销售的化肥种类很多，消费者应该根据生产需要对养分、种类、含量进行选择。

（1）购买化肥时应当选择知名品牌，或选择自己使用过并且熟悉的肥料，买肥种田是一年大计，切忌为贪图便宜而买杂牌或假冒伪劣化肥。

（2）要注意选择正规的销售渠道购买，选择信誉好、实力强、口碑佳的大经销商，切忌购买无照流动商贩的廉价化肥。

（3）购买肥料的时候要注意保留好发票，在纠纷发生时有依据。

（4）注意保留适当的肥料样品和包装袋。如果发现生产、销售或者使用肥料后出现异常情况，可以向监督检验研究机构咨询或委托检验，也可以拨打 12365 向质量技术监督部门投诉。

二、肥料的存储

从肥料的特性分析，只要贮存得当，包装袋不破损、不被雨淋、不受潮、不与碱性物质混放，一般都可以长期贮存，因此国家目前没有肥料保质期的规定。例如，尿素、过磷酸钙、硫酸钾等化肥在阴凉干燥的仓库里可堆放 20 年，除了肥料结块外，养分含量等指标没有任何变化。但如果被雨淋了，肥料中的氮钾就会流失；如果受潮了，肥料中的氮素就会挥发损失；如果遇到碱性物质或裸露，还会导致磷肥的有效性降低。故而肥料作为农业生产中不可或缺的农用物资，应做到科学保管，使它们在足够长的时间内发挥各自的效能。

（一）化肥的存储

（1）防潮湿结块　化肥吸湿而引起的潮解、结块和养分损失，是贮藏中普遍存在的问题，如普钙受潮后，不仅易结块，造成使用困难，而且还会发生有效磷退化；碳铵受潮后分解挥发，氮素损失，硝酸铵、硝酸磷肥、硝酸钾、硝酸钙、尿素等，以及以这些为原料的混合肥料，都极易吸潮、结块，很难施用并损失大量养分。因此，存放时：一是要保持肥料袋完好密封，可用塑料袋包好，还要备好防雨防晒的遮盖物；二是要求库房通风好，不漏水，地面干燥，最好铺上一层防潮的油毡和垫上木板条。

（2）防养分挥发　对于氨水、碳酸氢铵等稳定性差、极易挥发损失的化肥，贮存时要密封，保持干燥，防止阳光直射。氮素化肥、过磷酸钙严禁与碱性物质（石灰、草木灰等）混合堆放，以防氮素化肥挥发损失和降低磷肥肥效。

（3）防腐防毒　化肥由各种酸、碱、盐组成，一般都具有腐蚀性和有毒性。如过磷酸钙，含有一定的游离酸，具有腐蚀性，不可用布袋、铁器贮存，一般应放在干燥的地方或在瓦缸、木桶内贮存。如普钙，在贮存中易挥发游离酸，使空气呈酸性；如碳铵、硫酸铵以及含铵态氮的复合肥，潮解后挥发出氨气，在空间形成碱性物，因此，存放时要求管库人员戴好口罩和手套，库房要通风，相对湿度低于70％为宜，当库房内温度和湿度都高于库外时，可以在晴天的早晚打开库房的门窗进行自然通风。除此之外，不能将食物、农药、饲料、菌种等与化肥混存，以免发生中毒事故。

（4）防火防爆　硝酸铵、硝酸钾等是制造火药的原料，在日光下暴晒、撞击或高温影响下会发热、自燃爆炸，这类化肥贮藏时不要与易燃物品接触，化肥堆放时不要堆得过高，码垛时以不超过1.5m为宜，库房要严禁烟火，并设置消防设备，以保安全。一旦发生火情，不能使用各种化学灭火器，应先用沙土类盖压再用水扑灭。

（5）防肥料混放　不同种类的肥料要分别堆放，不要混堆和散包，以防不同品种的肥料相互作用，引起化学变化，损失养分，特别是碱性肥料不宜与铵态氮肥和过磷酸钙混堆在一起。同时，注意不要磨损肥料袋上的标签，以免混杂和错用。

（二）生物有机肥的存储

有机肥是主要来源于植物和（或）动物，施于土壤以提供植物营养为其主要功能的含碳物料。由动植物废弃物、植物残体加工而来，消除了其中的有毒有害物质，富含大量有益物质，包括多种有机酸、肽类以及包括氮、磷、钾在内的丰富的营养元素。不仅能为农作物提供全面营养，而且肥效长，可增加和更新土壤有机质，促进微生物繁殖，改善土壤的理化性质和生物活性，是绿色食品生产的主要养分。

为了避免在运输和存放有机肥（生物有机肥）过程中造成不必要的损失，必须做到以下几点。

① 运输和存放时应避免与碳酸氢铵、钙镁磷肥等碱性肥料混放，否则容易引起氨挥发损失。

② 生物有机肥遇水容易导致养分损失，在运输过程中应尽量避免淋雨，存放于干燥通风的地方。

③ 生物有机肥内含有益微生物，阳光中的紫光线会影响有益微生物的正常生长繁殖，在运输存放过程中注意遮阴。

第三节　新型肥料的推广应用

一、我国新型肥料发展应用现状

（一）肥料的作用与地位

（1）肥料是国家粮食安全的物质基础，可保持和提高地力，是实现农业可持续发展的物质保证。20世纪80年代，我国化肥的使用对我国粮食增产贡献率高达46.43%，且纵观国内外研究，20世纪粮食单产的1/2、总产的1/3来自化肥的贡献，可见肥料是保障粮食安全的战略物资。如果没有化肥的投入，就不会有20世纪作物产量的成倍增长（表11-2），农业的可持续发展就没有了可靠的物质基础，如果停止使用化肥，世界作物产量预计将减产 50%。国内外长期实验证明，长期合理施用化肥可以保持地力和实现作物持续高产。

表 11-2　世界和中国谷物产量与化肥施用情况

项目	世界		中国	
	1950 年	2000 年	1950 年	2000 年
谷物总产/($\times 10^8$ t)	6.89	20.30	1.12	4.60
谷物单产/(kg/hm^2)	1500	3265	1740	4261
化肥用量/($\times 10^4$ t)	1370	13737[1]	1.0	4146
人均谷物/kg	276	340	207	374

注：为 1999 年资料。

（2）化肥的不合理施用带来的副作用　化肥自身存在的某些缺陷以及不合理施用，随着时间的推移逐渐暴露出来。如在 20 世纪 90 年代，我国化肥投入量呈直线增长的同时，全国粮食增产却徘徊不前，据统计 1996～2009 年间，我国化肥使用量增长了 41.2%，而粮食总产量却只增长了 5.1%。据了解，我国乃是世界上化肥生产量、使用量最多的国家，而肥料利用率却呈逐年下降的趋势，以氮肥为例，我国在 20 世纪 60 年代其利用率约为 60%，70～80 年代为 50%～40%，到了 90 年代则下降到 35%～32%。可见化肥自身存在的某些缺陷以及不合理施用化肥，一方面造成肥料资源的浪费，增加农业生产成本，据不完全统计，我国每年损失的氮素相当于 4000 多万吨硫酸铵，价值高达 300 多亿元。另一方面，养分的大量流失，给生态环境带来巨大压力；在对全国 131 个湖泊的调查结果发现，约有一半以上的湖泊出现不同程度的水体富营养化现象。

（3）新型肥料的研究与开发是推动肥料产业科技创新的原动力　伴随我国化肥使用普遍存在的利用率低、资源浪费、污染环境等问题，新型肥料孕育而生，它是肥料家族中不断出现的新成员、新类型、新品种，其内涵是动态发展的。新型生物肥料、有机复合肥料，以及提高作物抗逆、改善资源利用率的多功能型肥料都是顺应农业可持续发展需要而产生的。当下，世界各国均在投巨资发展新型肥料，抢占新型肥料研究的制高点。

（二）我国新型肥料发展现状

我国化肥的生产和使用同世界化肥进程一致，经历了 3 次变革。20 世纪 60 年代之前，生产的化肥多为单质低浓度肥料；60～80 年代，开始发展使用高浓度化肥和复合肥；最近 20 年来，开始重点研究缓/控释肥料、生物肥料、有机复合化肥、功能性肥料，成为新型肥料研究与开发的热点。

1. 缓/控释肥料

缓/控释肥料最大的特点是养分释放与作物吸收同步，简化施肥技术，实现一次性施肥满足作物整个生长期的需要，肥料损失少，利用率高，环境友好。被世界公认为提高肥料利用率最有效的措施之一，也被誉为 21 世纪肥料产业的重要发展方向。

我国对缓/控释肥料的研究起步较晚，20 世纪 70 年代中国科学院南京土壤研究所曾进行过长效碳铵的研制。进入 80 年代，特别是近年来随着化肥用量大、利用率低、化肥污染农产品和环境问题的加剧，国内缓/控释肥料的研究步伐加快。虽然我国的缓/控释肥料研究起步较晚，但研究特色明显，树脂包衣、营养材料包裹、基质复合、胶结控释、酶学抑制等产品和工艺百花齐放。特别是近几年，国家和地方政府非常重视缓/控释新型肥料的研制与产业化。目前，我国缓/控释肥料产业化生产能力已经超过 10 万吨，但开工率较低。

2. 生物肥料

生物肥料是一类以微生物生命活动及其产物导致农作物得到特定肥料效应的微生物活体制品，具有生产成本低、效果好、不污染环境的优点，施后不仅增产，而且能提高农产品品质和减少化肥用量，在农业可持续发展中占有重要地位。

我国微生物肥料的研究、生产和应用已有近 50 年的历史。20 世纪 60～70 年代微生物肥料的研究与生产发展较快；80 年代前后，由于受夸大宣传、认识误导、技术原因以及市场混乱等不利因素的影响，我国微生物肥料的研究与发展受到很大的影响，在群众中造成了不良影响；最近 10 年来，我国微生物肥料的研究与开发出现了新局面，在利用生物技术构建高效工程菌、PGPR 制剂等方面的研究取得了重要进展。我国微生物肥料研究与应用的总体现状是：①基本形成了微生物肥料产业，在农业部登记的产品种类有 11 个；②微生物肥料使用菌种种类不断扩大，所用菌种已不限于根瘤菌，目前使用菌种达到 80 多种；③微生物肥料的应用效果在增产、改善品质、减少化肥用量、防病等方面逐渐被农民认识；④质量意识提高，质检体系初步形成；⑤少数产品开始进入国际市场。

3. 商品有机肥

众所周知，有机肥料在培肥地力与改善作物品质，特别是改善风味食品品质方面具有化学肥料不可比拟的作用。如我国在制定绿色食品的肥料标准中规定 AA 级绿色食品只准施用有机肥料和微生物肥料。随着有机废弃物资源浪费和污染环境的问题愈来愈突出，秸秆焚烧、规模化畜禽场粪污大量进入水体等造成环境严重污染。对传统有机肥料产品进行升级改造，开发替代产品，提高有机废弃物资源化利用水平，是国内外新型肥料研究的重要方向。

我国是传统有机肥生产和使用大国。但真正对有机肥进行系统研究则始于 20 世纪 30 年代。50～60 年代，其技术特点是总结农民传统经验，完善有机肥积、制、保、用技术。研究重点：一是高温堆肥的发酵条件；二是厩肥的积制方法；三是沤制和草塘泥制有机肥。70～80 年代，研究重点：一是沼气发酵；二是对有机肥与无机肥相结合施用的肥料效应进行了大量应用基础研究，肯定了有机无机配合是我国施肥技术的基本方针。80 年代末以来，有机肥研究开始探索走规模化、产业化、商品化道路。研究重点：一是秸秆直接还田技术；二是工厂化处理畜禽粪便生产商品化有机无机复合肥技术。

目前，我国部分复混肥厂家开始生产有机复肥，原料主要是草炭和风化煤类，真正实行工厂化处理秸秆畜禽粪便废弃物生产商品化有机肥的厂家还较少，生产规模小、效率低、污染较严重。我国商品化有机肥生产技术还处于起步阶段，发酵技术、除臭技术、关键设备等还有待完善。

4. 多功能肥料

多功能肥料是 21 世纪新型肥料的重要方向之一，是研究开发将作物营养与其他限制作物高产的因素相结合的多功能性肥料，它们的生产符合生态肥料工艺学的要求，其施用技术将凝聚农学、土壤学、信息学等领域的相关先进技术。这些功能性肥料主要包括：具有改善水分利用率的肥料、高利用率的肥料、改善土壤结构的肥料、适应优良品种特性的肥料、改善作物抗倒伏性的肥料、具有防治杂草的肥料以及具有抗病虫害功能的肥料等。

关于功能性肥料的研究与开发，我国做的工作还不多。如华南农业大学等率先开展了保水型控释肥的研究，利用高吸水树脂包被尿素和包膜性控释肥料，制成保水型控释肥料，产品在新疆干旱地区试验取得良好效果。目前研究产品进入中试阶段。其他方面的功能肥料研究，只有零星报道，距离产业化要求相差甚远。

（三）我国新型肥料行业发展存在的问题

在看到我国新型肥料行业快速发展的同时，也应该注意到产业发展中存在的问题和弊端。

1. 我国新型肥料技术存在欠缺

尽管近些年来，我国的新型肥料技术取得了快速发展，但是在具体的产业化过程中，仍然存在着一些难以克服的技术问题。一是成本问题。由于技术含量高，新型肥料生产成本普遍偏高，不利于行业的产业化。二是新型肥料中缓/控肥的包膜材料二次污染问题。目前国内一些缓/控释肥的包膜材料大多不能完全降解，这些很可能会对土壤造成二次污染。三是我国还没有制定较为完善的商品有机肥技术规范和建设指南，在原料利用、工业化生产、示范区的建设等方面还没有具体的规范和标准等。我国有机肥料加工技术国内研究相对滞后，有机肥料生产企业生产工艺相对落后，自主创新设备较少，多为仿制或改进的国外产品。

2. 新型肥料市场较为混乱

一是造假制假企业层出不穷，由于科技含量较高，新型肥料较传统肥料相对较贵，一些不法企业纷纷制售假冒的新型肥料，这对新型肥料行业的发展极为不利。二是新型肥料企业内部竞争加剧。我国新型肥料的发展是建立在科研机构的技术转让上，而往往一家科研机构常常与几家企业同时签订合同，推广新型肥料，这就造成行业内部之间竞争加剧，对构建和谐肥料市场极为不利。三是宣传不实。由于新型肥料有环保、节能、提高利用率、多功能等一系列优点，再加上金融危机企业运营困难重重，部分企业回避新型肥料的缺点，过分夸大新型肥料的功效，存在着"炒作概念"的嫌疑。

3. 新型肥料市场推广难度较大

作为一个新兴的肥料行业，从无到有、从小到大是要经历一个过程的。尤其是我国的农民，要他们在短时间内接受价位相对较高的新型肥料比较难。近些年来，在一些企业的努力推动下，新型肥料市场有所增大，但是目前新型肥料施用仍然占很小一部分，且新型肥料应用主要集中在收益相对较高的经济作物上，新型肥料难以走进大田。

4. 标准不完善

产品标准代表着国家技术水平和产品竞争力，它规范着质量水准和技术发展方向，也是产品生产和市场的准入原则。当前关于缓/控释肥料、商品有机肥等新型肥料的国家标准、行业标准已经陆续实施，但是从已颁布的标准来看，这些标准往往只代表不同生产工艺的产品。且随着新型肥料的发展，标准问题的制定、修订问题将会日益凸现。

二、新型肥料推广模式及配套对策

当前，新型肥料虽然发展势头强劲，但其推广率还不到 20%。新型肥料多因工艺复杂、科技含量高、开发生产的成本投入相对较高，致使肥料价格自然也高于传统肥料，成为农民自发接受和推广应用的不利因素。故而推广新型肥料要注重宣传综合效益，不能以肥料价格为评判标准。

（一）做好区域信息调查和反馈工作

新型肥料推广过程中首先应做好区域信息调查工作以及后期服务中的信息反馈工作。

（1）调查当地社会经济状况　需调查当地人口资料、农业在经济发展中的比重、主导产业、农副产品消费情况以及农产品价格等信息，从而得出区域农户对新肥料介绍的积极性。

（2）调查区域农业结构和施肥习惯　调查当地农作物产业结构、栽培模式、种类、面积、产量、布局以及所需肥料的种类、用量与施肥习惯等。

（3）调查肥料市场行情　了解当地肥料市场状况，如使用哪些肥料种类、特点、价位以及当地农户对新型肥料的接受能力。

（4）肥料产品结构效益的调查　对使用新型肥料的区域做好作物生育期间跟踪掌控，记录产品效果。

（5）肥料质量事故调查与处理　由于受气候、土壤、耕作等多项不可控因素的影响，在出现减产的情况下，应做好从专业技术角度帮助农民解决问题，正确处理售后工作。

通过调查上述基本情况后，农化服务人员可将掌握的必要的农业肥料信息反馈至专家或厂家，从而进一步制订出更加完善的肥料研发、生产、推广计划。

（二）强化科技指导服务工作

实用的施肥技术指导是当前广大农户迫切需求的科技农化服务，如测土配方施肥技术等。企业应与当地农技推广部门、专业技术人员合作，充分利用广播、电视、报纸、杂志、网络等媒体和声像技术载体，不定期邀请肥料专家对当地农户进行现场培训，让新型肥料的优质、高效、环保理念深入群众。

（三）布局建立试验示范/展示基地

无论哪种类型的新型肥料，要想走进农业生产，都必须通过试验方法将肥效直观地传递给农民。只有让他们明确认可新型肥料的优势之后才能进行大面积的推广。所以，只要能够用事实来说服农民，农民的广告效应比通过做几场推广会还要好得多。因此，搞田间试验是新型肥料最有效的宣传和推广方式，日本等缓、控释肥推广比较成功的国家也是主要依靠试验推广的方法。毕竟现在农民的选择具有多样性，不仅有二铵、尿素等，还有复合肥，而且厂家众多，要想使他们转移用肥习惯，只能让事实说话。企业如果自己搞田间试验示范，其技术规范度和可信度不够，宣传效果不佳，建议与农技推广部门合作开展新型肥料田间试验示范展示，无论在技术规范上，还是在可信度上都大大优于企业，是加速新型肥料推广的最有效途径之一。

（四）探索创新农化服务体系

随着国家对农业投入的不断加大，涉农技术推广部门力量将逐步得到加强，农业的适度规模经营将得到发展。如何适应现代农业的发展步伐，就必须树立"服务先行意识"，不断创新农化服务机制。在新形势下，应转变单一性的高校或企业或农技部门服务队伍，推行高校、企业、农技推广部门以及农户相结合的一支全面的农化服务团队。实行高校专家负责研发新型肥料技术；企业负责生产、经销以及向农户宣传产品品牌和文化；农技部门则主要开展业务培训、指导、咨询工作；农户负责做好田间试验示范展示工作；最大限度地发挥团队力量。

（五）政府重视，财政补贴政策促进产业发展

新型肥料的推广是一个利国利民的大事，需要政府通过一些切实的措施来促进其推广。农业技术推广是一项非常艰巨的任务，农业新技术、新产品的推广必须走政府搭台、技术人员和企业唱戏的路子。农民的认识水平、生产习惯仅靠单个企业去改变是不可能的。政府要支持，首先领导要重视；其次有关行政和业务部门应该把好的产品、技术列为推广对象；另外，要多方营造舆论氛围，力所能及地在政策和资金上给予支持。

一、GB 15063—2009 复混肥料（复合肥料）国家标准

1　范围

本标准规定了复混肥料（复合肥料）的要求、试验方法、检验规则、标识、包装、运输和贮存。

本标准适用于复混肥料（包括各种专用肥料以及冠以各种名称的以氮、磷、钾为基础养分的三元或二元固体肥料）；已有国家标准或行业标准的复合肥料如磷酸一铵、磷酸二铵、硝酸磷肥、硝酸磷钾肥、农业用硝酸钾、磷酸二氢钾、钙镁磷钾肥及有机-无机复混肥料、掺混肥料等应执行相应的产品标准。缓释复混肥料同时执行相应的标准。

2　规范性引用文件

下列文件中的条款通过本标准的引用而成为本标准的条款。凡是注日期的引用文件，其随后所有的修改单（不包括勘误的内容）或修订版均不适用于本标准，然而，鼓励根据本标准达成协议的各方研究是否可使用这些文件的最新版本。凡是不注日期的引用文件，其最新版本适用于本标准。

GB/T 6003.1—1997　金属丝编织网试验筛

GB/T 6679　固体化工产品采样通则

GB/T 8170—2008　数值修约规则与极限数值的表示和判定

GB 8569　固体化学肥料包装

GB/T 8572　复混肥料中总氮含量测定　蒸馏后滴定法

GB/T 8573　复混肥料中有效磷含量测定

GB/T 8574　复混肥料中钾含量测定　四苯基合硼酸钾重量法

GB/T 8576　复混肥料中游离水含量测定　真空烘箱法

GB/T 8577　复混肥料中游离水含量测定　卡尔·费休法

GB 18382 肥料标识　内容和要求

GB/T 22923　肥料中氮、磷、钾的自动分析仪测定法

GB/T 22924　复混肥料（复合肥料）中缩二脲含量的测定

HG/T 2843 化肥产品　化学分析中常用标准滴定溶液、标准溶液、试剂溶液和指示剂溶液

3　术语和定义

下列术语和定义适用于本标准。

3.1　复混肥料（compound fertilizer）

氮、磷、钾三种养分中，至少有两种养分标明量的由化学方法和（或）掺混方法制成的肥料。

3.2　复合肥料（complex fertilizer）

氮、磷、钾三种养分中，至少有两种养分标明量的仅由化学方法制成的肥料，是复混肥料的一种。

3.3　掺混肥料（bulk blending fertilizer）

氮、磷、钾三种养分中，至少有两种养分标明量的由干混方法制成的颗粒状肥料，也称 BB 肥。

3.4　有机-无机复混肥料（organic-inorganic compound fertilizer）

含有一定量有机质的复混肥料。

3.5　大量元素（主要养分）（primary nutrient；macronutrient）

对元素氮、磷、钾的通称。

3.6　中量元素（次要养分）（secondary element；nutrient）

对元素钙、镁、硫等的通称。

3.7　微量元素（微量养分）（trace element；micronutrient）

植物生长所必需的，但相对来说是少量的元素，如硼、锰、铁、锌、铜、钼或钴等。

3.8 总养分（total primary nutrient）

总氮、有效五氧化二磷和氧化钾含量之和，以质量分数计。

3.9 标明量（declarable content）

在肥料或土壤调理剂标签或质量证明书上标明的元素（或氧化物）含量。

3.10 标识（marking）

用于识别肥料产品及其质量、数量、特征、特性和使用方法所做的各种表示的统称。标识可用文字、符号、图案以及其他说明物等表示。

3.11 标签（label）

供识别肥料和了解其主要性能而附以必要资料的纸片、塑料片或者包装袋等容器的印刷部分。

3.12 配合式（formula）

按 N-P_2O_5-K_2O（总氮-有效五氧化二磷-氧化钾）顺序，用阿拉伯数字分别表示其在复混肥料中所占百分比含量的一种方式。

注："0"表示肥料中不含该元素。

4 要求

4.1 外观：粒状、条状或片状产品，无机械杂质。

4.2 复混肥料（复合肥料）应符合附表1的要求，同时应符合包装容器上的标明值。

附表1 复混肥料（复合肥料）的要求

项 目	指 标		
	高浓度	中浓度	低浓度
总养分（$N+P_2O_5+K_2O$）的质量分数[①]/%	≥40.0	≥30.0	≥25.0
水溶性磷占有效磷百分率[②]/%	≥60	≥50	≥40
水分（H_2O）的质量分数[③]/%	≤2.0	≤2.5	≤5.0
粒度（1.00mm～4.75mm 或 3.35mm～5.60mm）[④]/%	≥90	≥90	≥80

项　　目		指　标		
		高浓度	中浓度	低浓度
氯离子的质量分数⑤/％	未标"含氯"的产品	≤3.0		
	标识"含氯（低氯）"的产品	≤15.0		
	标识"含氯（中氯）"的产品	≤30.0		

① 组成产品的单一养分含量不应小于 4.0％，且单一养分测定值与标明值负偏差的绝对值不应大于 1.5％。

② 以钙镁磷肥等枸溶性磷肥为基础磷肥并在包装容器上注明为"枸溶性磷"时，"水溶性磷占有效磷百分率"项目不做检验和判定。若为氮、钾二元肥料，"水溶性磷占有效磷百分率"项目不做检验和判定。

③ 水分为出厂检验项目。

④ 特殊形状或更大颗粒（粉状除外）产品的粒度可由供需双方协议确定。

⑤ 氯离子的质量分数大于 30.0％的产品，应在包装袋上标明"含氯（高氯）"，标识"含氯（高氯）"的产品氯离子的质量分数可不做检验和判定。

4.3　缩二脲的质量分数

符合供需双方约定的要求。

5　试验方法

GB/T 22923 中的方法适用于快速检验。

5.1　外观

目测法测定。

5.2　总氮含量的测定

按 GB/T 8572 或 GB/T 22923 进行测定。以 GB/T 8572 中的方法为仲裁法。

5.3　有效磷含量的测定和水溶性磷占有效磷百分率的计算

按 GB/T 8573 或 GB/T 22923 进行测定。以 GB/T 8573 中的方法为仲裁法。

5.4　钾含量的测定

按 GB/T 8574 或 GB/T 22923 进行测定。以 GB/T 8574 中的方法为仲裁法。

5.5 水分的测定

按 GB/T 8577 或 GB/T 8576 进行。以 GB/T 8577 中的方法为仲裁法。

5.6 粒度的测定

按附录 A 进行。

5.7 氯离子含量的测定

按附录 B 进行。

5.8 缩二脲含量的测定

按 GB/T 22924 进行测定。以液相色谱法为仲裁法。

6 检验规则

6.1 检验类别及检验项目

产品检验包括出厂检验和型式检验，附表 1 中氯离子的质量分数为型式检验项目，其余为出厂检验项目。型式检验项目在下列情况时，应进行测定：

——正式生产时，原料、工艺发生变化；

——正式生产时，定期或积累到一定量后，应周期性进行一次检验；

——国家质量监督机构提出型式检验的要求时。

缩二脲的质量分数在供需双方有约定时进行检验。

6.2 组批

产品按批检验，以一天或两天的产量为一批，最大批量为 1000t。

6.3 采样方案

6.3.1 袋装产品

不超过 512 袋时，按附表 2 确定采样袋数；大于 512 袋时，按式（1）计算结果确定最少采样袋数，如遇小数，则进为整数。

$$最少采样袋数 = 3 \times \sqrt[3]{N} \tag{1}$$

式中 N——每批产品总袋数。

附表 2 采样袋数的确定

总袋数	最少采样袋数	总袋数	最少采样袋数
1～10	全部	182～216	18
11～49	11	217～254	19
50～64	12	255～296	20
65～81	13	297～343	21
82～101	14	344～394	22
102～125	15	395～450	23
126～151	16	451～512	24
152～181	17		

按附表 2 或式（1）计算结果随机抽取一定袋数，用采样器沿每袋最长对角线插入至袋的 3/4 处，每袋取出不少于 100g 样品，每批采取总样品量不少于 2kg。

6.3.2 散装产品

按 GB/T 6679 规定进行。

6.4 样品缩分和试样制备

6.4.1 样品缩分

将采取的样品迅速混匀，用缩分器或四分法将样品缩分至约 1kg，再缩分成两份，分装于两个洁净、干燥的 500mL 具有磨口塞的玻璃瓶或塑料瓶中（生产企业质检部门可用洁净干燥的塑料自封袋盛装样品），密封并贴上标签，注明生产企业名称、产品名称、批号或生产日期、取样日期和取样人姓名，一瓶做产品质量分析，另一瓶保存 2 个月，以备查用。

6.4.2 试样制备

由 6.4.1 中取一瓶样品，经多次缩分后取出约 100g 样品，迅速研磨至全部通过 0.50mm 孔径试验筛（如样品潮湿或很难粉碎，可研磨至全部通过 1.00mm 孔径试验筛），混匀，置于洁净、干燥的瓶中，做成分分析。余下样品供粒度测定用。

6.5 结果判定

6.5.1 本标准中产品质量指标合格判定，采用 GB/T 8170—2008 中"修约值比较法"。

6.5.2 出厂检验的项目全部符合本标准要求时，判该批产品合格。

6.5.3 如果检验结果中有一项指标不符合本标准要求时，应重新自二倍量的包装袋中采取样品进行检验，重新检验结果中，即使有一项指标不符合本标准要求，判该批产品不合格。

6.5.4 每批检验合格的出厂产品应附有质量证明书，其内容包括：生产企业名称、地址、产品名称、批号或生产日期、总养分、配合式或主要养分含量、氯离子含量、缩二脲含量、本标准号和法律法规规定应标注的内容。以钙、镁、磷肥等枸溶性磷肥为基础磷肥的产品应注明为"枸溶性磷"，并应注明是否为"硝态氮"或"尿素态氮"。

7 标识

7.1 产品中如果含有硝态氮，应在包装容器上标明"含硝态氮"。

7.2 以钙、镁、磷肥等枸溶性磷肥为基础磷肥的产品应在包装容器上标明为"枸溶性磷"。

7.3 氯离子的质量分数大于 3.0% 的产品，应根据 4.2 要求的"氯离子的质量分数"，用汉字明确标注"含氯（低氯）""含氯（中氯）"或"含氯（高氯）"，而不是标注"氯" "含 Cl"或"Cl"等。标明"含氯"的产品，包装容器上不应有忌氯作物的图片，也不应有"硫酸钾（型）""硝酸钾（型）""硫基"等容易导致用户误认为产品不含氯的标识。有"含氯（高氯）"标识的产品应在包装容器上标明产品的适用作物品种和"使用不当会对作物造成伤害"的警示语。

7.4 含有尿素态氮的产品应在包装容器上标明以下警示语："含缩二脲，使用不当会对作物造成伤害。"

7.5 产品外包装袋上应有使用说明，内容包括：警示语（如

"氯含量较高、含缩二脲，使用不当会对作物造成伤害"等）、使用方法、适宜作物及不适宜作物、建议使用量等。

7.6　每袋净含量应标明单一数值，如 50kg。

7.7　其余应符合 GB 18382。

8　包装、运输和贮存

8.1　产品用符合 GB 8569 规定的材料进行包装，包装规格为 50.0kg、40.0kg、25.0kg 或 10.0kg，每袋净含量允许范围分别为 （50±0.5）kg、（40±0.4）kg、（25±0.25）kg、（10±0.1）kg，每批产品平均每袋净含量不得低于 50.0kg、40.0kg、25.0kg、10.0kg。

8.2　在标明的每袋净含量范围内的产品中有添加物时，必须与原物料混合均匀，不得以小包装形式放入包装袋中。

8.3　在符合 GB 8569 规定的前提下，宜使用经济实用型包装。

8.4　产品应贮存于阴凉干燥处，在运输过程中应防潮、防晒、防破裂。

附录 A（略）

附录 B（略）

二、GB 18877—2009 有机-无机复混肥料国家标准

1　范围

本标准规定了有机-无机复混肥料的要求、试验方法、检验规则、标识、包装、运输和贮存。

本标准适用于以人及畜禽粪便、动植物残体、农产品加工下脚料等有机物料经过发酵，进行无害化处理后，添加无机肥料制成的有机-无机复混肥料。本标准不适用于添加腐植酸的有机-无机复混肥料。

2　规范性引用文件

下列文件对于本文件的应用是必不可少的。凡是注日期的引用

文件，仅注日期的版本适用于本文件。凡是不注日期的引用文件，其最新版本（包括所有的修改单）适用于本文件。

GB/T 6679 固体化工产品采样通则

GB/T 8170—2008 数值修约规则与极限数值的表示和判定

GB 8569 固体化学肥料包装

GB/T 8573 复混肥料中有效磷含量的测定

GB/T 8576 复混肥料中游离水含量的测定 真空烘箱法

GB/T 8577 复混肥料中游离水含量的测定 卡尔·费休法

GB/T 17767.1 有机-无机复混肥料的测定方法 第1部分：总氮含量

GB/T 17767.3 有机-无机复混肥料的测定方法 第3部分：总钾含量

GB 18382 肥料标识 内容和要求

GB/T 19524.1 肥料中粪大肠菌群的测定

GB/T 19524.2 肥料中蛔虫卵死亡率的测定

GB/T 22923—2008 肥料中氮、磷、钾的自动分析仪测定法

GB/T 23349 肥料中砷、镉、铅、铬、汞生态指标

GB/T 24890—2010 复混肥料中氯离子含量的测定

GB/T 24891 复混肥料粒度的测定

HG/T 2843 化肥产品 化学分析常用标准滴定溶液、标准溶液、试剂溶液和指示剂溶液

3 术语及定义

下列术语和定义适用于本文件。

3.1 肥料（fertilizer）

以提供植物养分为其主要功效的物料。

3.2 无机（矿物）肥料［inorganic（mineral）fertilizer］

标明养分呈无机盐形式的肥料，由提取、物理和（或）化学工业方法制成。

3.3 有机肥料（organic fertilizer）

主要来源于植物和（或）动物，施于土壤以提供植物营养为其主要功效的含碳物料。

3.4　复混肥料（compound fertilizer）

氮、磷、钾三种养分中，至少有两种养分标明量的由化学方法和（或）掺混方法制成的肥料。

3.5　有机-无机复混肥料（organic-inorganic compound fertilizer）

含有一定量有机肥料的复混肥料。

3.6　总养分（total primary nutrient）

总氮、有效五氧化二磷和总氧化钾之和，以质量分数计。

4　要求

4.1　外观：颗粒状或条状产品，无机械杂质。

4.2　有机-无机复混肥料应符合附表 3 要求，并应符合标明值。

附表 3　有机-无机复混肥料的要求

项　目	指标	
	Ⅰ型	Ⅱ型
总养分（$N+P_2O_5+K_2O$）的质量分数[①]/%	≥15.0	≥25.0
水分（H_2O）的质量分数[②]/%	≤12.0	≤12.0
有机质的质量分数/%	≥20	≥15
粒度（1.00～4.75mm 或 3.35mm～5.60mm）[③]/%	≥70	
酸碱度（pH）	5.5～8.0	
蛔虫卵死亡率/%	≥95	
粪大肠菌群数/（个/g）	≤100	
氯离子的质量分数[④]/%	≤3.0	
砷及其化合物的质量分数（以 As 计）/%	≤0.0050	
镉及其化合物的质量分数（以 Cd 计）/%	≤0.0010	
铅及其化合物的质量分数（以 Pb 计）/%	≤0.0150	

续表

项 目	指标	
	Ⅰ型	Ⅱ型
铬及其化合物的质量分数(以 Cr 计)/%	≤0.0500	
汞及其化合物的质量分数(以 Hg 计)/%	≤0.0005	

① 标明的单一养分含量不得低于 3.0%,且单一养分测定值与标明值负偏差的绝对值不得大于 1.5%。

② 水分以出厂检验数据为准。

③ 指出厂检验数据,当用户对粒度有特殊要求时,可由供需双方协议确定。

④ 如产品氯离子含量大于 3.0%,并在包装容器上标明"含氯",该项目可不做要求。

5 试验方法

警告——试剂中的重铬酸钾及其溶液具有氧化性,硫酸及其溶液、盐酸、硝酸银溶液和氢氧化钠溶液具有腐蚀性,相关操作应在通风橱内进行。本标准并未指出所有可能的安全问题,使用者有责任采取适当的安全和健康措施,并保证符合国家有关法规规定的条件。

5.1 一般规定

本标准中所用试剂、水和溶液的配制,在未注明规格和配制方法时,均应按 HG/T 2843 规定。

5.2 外观

目测法。

5.3 水分测定

按 GB/T 8577 或 GB/T 8576 规定进行,以 GB/T 8577 中的方法为仲裁法。对于含碳酸氢铵以及其他在干燥过程中会产生非水分的挥发性物质的肥料应采用 GB/T 8577 中的方法测定。

5.4 总氮的测定

按 GB/T 17767.1 或 GB/T 22923—2008 中 3.1 的规定进行,以 GB/T 17767.1 中的方法为仲裁法。

5.5 有效五氧化二磷含量的测定

按 GB/T 8573 中规定进行。

5.6 总氧化钾含量的测定

按 GB/T 17767.3 中规定进行。

5.7 有机质含量的测定 重铬酸钾容量法

5.7.1 原理

用一定量的重铬酸钾溶液及硫酸，在加热条件下，使有机-无机复混肥料中的有机碳氧化，剩余的重铬酸钾溶液用硫酸亚铁（或硫酸亚铁铵）标准滴定溶液滴定，同时作空白试验。根据氧化前后氧化剂消耗量，计算出有机碳含量，将有机碳含量乘以经验常数1.724 转算为有机质。

5.7.2 试剂和材料

5.7.2.1 硫酸。

5.7.2.2 硫酸溶液：1＋1。

5.7.2.3 重铬酸钾溶液：$c\left(\frac{1}{6}K_2Cr_2O_7\right)=0.8mol/L$。称取重铬酸钾 39.23g 溶于 600～800mL 水中，加水稀释至 1L，贮于试剂瓶中备用。

5.7.2.4 重铬酸钾基准溶液：$c\left(\frac{1}{6}K_2Cr_2O_7\right)=0.2500mol/L$。称取经 120℃ 干燥 4h 的基准重铬酸钾 12.2577g，先用少量水溶解，然后转移入 1L 量瓶中，用水稀释至刻度，混匀。

5.7.2.5 1,10-菲啰啉-硫酸亚铁铵混合指示液。

5.7.2.6 铝片：C.P.。

5.7.2.7 硫酸亚铁（或硫酸亚铁铵）标准滴定溶液：$c(Fe^{2+})=0.25mol/L$。称取硫酸亚铁（$FeSO_4 \cdot 7H_2O$）70g ｛或硫酸亚铁铵 ［$(NH_4)_2SO_4 \cdot FeSO_4 \cdot 6H_2O$］100g｝，溶于 900mL 水中，加入硫酸 20mL，用水稀释至 1L（必要时过滤），摇匀后贮于棕色瓶中。此溶液易被空气氧化，故每次使用时应用重铬酸钾基准溶液标定。在溶液中加入两条洁净的铝片，可保持溶液浓度长期稳定。

硫酸亚铁（或硫酸亚铁铵）标准滴定溶液的标定：准确吸取

25.0mL 重铬酸钾基准溶液于 250mL 三角瓶中，加 50～60mL 水、10mL 硫酸溶液和 1,10-菲啰啉-硫酸亚铁铵混合指示液 3～5 滴，用硫酸亚铁（或硫酸亚铁铵）标准滴定溶液滴定，被滴定溶液由橙色转为亮绿色，最后变为砖红色为终点。根据硫酸亚铁（或硫酸亚铁铵）标准滴定溶液的消耗量，计算其准确浓度 c_2，按式（2）计算：

$$c_2 = \frac{c_1 \times V_1}{V_2} \qquad (2)$$

式中　c_1——重铬酸钾基准溶液浓度的数值，mol/L；

　　　V_1——吸取重铬酸钾基准溶液体积的数值，mL；

　　　V_2——滴定消耗硫酸亚铁（或硫酸亚铁铵）标准滴定溶液体积的数值，mL。

5.7.3　仪器

5.7.3.1　通常用实验室仪器。

5.7.3.2　水浴锅。

5.7.4　分析步骤

做两份试料的平行测定。

称取试样 0.1～1.0g（精确至 0.0001g）（含有机碳不大于 15mg），放入 250mL 三角瓶中，准确加入 15.0mL 重铬酸钾溶液和 15mL 硫酸，并于三角瓶口加一湾颈小漏斗，然后放入已沸腾的 100℃ 沸水浴中，保温 30min（保持水沸腾），取下，冷却后，用水冲洗三角瓶，瓶中溶液总体积应控制在 75～100mL，加 3～5 滴 1,10-菲啰啉-硫酸亚铁铵混合指示液，用硫酸亚铁（或硫酸亚铁铵）标准滴定溶液滴定，被滴定溶液由橙色转为亮绿色，最后变成砖红色为滴定终点。同时按以上步骤进行空白试验。

如果滴定试料所用硫酸亚铁（或硫酸亚铁铵）标准滴定溶液的用量不到空白试验所用硫酸亚铁（或硫酸亚铁铵）标准滴定溶液用量的 1/3 时，则应减少称样量，重新测定。

关于氯离子干扰，按 5.12 测定氯离子含量 w_1（%），然后从有机碳测定结果中加以扣除。

5.7.5　分析结果的表述

有机质含量 w_2 的质量分数，数值以％表示，按式（3）计算：

$$w_2 = \left[\frac{(V_3-V_4)\times c_2 \times 0.003 \times 1.5}{m_0} \times 100 - w_1/12 \right] \times 1.724$$

（3）

式中　V_3——空白试验时，消耗硫酸亚铁（或硫酸亚铁铵）标准滴定溶液体积的数值，mL；

　　　V_4——测定试料时，消耗硫酸亚铁（或硫酸亚铁铵）标准滴定溶液体积数值，mL；

　　　c_2——硫酸亚铁（或硫酸亚铁铵）标准滴定溶液浓度的数值，mol/L；

0.003——1/4 碳的摩尔质量的数值，g/mmol；

　1.5——氧化校正系数；

　　w_1——试样中氯离子的含量（质量分数），％；

1/12——与 1％氯离子相当的有机碳的质量分数；

1.724——有机碳与有机质之间的经验转换系数；

　　　m_0——试料质量的数值，g。

计算结果表示到小数点后一位，取平行测定结果的算术平均值为测定结果。

5.7.6　允许差

平行测定结果的绝对差值不大于 1.0％；

不同实验室测定结果的绝对差值不大于 1.5％。

5.8　粒度测定　筛分法

按 GB/T 24891 中规定进行。

5.9　酸碱度的测定　pH 酸度计法

5.9.1　原理

试样经水溶解，用 pH 酸度计测定。

5.9.2　试剂和溶液

5.9.2.1　苯二甲酸盐标准缓冲溶液：$c(C_6H_4CO_2HCO_2K)=0.05mol/L$。

5.9.2.2　磷酸盐标准缓冲溶液：$c(KH_2PO_4)=0.025mol/L$，

$c(Na_2HPO_4)=0.025mol/L$。

5.9.2.3　硼酸盐标准缓冲溶液：$c(Na_2B_4O_7)=0.01mol/L$。

5.9.3　仪器

5.9.3.1　通常实验室用仪器。

5.9.3.2　pH 酸度计：灵敏度为 0.01pH 单位。

5.9.4　分析步骤

做两份试料的平行测定。

称取试样 10.00g 于 100mL 烧杯中，加 50mL 不含二氧化碳的水，搅动 1min，静置 5min，用 pH 酸度计测定。测定前，用标准缓冲溶液对酸度计进行校验。

5.9.5　分析结果的表述

试样的酸碱度以 pH 值表示。

取平行测定结果的算术平均值为测定结果。

5.9.6　允许差

平行测定结果的绝对差值不大于 0.10pH。

5.10　蛔虫卵死亡率的测定

按 GB/T 19524.2 的规定进行。

5.11　粪大肠菌群数的测定

按 GB/T 19524.1 的规定进行。

5.12　氯离子含量测定

5.12.1　原理

试样在微酸性溶液中（若用沸水提取的试样溶液过滤后滤液有颜色，将试样和爱斯卡混合试剂混合，经灼烧以除去可燃物，并将氯转化为氯化物），加入过量的硝酸银溶液；使氯离子转化成为氯化银沉淀，用邻苯二甲酸二丁酯包裹沉淀，以硫酸铁铵为指示剂，用硫氰酸铵标准滴定溶液滴定剩余的硝酸银。

5.12.2　试剂和溶液

5.12.2.1　同 GB/T 24890—2010 中的试剂和材料。

5.12.2.2　硝酸银溶液：10g/L。

5.12.2.3　活性炭。

5.12.2.4 爱斯卡混合试剂：将氧化镁与无水碳酸钠以 2：1 的质量比混合后研细至小于 0.25mm 并混匀。

5.12.3 仪器

5.12.3.1 通常实验室用仪器。

5.12.3.2 箱式电阻炉；温度可控制在 (500±20)℃。

5.12.4 分析步骤

做两份试料的平行测定。

按 GB/T 24890—2010 中的规定进行。

若滤液有颜色，应准确吸取一定量的滤液（含氯离子约 25mg）加 2～3g 活性炭，充分搅拌后过滤，并洗涤 3～5 次，每次用水约 5mL，收集全部滤液于 250mL 锥形瓶中，以下按 GB/T 24890—2010 的分析步骤中"加入 5mL 硝酸溶液，加入 25.0mL 硫酸银溶液……"进行测定。

对于活性炭无法脱色的样品，可减少称样量，称取 1～2g 试样，将试料放入内盛 2～4g（称准至 0.1g）爱斯卡混合试剂的瓷坩埚中，仔细混匀，再用 2g 爱斯卡混合试剂覆盖，将瓷坩埚送入 (500±20)℃的箱式电阻炉内灼烧 2h。将瓷坩埚从炉内取出冷却到室温，将其中的灼烧物转入 250mL 烧杯中，并用 50～60mL 热水冲洗坩埚内壁并将冲洗液一并放入烧杯中。用倾泻法用定性滤纸过滤，用热水冲洗残渣 1～2 次，然后将残渣转移到漏斗中，再用热水仔细冲洗滤纸和残渣，洗至无氯离子为止（用 10g/L 硝酸银溶液检验），所有滤液都收集到 250mL 量瓶中，定容到刻度并摇匀。准确吸取一定量的滤液（含氯离子约 25mg）于 250mL 锥形瓶中，以下按 GB/T 24890—2010 的分析步骤中"加入 5mL 硝酸溶液，加入 25.0mL 硝酸银溶液……"进行测定。

5.12.5 分析结果的表述

见 GB/T 24890—2010 中分析结果的计算。

5.12.6 允许差

见 GB/T 24890—2010 中规定。

5.13 砷、镉、铅、铬和汞含量测定

按 GB/T 23349 中规定进行。

6 检验规则

6.1 检验类别及检验项目

产品检验包括出厂检验和型式检验，附表 3 中蛔虫卵死亡率、粪大肠菌群数、氯离子、砷、镉、铅、铬、汞含量测定为型式检验项目，其余为出厂检验项目。型式检验项目在下列情况时，应进行测定：

a）正式生产时，原料、工艺及设备发生变化；

b）正式生产时，定期或积累到一定量后，应周期性进行一次检验；

c）国家质量监督机构提出型式检验的要求时。

6.2 组批

产品按批检验，以一天或两天的产量为一批，最大批量为500t。

6.3 采样方案

6.3.1 袋装产品

不超过 512 袋时，按附表 4 确定最少采样袋数；大于 512 袋时，按式（4）计算结果确定最少采样袋数，如遇小数，则进为整数。

$$n = 3 \times \sqrt[3]{N} \qquad (4)$$

式中 n——最少采样袋数；

N——每批产品总袋数。

附表 4 采样袋数的确定

总袋数	最少采样袋数	总袋数	最少采样袋数
1~10	全部	182~216	18
11~49	11	217~254	19
50~64	12	255~296	20
65~81	13	297~343	21
82~101	14	344~394	22
102~125	15	395~450	23
126~151	16	451~512	24
152~181	17		

按附表 4 或式（4）计算结果随机抽取一定袋数，用取样器沿每袋最长对角线插入至袋的 3/4 处，取出不少于 100g 样品，每批采取总样品量不少于 2kg。

6.3.2　散装产品

按 GB/T 6679 规定进行。

6.4　样品缩分

将采取的样品迅速混匀，用缩分器或四分法将样品缩分至不少于 1kg，再缩分成两份，分装于两个洁净、干燥的 500mL 具有磨口塞的玻璃瓶或塑料瓶中，密封并贴上标签，注明生产企业名称、产品名称、产品类别、批号或生产日期、取样日期和取样人姓名。一瓶做产品质量分析，另一瓶保存 2 个月，以备查用。

6.5　试样制备

由 6.5 中取一瓶样品，经多次缩分后取出约 100g（余下未研磨的样品供粒度测定用），迅速研磨至全部通过 1.00mm 孔径试验筛（如样品潮湿或很难粉碎，可研磨至全部通过 2.00mm 孔径试验筛），混匀，收集到干燥瓶中，作成分分析用。余下样品供粒度、蛔虫卵死亡率、粪大肠菌群数测定。

6.6　结果判定

6.6.1　本标准中产品质量指标合格判定，采用 GB/T 8170—2008 中的“修约值比较法”。

6.6.2　检验项目的检验结果全部符合本标准要求时，判该批产品合格。

6.6.3　出厂检验时，如果检验结果中有一项指标不符合本标准要求时，应重新自 2 倍量的包装袋中采取样品进行检验，重新检验结果中，即使有一项指标不符合本标准要求，判该批产品不合格。

6.6.4　每批检验合格的出厂产品应附有质量证明书，其内容包括：生产企业名称、地址、产品名称、产品类别、批号或生产日期、产品净含量、总养分、配合式、有机质含量、氯离子含量、pH 值和本标准编号。

7 标识

7.1 应在产品包装容器正面标明产品类别（如Ⅰ型、Ⅱ型）、配合式、有机质含量。

7.2 产品如含有硝态氮，应在包装容器正面标明"含硝态氮"。

7.3 标称硫酸钾（型）、硝酸钾（型）、硫基等容易导致用户误认为不含氯的产品不应同时标明"含氯"。含氯的产品应用汉字在正面明确标注"含氯"，而不是"氯""含Cl"或"Cl"等。标明"含氯"的产品的包装容器上不应有忌氯作物的图片。

7.4 产品外包装袋上应有使用说明，内容包括：警示语（如"氯含量较高、使用不当会对作物造成伤害"等）、使用方法、适宜作物及不适宜作物、建议使用量等。

7.5 每袋净含量应标明单一数值，如50kg。

7.6 其余应符合GB 18382。

8 包装、运输和贮存

8.1 产品用塑料编织袋内衬聚乙烯薄膜袋或涂膜聚丙烯编织袋包装，在符合GB 8569中规定的条件下宜使用经济实用型包装。产品每袋净含量（50±0.5)kg、（40±0.4)kg、（25±0.25)kg、(10±0.1)kg，平均每袋净含量分别不应低于50.0kg、40.0kg、25.0kg、10.0kg。当用户对每袋净含量有特殊要求时，可由供需双方协商解决，以双方合同规定为准。

8.2 在标明的每袋净含量范围内的产品中有添加物时，应与原物料混合均匀，不得以小包装形式放入包装袋中。

8.3 产品应贮存于阴凉干燥处，在运输过程中应防雨、防潮、防晒、防破裂。

参考文献

[1] Fan J, Hao M D, Malhi S S. Accumulation of nitrate-N in the soil profile and its implications for the environment under dryland agriculture in northern China: A review [J]. Canadiam Journal of soil Science, 2010, 90（3）: 429-44.

[2] Xu X, Zhou L, Van Cleemput O, et al. Fate of urea-15N in a soil-wheat system asinfluenced by urease inhibitor hydroquinone and nitrification inhibitor dicyandiamide [J]. Plant and Soil, 2000, 220（1-2）: 261-270.

[3] 毕华, 刘强, 朱维晃, 等. 稀土农用研究进展 [J]. 海南师范学院学报: 自然科学版, 2004, 16（4）: 72-76.

[4] 陈建生, 李文金, 张利民, 等. 花生施用稀土微肥与土壤调理剂效应分析 [J]. 花生学报, 2014, 43（2）: 47-49.

[5] 陈利军, 周礼恺, 李荣华. 有机物料施用条件下抑制剂组合对施尿素土壤有效态 N 含量变化的影响 [J]. 应用生态学报, 2000, 11: 17-20.

[6] 陈隆隆, 潘振玉. 复混肥料和功能性肥料技术与装备 [M]. 北京: 化学工业出版社, 2008.

[7] 陈廷钦. 土壤调理剂及应用进展 [J]. 云南大学学报: 自然科学版, 2011（S1）: 338-342.

[8] 陈义群, 董元华. 土壤改良剂的研究与应用进展 [J]. 生态环境, 2008, 17（3）: 1282-1289.

[9] 冯元琦. 再议缓释/控释肥料——21 世纪肥料 [J]. 磷肥与复肥, 2005, 19（6）: 1-3.

[10] 高贤彪, 卢丽萍. 新型肥料施用技术 [M]. 济南: 山东科学技术出版社, 1997.

[11] 高祥照, 申眺, 郑义, 等. 肥料实用手册 [M]. 北京: 中国农业科技出版社, 2002: 299-307.

[12] 桂松龄, 吴会昌. 锰元素与蔬菜生产关系研究 [J]. 北方园艺, 2009（4）: 116-117.

[13] 郭永忠, 景春梅, 王峰, 等. BGA 土壤调理剂对土壤结构及养分的影响 [J]. 西北农业学报, 2013, 22（12）: 87-90.

［14］ 韩黎明，杨俊丰，景履贞，等．马铃薯产业原理与技术［M］．北京：中国农业出版社，2010：52-54.

［15］ 韩晓日．新型/控释肥料研究现状与展望［J］．沈阳农业大学学报，2006，37（1）：3-8.

［16］ 何天祥，王安虎，李大忠，等．稀土肥料对秋苦荞麦生长发育及产量的影响［J］．西昌学院学报：自然科学版，2008，22（3）：15-16.

［17］ 侯红乾，刘秀梅，刘光荣．有机无机肥配施比例对红壤稻田水稻产量和土壤肥力的影响［J］．中国农业科学，2011，44（3）：516-523.

［18］ 胡庆发，马军伟，符建荣，等．多功能药肥对茄子黄萎病的防治效果及茄子产量品质的影响［J］．浙江农业学报，2013，25（2）：315-318.

［19］ 黄品湖，郭秀珠，冯惠英，等．稀土肥料在西瓜上的应用［J］．现代农业科技，2006，（6）：17.

［20］ 黄品湖，郭秀珠，冯惠英，等．稀土肥料在西瓜上的应用［J］．现代农业科技，2006，10：17-17.

［21］ 黄元芳，贾小红．平衡施肥技术［M］．北京：化学工业出版社，2002.

［22］ 霍培书，陈雅娟，程旭，等．添加VT菌剂和有机物料腐熟剂对堆肥的影响［J］．环境工程学报，2013，7（6）：2339-2343.

［23］ 贾小红．有机肥料加工与施用［M］．第2版．北京：化学工业出版社，2010.

［24］ 姜海燕．土壤改良剂在农业生产中的应用［J］．现代化农业，2011，6：17-19.

［25］ 姜增明，费云鹏，陈佳，等．土壤调理剂在盐碱地改良中的作用［J］．北方园艺，2014，20：174-177.

［26］ 孔露曦，赵敬坤，黎娟．有机肥料对土壤及作物作用的研究进展［J］．南方农业，2010（2）：83-86.

［27］ 蓝亿亿，茶正早．药肥的研究进展［J］．陕西农业科学，2007，（5）：105-108.

［28］ 劳秀荣，杨守祥，贾继文．经济作物测土配方施肥技术百问百答［M］．北京：中国农业出版社，2010：181-184.

［29］ 李东坡，梁成华，武志杰，等．玉米苗期施用缓/控释氮素肥料养分释放特点与土壤生物活性研究［J］．沈阳农业大学学报，2006，37（1）：48-52.

［30］ 李燕婷，肖艳，李秀英，等．作物叶面施肥技术与应用［M］．北京：科学出版社，2009.

［31］ 梁长梅，郭平毅．除草药肥的研究进展及应用前景［J］．世界农业，2001，12：30-31.

［32］ 杜建军，毛小云，廖宗文．不同介质条件对控释/缓释肥氮素释放特性的影响［J］.华南农业大学学报（自然科学版），2002，23（4）：90-90.

［33］ 林新坚，章明清．新型肥料施用技术［M］．福州：福建科学技术出版社.2009.

［34］ 刘英，熊海蓉，李霞，等．缓/控释肥料的研究现状及发展趋势［J］．化肥设计，

2012, 50（6）: 054-060.

[35] 刘爱民. 生物肥料应用基础 [M]. 南京: 东南大学出版社, 2007.

[36] 刘利生, 余志雄, 刘国辉, 等. 科学施肥知识 [M]. 成都: 四川大学出版社, 2011.

[37] 刘彦江, 胡汉民, 罗军平, 等. 紫花苜蓿应用根瘤菌剂和稀土肥料效果试验 [J]. 草业科学, 2005, 22（7）: 27-28.

[38] 龙明杰, 曾繁森. 高聚物土壤改良剂的研究进展 [J]. 土壤通报, 2000, 31（5）: 200-202.

[39] 鲁剑巍, 曹卫东. 肥料使用技术手册 [M]. 北京: 金盾出版社, 2010: 1-259.

[40] 陆菁, 林新坚, 章明清, 等. 新型肥料施用技术 [M]. 福州: 福建科学技术出版社, 2009.

[41] 陆欣. 土壤肥料学 [M]. 北京: 中国农业大学出版社, 2002, 261-276.

[42] 马国瑞, 侯勇. 肥料使用技术手册 [M]. 北京: 中国农业大学出版社, 2012.

[43] 毛志善, 高东, 张竞文, 等. 甘薯优质栽培与加工 [M]. 北京: 中国农业出版社, 2003: 34-37.

[44] 闵九康, 陶天申. 生物肥料与持续农业 [M]. 北京: 台海出版社, 2004.

[45] 农业部农业司. 中国肥料农药实用手册 [M]. 北京: 中国农业科技出版社, 1996.

[46] 宋波, 毛小云, 杜建军, 等. 控释技术处理碳铵, 尿素的肥效及其机理初探 [J]. 植物营养与肥料学报, 2003, 1: 50-56.

[47] 宋晓东. 不同稀土肥料对马铃薯产量的影响 [J]. 土壤肥料, 2008, 19: 53-54.

[48] 孙蓟锋, 王旭. 土壤调理剂的研究和应用进展 [J]. 中国土壤与肥料, 2013, 1: 1-7.

[49] 谭金芳, 张自立, 邱慧珍, 等. 作物施肥原理与技术 [M]. 第2版. 北京: 中国农业出版社, 2011.

[50] 汤建伟, 许秀成. 农药化肥合剂的开发与研制 [J]. 磷肥与复肥, 2000, 15（2）: 19-24.

[51] 涂仕华. 常用肥料使用手册 [M]. 成都: 四川科学技术出版社, 2011.

[52] 王兴仁, 张福锁, 贺志清, 等. 配方肥的生成技术和施肥推荐 [J]. 磷肥与复肥, 2013, 28（6）: 73-76.

[53] 王一之. 稀土肥料在小麦上的增产效果试验研究 [J]. 土壤肥料, 2008, （5）: 24-25.

[54] 吴峰, 袁叶, 江平, 等. 有机物料腐熟剂对堆肥发酵过程中微生物菌群的影响 [J]. 热带作物学, 2013, 34（11）: 2122-2126.

[55] 吴文静. 含腐殖酸土壤调理剂在白菜上的肥效试验 [J]. 土壤肥料, 2014, （8）: 30-31.

［56］ 吴迎奔,许丽娟,陈薇,等.稻草还田添加有机物料腐熟剂对土壤和水稻的影响［J］.湖南农业科学,2013（19）:51-55.

［57］ 吴玉光,刘立新,黄德明.化肥使用指南［M］.北京:中国农业出版社,2000:1-253.

［58］ 武志杰,石元亮,李东坡,等.新型高效肥料研究展望［J］.土壤与作物,2012,1（1）:2-9.

［59］ 奚振邦.现代化学肥料学［M］.北京:中国农业出版社,2003:1-408.

［60］ 肖炎波.作物营养诊断与合理施肥［M］.北京:中国农业出版社,2009.

［61］ 徐静安.复混肥和功能性肥料生产工艺技术［M］.北京:化学工业出版社,2000:274-361.

［62］ 徐秀华.土壤肥料［M］.北京:中国农业大学出版社,2007.

［63］ 许卫剑,庞娇霞,严菊敏,等.秸秆腐熟剂的作用机理及应用效果［J］.现代农业科技,2011,（5）:277-279.

［64］ 许晓平,汪有科,冯浩,等.土壤改良剂改土培肥增产效应研究综述［J］.中国农学通报,2007,23（9）:331-334.

［65］ 许秀成,李萍,王好斌.包裹型缓释/控制释放肥料专题报告［J］.磷肥与复肥,2000,15（3）:1-6.

［66］ 杨建堂,王文亮,葛树春,等.配方肥的生产原理与施用技术［M］.北京:中国农业出版社,1998:124-133.

［67］ 杨平.土壤调理剂在稻油连作上的应用效果研究［J］.安徽农学通报,2014,20（12）:75-76.

［68］ 姚红杰,王景华,郭平毅,等.除草药肥的研究进展［J］.山西农业大学学报,2001:308-309.

［69］ 姚禄.稀土肥料在玉米上的增产效果试验研究［J］.土壤肥料,2008,（19）:49-50.

［70］ 姚素梅,陈翠玲.新型肥料施用指南［M］.北京:化学工业出版社,2011.

［71］ 伊霞,李运起,徐敏云,等.五种微肥配施对紫花苜蓿干草产量的影响［J］.河北农业大学学报,2009,32（3）:21-25.

［72］ 于建光,常志州,黄红英,等.秸秆腐熟剂对土壤微生物及养分的影响［J］.农业环境科学学报,2010,29（3）:563-570.

［73］ 翟修彩,刘明,李忠佩,等.不同添加剂处理对水稻秸秆腐解效果的影响［J］.中国农业科学,2012,45（12）:2412-2419.

［74］ 张承林,郭彦彪.灌溉施肥技术［M］.北京:化学工业出版社,2006.

［75］ 张道勇,王鹤平.中国实用肥料学［M］.上海:上海科学技术传授,1997:119-142.

［76］ 张福锁,张卫峰,马文奇.中国肥料产业技术与展望［M］.北京:化学工业出版

社，2007：193-217.

[77] 张福锁．测土配方施肥技术要览［M］．北京：中国农业大学出版社，2006.

[78] 张洪昌，段继贤，李翼，等．粮食作物专用配方与施肥［M］．北京：中国农业出版社，2011.

[79] 张洪昌，段继贤，赵春山．肥料安全施用技术指南［M］．北京：中国农业出版社，2011.

[80] 张黎明，邓万刚．土壤改良剂的研究与应用现状［J］．华南热带农业大学学报，2005，11（2）：32-34.

[81] 张青，王煌平，栗方亮，等．土壤调理剂对茶园土壤理化性质和茶叶品质的影响［J］．2014，53（9）：2006-2008.

[82] 张瑞福，颜春荣，张楠，等．微生物肥料研究及其在耕地质量提升中的应用前景［J］．中国农业科技导报，2013，15（5）：8-16.

[83] 张慎举，汪洋．若干新型肥料在现代农业生产中的应用［J］．商丘职业技术学院学报，2010，9（5）：91-95.

[84] 张慎举，卓开荣．土壤肥料［M］．北京：化学工业出版社，2009：1-180.

[85] 张玉平．有机无机肥配施对土壤微生物与养分动态及作物生长的影响研究［D］．湖南：湖南农业大学，2011.

[86] 张志明，冯元琦．新型氮肥—长效碳酸氢铵［M］．北京：化学工业出版社，2000.

[87] 赵兵．有机肥生产使用手册［M］．北京：金盾出版社，2014.

[88] 赵秉强，张福锁，廖宗文，等．我国新型肥料发展战略研究［J］．植物营养与肥料学报，2004，10（5）：536-545.

[89] 赵文静，郭伟，赵仁鑫，等．稀土元素对土壤－植物系统中重金属行为的影响及其机理研究进展［J］．土壤通报，2014，45（2）：508-512.

[90] 周艳，万强，谭放军．药肥的研制及其在水稻上的施用效果［J］．磷肥与复肥，2009，24（5）：86-87.

[91] 周丽，周青，刘苏静．稀土农用的经济效应和环境生态效应［J］．中国土壤与肥料，2007，（4）：22-26.

[92] 周连仁，姜佰文．肥料加工技术［M］．北京：化学工业出版社，c2007：89-102.

[93] 周淑霞，于建光，赵莉，等．不同有机物料腐熟剂对麦秸的腐解效果［J］．江苏农业科学，2013，41（11）：347-350.

[94] 周岩，武继承．土壤改良剂的研究现状、问题与展望［J］．河南农业科学，2010，（8）：152-155.

[95] 朱必翔，丁祖芬，彭浩．科学施肥技术问答［M］．合肥：安徽科学技术出版社，2009.